AN ENGINEER ETHICS

기술자윤리

AN
ENGINEER
ETHICS

기술자
윤리

········ 김영종 옮김

"기술자윤리"는 단지 과학기술에 종사하는 사람들의 행위 · 행동을 학술적 · 제 삼자로 검토하고 비평하는 이론적인 학문이 아니고, 과학기술을
담당하는 당사자가 다양한 "가치"의 밸런스를 취하면서 스스로가 취해야 할 행위를 "설계"하고 실행한다고 하는 "실천"을 위한 지(知)이다.

KSi 한국학술정보㈜

기술은 세계를 바꾼다. 또 기술의 진전은 인간에게 가능한 "행위"를 확대한다. 그리고 기술을 실천하는 당사자인 기술자는 인간이며, 그 인간의 "행위"가 사회나 환경에 막대한 영향을 주는 것이 현대의 고도 과학기술 사회이다. 그런데 기술에 종사하는 사람들이 그 직무를 수행하는데 기술이란 무엇인가(메타·레벨), 기술과 사회의 관계는 어떤 관계인가(메크로·레벨), 기술에 관한 제도·조직은 어떤 관계인가(메조·레벨), 또 개개의 기술자나 조직(기업 등)은 어떻게 행동해야 할 것인가 (미크로·레벨) 등을 이론적·종합적으로 고찰하는 한편, 그 성과를 기술자의 실천에 반영시키기 위해 방법·시책을 고안하는 것과 같은 지(知)의 영역은 지금까지 존재하지 않았다. 이것이 "기술자윤리"이다.

"기술자윤리"는 극히 새로운 지(知)의 영역이다. "기술자윤리"를 학문 분야라고는 부르지 못하고, 굳이 "지(知)의 영역"이라고 쓴 것은 이유가 있다. 그것은 "기술자윤리"가 단지 과학기술에 종사하는 사람들의 행위·행동을 학술적·제 삼자로 검토하고 비평하는 이론적인 학문이 아니고 과학기술을 담당하는 당사자가 다양한 "가치"의 밸런스를 취하면서 스스로가 취해야 할 행위를 "설계"하고 실행한다고 하는 "실천"을 위한 지(知)이기 때문이다.

"기술자윤리"의 중요성은 이 책의 제1장에서 자세하게 검토하듯이, 여러 가지 분야에서 지적되고 있다. 일본에서는 특히 1990년대 중반부터 자주 발생한 과학기술에 관련되는 사고나 사건, 혹은 기업의 불상사에 대한 비판이나 반성으로부터 미크로·레벨에서 기술자윤리의 필요성이 강조되고 있다. 또 메조·레벨의 문제로서도 예를 들어 일본 기술자 교육인정기구(통칭 JABEE)가 기계공학·전자공학이라고 하는 전문에 관계없이 기술자가 공통적으로 가지지 않으면 안 되는 능력으로서 "기술자윤리"를 필수의 학습·교육 목표로 내걸고 있다. 게다가 환경문제를 시작으로 하여 과학기술의 진전에 따라 인류는 전대미문의 문제들에 직면하고 있기 때문에, 매크로·레벨 및 메타·레벨에서의 고찰도 불가결하다.

이러한 인식에서 이 과목이 설계·개발되었다. 지금부터 기술자가 된다든가 혹은, 벌써 기술자로서 활약하고 있는 사람들을 "기술자윤리"라고 하는 새로운 "지(知)의 영역"으로 권하기 위한 과목이다. 그러나 "기술자윤리"의 세계는 넓고 깊고, 한편, 항상 새로운 문제들이 태어나고 있다고 하는 의미에서 동적(dynamic)이다. 따라서 1개의 과목에서 모든 것을 망라할 수는 없다. 이 과목 및 인쇄된 교재인 이 책은 어디까지나 수강생 혹은 독자를 "기술자윤리"의 세계로 이끄는 입문적인 것이다.

덧붙여 방송대학의 학생으로서 정규에 이 과목을 등록한 수강생에게는 이하의 행동목표를 달성할 수 있을 것으로 기대하고 있다.

1. 과학기술의 발전에 따른 인간의 "행위"의 영역이 확대한 것을 인식하고 기술을 실천하는 "행위자"인 기술자에게는 새로운 "윤리"가 필요하다는 것을 이해할 수 있다.
2. 기술적 해결의 결과가 사회나 환경에 미치는 영향의 범위와 크기를 이해할 수 있다.
3. 기술에 관한 의사결정을 할 때 고려해야 할 다양한 "가치"에 대해 인식할 수 있다.
4. 기술자가 담당하는 특별한 책임에 대해 그 역사적 배경을 포함해 이해할 수 있다.
5. 기술을 실천하는 가운데 발생하고 기술자가 직면할 가능성이 있

는 윤리적 문제를 인식할 수 있다.

6. 윤리 문제를 분석하는 수법에 대하여 이해함과 동시에 그러한 수법을 구체적인 사례에 적용할 수 있다.

7. 현실의 윤리 문제에 유일 절대적인 "정답"은 없으며 복수의 해답, 관점이 존재하여 얻는 것을 이해한다.

대학 등에서 설강되는 기술자윤리의 과목에서는 통상, Case Study 법이라든가 Case Method법 등의 교육 방법을 이용하여 수강자가 서로 의견을 교환할 수 있도록 한다. 이것은 앞에서 이야기한 바와 같이, "기술자윤리"의 교육이 가리키고 있는 것이 단지 지식의 전달이 아니고 "행위"를 설계하는 실천적인 능력의 육성이기 때문이다. 그렇지만 이 과목의 경우, 그룹에서 토론의 기회가 없기 때문에 수강생은 이 과목에서 취급하는 문제나 사례를 "만약 자기 자신이라면 어떻게 행동할까"라고 하는 관점에서 숙고할 뿐만 아니라, 가능한 한 친밀한 사람들과 서로 이야기하도록 유의해 주셨으면 한다. 기술자윤리는 의자에 앉아서 깊이 생각하는 학문이 아니며 의사결정과 행동하기 위한 실천적인 지(知)이기 때문이다.

이 책은 "기술자윤리"라고 하는 새로운 지(知)의 영역을 다루는 신설 과목의 인쇄 교재이며, 방송 교재인 것이다. 따라서 이 책은 가능하다면 방송교재와 함께 사용해 주셨으면 한다. 방송 교재로는 이해를 돕기 위해 가능한 많은 영상이나 도표를 취급하였으며, 또 스페이스 셔틀·챌린저 사고와 관련된 현장 기술자 로저＝보죠레이를 시작해 수많은 사람들과의 인터뷰의 모습을 볼 수 있기 때문이다.

앞에서 행동 목표에 있듯이 윤리의 문제에 유일 절대적인 정답은 없다. 이것을 명확하게 나타내기 위해서 이 과목에서는 일부러 복수의 강사가 집필했다. 강사진은 "기술자윤리"를 진지하게 생각하고 있다고 하는 점에서는 공통하고 있지만 각각 다른 관점을 갖고 있다. 新田孝彦

(제4장 집필)은 윤리학의 전문가 입장에서 飯野弘之(제7, 8장 집필)과 山本凉市(제3장 칼럼 집필)는 오랫동안 기업에서의 실무 경험을 기본으로 한 札野 順(제1-3. 5. 6, 9-12, 15장 집필, 제13, 14장 번역)과 西村秀雄(방송 교재 제3회 및 제7회, 제8회분 담당 강사)는 전문인 과학사 및 기술자 교육의 관점에서, 安藤恭子(사례 및 제9. 10, 12 하인츠 르겐빌(제13, 14장 집필)은 기술자윤리의 선진국인 미국에서 이 영역을 확립하기 위해 20년 이상에 걸쳐 연구교육에 힘써 온 분으로 이 과목에 참가하고 있다. 특정 문제에 대해 강사 사이에 견해가 다른 점이 있지만 그런 복수의 관점이 병존하는 것이 "기술자윤리"라는 새로운 영역의 특색이라고 생각하면 좋겠다.

이 과목 및 이 책은 수많은 사람들의 헌신적인 협력이 있으므로 완성되었다.

특히 방송교재를 위한 취재나 인터뷰에 쾌히 응해 주신 梅津光弘(慶應義塾大學), 小林傳司(南山大學), 斑目春樹(東京大學), 캐로라인=위트베크(케이스·웨스턴·리저브 대학), 마이클=데이비스(일리노이공과대학), 베토 런=에리야르(ICAM), 쿠리스텔=데이 데이 엘(릴·가톨릭 대학), 미케리=브룸센(델후트공과대학)의 각 선생님, 또 윤리정보센터(the Ethics Resource Center) 소장 스츄워트=길만 박사 및 유럽제국기술협회연맹(FEANI) 전무 이사 필립=워르타즈 씨, 나아가 기술자로서의 경험을 솔직하게 말해 준 로저=보죠레이 씨와 윌리엄=르메쟈 씨에 진심으로 감사한다. 또 방송대학 제작부 및 NHK 교육 관계자를 시작으로 하여, 이 책의 편집자나 해외 로케의 코디네이터 및 스태프 등 배후에서 이 과목의 설계·개발을 지원해 주신 분들에게 깊이 감사한다. 또 이 과목의 신설을 영단하여 해외 취재의 기회도 제공해 주신 방송대학 당국 및 이 프로젝트의 참가를 쾌락해 지원해준 주임 강사 등 외 본교인 가나자와공업대학 및 동 과학기술 응용윤리연구소의 관계자에게 감사의 뜻을 표하고 싶다.

마지막으로 "기술자윤리"의 중요성을 일찍부터 인식하여 이 과목을 방송대학에 새롭게 마련하는 것을 기획 입안한 가운데, 주임 강사 외에 그 중임을 맡겨 주신 中島尙正先生(방송대학 대학원 교수)에 진심으로 감사하고 싶다. 中島 선생님의 기대에 부응할 수가 있었는지 어떠했는지 알 수 없지만, 만약 수강생이나 독자가 이 과목을 통해, "기술자윤리"가 기술자에 있어 주변 영역이 아니고 핵심적 능력인 것을 느낄 수 있다면 그것은 전적으로 과학기술과 사회의 관계에 대해 中島 선생님이 나타내고 있는 탁월한 비전의 결실이다.

2007년 11월
집필자 및 강사를 대표해 札野 順

▌목 차 ▌

1. 기술자윤리란

1

기술자윤리를 배우는 목적

－21세기의 고도 기술 사회에 있어서 새로운 기술자상－

우리는 20세기에서 21세기로 또 제1천년기에서 제2천년기에의 전환 기를 경험하고 있다. 과학기술과 인간 사회의 관계를 역사적인 관점에 서 살펴보면, 현대만큼 과학기술이 심원하고 광범위한 영향을 인간 사 회에게 주는 시대는 없다고 단언할 수 있다. 1942년 12월 2일 「원자의 불길」을 손에 넣어 화석연료와는 현격한 차이에서 높은 밀도의 에너지 원을 인류는 사용할 수 있게 되었다. 동시에 벌써 스스로를 자멸시킬 만큼 위력을 가진 핵병기를 저축하고 있다. 2000년 6월 26일에는 인간 은 스스로의 염색체상의 전체 유전 정보를 해독한다고 하는 인간 게놈 계획에 대해 드라후트 시크엔스 개요판을 당초의 계획보다 빨리 완성 시키고 2003년 4월 14일에는 99.99%의 정밀도로 해독을 완료했다. 2001년 9월 11일에 일어난 동시 테러에 의한 여객기 등 신변의 기술을 사용하면 개인이나 소인원수의 그룹이 국가를 상대로 전쟁을 할 수 있 다는 것이 밝혀졌다. 2001년 11월 25일에는 미국의 기업이 사람·클론

배아로부터 배아줄기세포(ES세포)를 만들 수 있다는 것을 증명했다고 발표했다. 2002년 12월에는 진위의 정도만큼은 아니지만, 클론 인간이 벌써 탄생했다고 주장하는 종교단체도 나타났다.

이전에는 꿈의 냉매 물질이라고 생각된 프레온(클로로푸데오카본, CFC로 약칭)이 오존층을 파괴한다는 것이 1980년대에 밝혀졌다. 다양한 환경 호르몬이 우리들의 미래를 빼앗을 가능성이 높다는 것이 지적되고 있다. 「반도체의 집적 밀도는 1년 반부터 2년에 2배가 된다고 하는 무어의 법칙은 아직껏 경험칙으로서 성립되고 있어 IT기술은 급속히 발전하고 있다. 그 IT기술에 의지한 인터넷은 정보를 순간에 온 세상으로 옮겨 간다. 토목 기술은 꿈의 길고 큰 다리를 실현해 우리는 모세와 같이 걸어, 예를 들어 혼슈로부터 시코쿠로 갈 수 있다. 이전 20세기 초두에 소설가 H. G. 웰즈(1866~1946)가 예언한 미래상을 훨씬 넘는 현실이 우리 눈앞에 있다. 지금부터 100년 후의 세계가 어떻게 될 것인지를 예측하는 것은 거의 불가능하다고 말할 수 있다. 이러한 21세기 고도 과학기술 사회의 최첨단을 담당하는 기술자는 어떠한 능력을 가져야 하는 것일까. 인류의 역사 중에서 탄생한 모든 과학자·기술자 가운데 그 대부분이 우리와 같은 시대에 살고 시시각각 새로운 지식·기술을 낳고 있다. 현재를 살고 미래를 구축하는 기술자는 어떠한 기술자이어야 하는 것일까. 정보통신 기술과 교통의 급속한 발전에 의해 세계가 실질적으로 축소하고 냉전의 종말로부터 나라와 나라와의 경계가 더욱 더 낮게 되어 가는 가운데 활약할 수 있는 기술자상이란 어떠한 것일까.

1) 해외의 상황

과학기술과 사회의 새로운 관계의 인식을 근거로 세계 각국에서 새로운 기술자상의 구축과 교육 및 자격을 포함한 기술자 양성 시스템의 개혁이 1990년대 이후 급속히 진행되어 왔다. 이러한 국제적인 움직임 가운데 강한 영향력을 가진 것은 미국의 엔지니어 180만 명을 대표하는 기술자 교육 인정 조직(The Accreditation Board for Engineering and Technology) 통칭 ABET이다. ABET는 1930년대부터 기술자 교육의 질을 유지하기 위해서 교육 프로그램의 인정을 실시해 왔지만 1990년대에 들어가 그 인정 기준을 발본적으로 개혁했다. 이것은 앞에서 이야기한 바와 같이 과학기술과 사회의 관계가 급격하게 변화하여 기술자를 둘러싸는 물리적·사회적환경이 극적으로 변화를 하고 있다고 하는 인식에서, 기술자 교육의 패러다임(paradigm) 그것을 변혁하는 필요성을 미국의 기술자 교육에 종사하는 사람들이 공유했기 때문이다. 무수한 논의의 결과 ABET는 지금까지의 전통적 기술자상과는 완전히 다른 21세기의 기술자상을 Engineering Criteria 2000(통칭 "EC 2000")으로 불리는, 새로운 인정 기준에 의해 제시했다[1]. 거기에 나타난 기술자상은 확고한 전문적 지식·능력에 과학기술의 성과가 사회나 환경에게 미치는 영향에 대해 포괄적으로 고찰할 수 있는 엔지니어이며 스스로의 능력을 계속적으로 향상시켜 광범위한 의사결정에 직접적으로 관여할 수 있는 엔지니어이었다.

ABET는 미국의 기술자 교육에 결정적인 영향력을 가지는 단체이며, 대학교육의 당사자인 교원이나 대학 행정관 등의 대학 관계자만이 아니라 주요 공학·기술계학회 또는 협회나 기업 등 엔지니어링에 직접 관계하는 사람들에 의해 구성된 조직이다. 1932년부터의 전통을 자랑하고 좋던 나쁘던 미국 및 세계의 기술자 교육의 방향성을 결정짓는 단체이다.

---

1) 이 개혁의 배경에 대해서는, 예를 들어 제임스 아이파트(札野 順 번역 / 주역) 「미국 공학 교육의 새로운 흐름」, EAJ Information(일본공학 아카데미), No.77 (April 25, 1998) 참조.

1998년도까지의 ABET의 인정 심사의 과정은 6년마다 인정을 받게 하는 공학계 교육 프로그램(예를 들어 A대학 공학부 기계공학과의 교육 과정)은 ABET가 정하는 상세한 인정 기준에 비추어, 팽대한 자기 점검·자기 평가보고서를 작성하여 ABET 본부에 제출한다. 이 보고서에는 커리큘럼은 물론이거니와 각 과목의 대요, 사용한 교재, 시험(학생이 실제로 기입한 결과를 포함한다), 제출 과제 등이 포함된다. ABET는 그 리포트를 신중하게 검토한 후, 전문적인 훈련을 받은 시찰 팀을 인정을 받으려고 하는 대학에 현지 시찰을 위해 파견한다. 시찰 팀은 시찰 보고서를 작성하여 미리 제출된 자기 점검·자기평가 리포트를 포함한 결과를 재검토하고, 그 교육 프로그램에 대해 인정·조건부 인정·불인정을 결정한다. 인정을 받은 프로그램은 ABET로부터 교육의 질이 보증되어 6년간 상기의 심사 프로세스로부터는 면제된다. 조건부 인정의 경우는 문제점이 지적되어 3년 이내에 그것을 개선하도록 되어 있다. 불인정의 경우는 ABET의 인정 리스트로부터 제외되어, 교육의 질의 낮음이 전 미국에 널리 알려져, 그 프로그램의 관계자·졸업생·재학생은 대단한 불명예와 불이익을 받게 된다[2].

이 ABET의 인정 시스템의 이점으로서는 교육의 내용과 질의 보증(단위호환이나 기술자의 자격 인증을 위해서 불가피), 정기적인 자기 점검과 외부 평가의 실시, 교육관계 정보의 공개와 교환 등을 예로 들 수가 있다.

한편 이 시스템의 결점은 준비를 위해서 방대한 노력이 필요하고, 심사기준이 유연성을 빠뜨리기 때문에 혁신적인 커리큘럼의 구축을 곤란하게 하고, 공학계 교육 프로그램의 균일화를 일으키는 것 등이 엄격히 지적되었다[3].

---

2) 미국을 시작해 세계 각국의 교육 인정(accreditation)의 시스템에 대해 예를 들어 일본 공학교육협회(편 / 역) 「각국 및 지역경제권의 프로페셔널 엔지니어 등록제도 및 엔지니어링 아크레디테이숀 시스템에 대하며」(일본공학교육협회, 1998).

그러나 앞에서 말한 바와 같이 1990년대 초두에서 ABET는 이러한 대학관계자로부터의 비판에 반응함과 동시에, 21세기에의 비전과 새로운 엔지니어상의 제창 및 거기에 따르는 새로운 엔지니어 교육의 방향성을 EC2000이라고 하는 형태로 제시했다. 이것은 2001년부터 미국의 모든 기술자 교육 프로그램이 준수하고 있는 새로운 인정 기준이다.

옛 기준에서 EC2000에의 이행은 바야흐로 기술자 교육의 패러다임(paradigm)·쉬프트라고 해야 할 것이다. 20세기의 가치관을 힘들게 극복하고 21세기를 담당하는 완전히 새로운 기술자상을 제언하려고 하는 ABET의 확고한 자세를 알 수 있다. 인정기준의 주요한 차이점을 열거하면, 그것은 (ⅰ) 상세기준으로부터 대강화에의 쉬프트이며, (ⅱ) 각 프로그램의 표준화로부터 차이화·개성화에의 방향의 변화이며, (ⅲ) 가르치는 측의 커리큘럼 중심의 논리로부터 학습하는 학생 중심에의 관점의 변경이며, (Ⅳ) 그 프로그램이 가르치는 교육 내용의 심사로부터 프로그램의 교육성과(outcomes) 평가로의 틀의 변경이다.

특히 새로운 기술자상이라고 하는 관점으로부터 보면, "Program Outcomes and Assessment"라고 제목 된 「기준 3(Criterion 3)」에서는, 기술자 양성을 위한 모든 고등교육 과정은 그 졸업생이 전문 분야를 불문하고 기본적으로 다음의 11개의 능력을 가지는 것을 실증해야 한다고 규정되어 있다.

(a) an ability to apply knowledge of mathematics, science, and engineering
수학, 과학, 공학의 지식을 응용하는 능력
(b) an ability to design and conduct experiments, as well as to analyze and interpret data

---

3) 아이파트, 전술 논문.

실험을 계획(설계)·실시하여 얻을 수 있는 데이터를 분석·해석
하는 능력

(c) an ability to design a system. component, or process to meet
desired needs
바람직한 요구를 만족시키는 시스템이나 부분(부품), 혹은 공정
(프로세스)을 설계하는 능력

(d) an ability to function on multi-disciplinary teams
다른 전문 분야를 가지는 인재로부터 완성되는 팀에서 공헌할 수
있는 능력

(e) an ability to identify. formulate, and solve engineering problems
기술적인 문제를 발견(분류)하고 명확하게 계통을 세워서 설명하
고 또한 해결할 수 있는 능력

(f) an understanding of professional and ethical responsibility
전문능력을 가진 사람(프로페셔널)으로서의 책임 및 윤리적인 책
임에 대한 이해

(g) an ability to communicate effectively
효과적으로 커뮤니케이션을 취할 수 있는 능력

(h) the broad education necessary to understand the impact of engineering
solutions in a global and societal context
기술적인 해결이 세계 및 사회적인 문맥 중에서 가져오는 영향을
이해할 수 있는 폭넓은 교양

(i) a recognition of the need for, and an ability to engage in
life-long learning
생애를 통해 계속 배우는 필요성을 명확하게 인식하고 그것을
실행하는 능력

(j) a knowledge of contemporary issues
현대 사회가 안고 있는 문제에 대한 지식

(k) an ability to use the techniques, skills, and modern engineering tools necessary for engineering practice.

엔지니어링의 실천에 필요한 테크닉이나 기능, 및 최신의 공학상의 툴을 사용할 수 있는 능력(밑줄은 필자에 의함)[4]

또 기준 4에 대해, 기술자로서 필요한 종합적인 설계 능력 육성에 관한 규정이 있어서, 그중에서 단지 기술적 문제뿐만이 아니라, 현실적인 제약 조건을 사회적·문화적·정치적 요소를 배려하면서, 설계를 할 수 있는 능력의 필요성이 명시되고 있다.

Students must be prepared for engineering practice through the curriculum culminating in a major design experience based on the knowledge and skills acquired in earlier course work and incorporating engineering standards and realistic constrains that include most of the following considerations: economic: <u>environmental: sustainability:</u> manufacturability; <u>ethical: health and safety</u>: social; and <u>political</u>.(밑줄은 필자에 의함)[5]

EC 2000으로 제시되고 있는 21세기를 담당하는 기술자상은, 단순한 전문 분야의 지식과 능력에 뛰어난 전문가는 아니고, 과학기술 분야 이외의 「가치」의 본질을 이해하고, 과학기술상의 해결과 그것이 가져오는 환경·사회·문화·경제·정치 등에의 광범위한 영향과의 적절한 밸런스를 취하면서, 정확한 「(가치) 판단」에 근거한 의사결정을 실시할 수 있는 「엔지니어(기술자)」인 것이다.

---

4) "Criterion 3. Program Outcomes and Assessment." Accreditation Board for Engineering and Technology Inc.(ed.). Engineering Criteria 2000(Baltimore: ABET, 1996). ABET의 홈페이지(http://www.abet.org)에서 1998년 3월 8일, 2002년 1월 30일 다운로드.

5) "Criterion 4. Professional Components." 전술 홈페이지.

2) 일본의 상황

경제활동의 글로벌화에 따른 기술적 성과나 제품뿐만이 아니라, 기술자도 국경을 넘어 다양한 경제권에서 기술적인 직무를 수행하는 것이 일상적으로 되고 있다. 이러한 상황에 귀감, 1995년에 설립되었다

WTO(세계무역기구)는 물건의 무역만이 아니고, 기술적인 서비스의 국제적인 품질 보증을 목표로 해 활동하고 있지만, 그 활동에 호응해 기술자 자격의 국제 상호 인증의 움직임이 1990년대 후반에 급속히 진전했다. 영어권의 나라를 중심으로 하는 기술자 교육 상호인증 조약인 워싱턴·어코드(Washington Accord, 1989년 체결)의 가맹국이 중심이 되어, 유럽제국기술자협회 연합(Federation Europeenne d'Associations Nationales d'Eucenieurs; FEANI)로부터의 옵서버를 포함. 1996년 3월에 The Engineering Mobility Forum이 설립되었다. 또 같은 해 1996년에는 APEC(아시아 태평양 경제협력 회의)의 산하에서, 오스트레일리아·일본·인도네시아·필리핀의 4개국이 APEC 엔지니어 자격에 관한 최초의 회합을 열었다[6].

이러한 진전 중에서 일본도 국제적으로 통용되는 기술자교육의 인정 시스템의 구축이 필요하다고 인식되어 1999년 11월에는 일본기술자교육인정기구(The Japan Accreditation Board for Engineering Education: JABEE)가 설립되었다. 나아가 2000년 4월에는 기술자 자격에 관해서 국제적인 정합성을 가지는 형태로 기술사법이 개정되었다.

JABEE는 최초의 인정 기준 중에서 「인정 기준은, 기술업(수리과학, 자연과학 및 인공과학 등의 지식을 구사해 사회나 환경에 대한 영향을

---

6) John Webster, "Mutual Recognition for Professional Engineers: The APEC Engineer Project," "a paper presented at The Sixth International Symposium on Engineering Education for the 21st Century, Kanazawa Institute of Technology, July, 1999.

예견하면서 자원과 자연력을 경제적으로 활용하여 인류의 이익과 안전에 공헌하는 하드·소프트의 인공물이나 시스템을 연구·개발·제조·운용·유지하는 전문직업)에 종사하는 전문직업인(기술자)을 육성하는 고등교육기관에 있어서의 교육을 인정하기 위해서 정하는 것이다」라고 명기하여 「기술업」을 정의하여 기술자를 「전문직업인」이라고 명확하게 규정하고 있다.

또 인정을 희망하는 대학의 교육과정은 전문 분야에 관련되지 않고, 다음의 학습·교육 목표를 「모두 만족하고 있다는 것을 증명해야 한다」로 규정하고 있다[7].

기준 1 학습·교육 목표

(1) 자립한 기술자에 필요한 아래와 같은 지식·능력을 모두 망라한 구체적인 학습·교육 목표가 설정되어 공개되고 있을 것.

    (a) 지구적 관점으로부터 다면적으로 사물을 생각하는 능력과 소양

    (b) 기술이 사회 및 자연에 미치는 영향·효과에 관한 이해력이나 책임 등, 기술자로서 사회에 대한 책임을 자각하는 능력 (기술자윤리)

    (c) 수학, 자연과학, 정보기술에 관한 지식과 그것들을 응용할 수 있는 능력

    (d) 해당하는 분야의 전문 기술에 관한 지식과 그것들을 문제 해결에 응용할 수 있는 능력

    (e) 여러 가지의 과학·기술·정보를 이용해 사회의 요구를 해결하기 위한 디자인 능력

---

7) 일본 기술자 인정 기구 「2001년도 일본 기술자 교육 인정 기준」 p.1. 또는, 앞으로의 기술자상과 교육에 대해서는 예를 들어 吉川弘之 「기술자의 새로운 역할」, 공학 교육, 48권 1호(2000년 1월), p.1. 및 같은 잡지에 게재되었던 관련 보고와 논문 등을 참조.

(f) 일본어에 의한 논리적인 기술력, 구두 발표력, 토의 등의 커뮤니케이션 능력 및 국제적으로 통용되는 커뮤니케이션 기초 능력

(g) 자주적, 계속적으로 학습할 수 있는 능력

(h) 주어진 제약 아래에서 계획적으로 일을 진행시켜 정리하는 능력
(밑줄은 필자에 의함)[8]

또 개정된 기술사법에 관해서 기술사회는 2000년 7월에 다음과 같은 견해를 발표하고 있다.

　　이번에 2000년 4월 26에 기술사법의 일부를 개정하는 법률이 공포되어 기술사가 직업윤리를 갖추는 것을 요구함과 동시에, 기술사 자질의 한층 더 향상을 꾀하기 위해, 자격 취득 후의 연찬이 책무로서 명문화되었다.
　　즉 직업윤리에 관해서는, 「기술사 또는 기술사보는 그 업무의 수행에 있어서, 공공의 안전, 환경의 보전 그 외의 공익을 해치는 일이 없게 노력하지 않으면 안 된다」(기술사 등의 공익 확보의 책무)로 명문화되어 또 기술사의 능력 유지 · 향상에 관해서는, 「기술사는 항상 그 업무에 관해서 필요한 지식 및 기능의 수준을 향상시키고 그 외의 자질의 향상을 꾀하도록 노력하지 않으면 안 된다」(기술사의 자질 향상의 책무)로 되어 있다. 이것에 의해, 기술자 자격의 국제적인 상호 승인에의 대응을 향해 국제적 정합성도 충실했다(밑줄은 저자에 의함).[9]

이와 같이 21세기 고도 기술 사회를 극복해 나가는 기술자에게는 전문적인 지식이나 능력을 가지는 것은 당연한 일로서 격동하는 세계에

---

8) 일본 기술자 인정 기구, 앞의 책.
9) 일본 기술사회 홈 페이지(http:www.engineer.or.jp/cpd/cpd.html)에서 2002년 1월 30일 다운로드.

서 글로벌한 관점을 가지고 활약할 수 있는 폭넓은 지식과 능력, (경영자를 포함)다른 사람과 효과적으로 커뮤니케이션을 취하는 능력, 나아가 스스로의 자질을 계속적으로 향상시켜 가는 평생학습의 자세가 요구되고 있는 것이다. 그리고 무엇보다도 스스로가 관여하는 기술이 사회나 환경에 어떠한 영향을 미치는가를 이해하고 스스로가 기술의 전문가(프로페셔널)로서 윤리적으로 행동할 수 있는 능력, 즉, 기술자윤리가 앞으로 엔지니어에 요구되고 있다.

이상과 같이 세계의 각 지역에서 최근 명확하게 정의되기 시작한 「21세기 고도기술 사회에 있어서의 기술자상」 중에서 가장 주목할 만하는 것은 모든 지역에서 기술자로서의 「윤리」적 소양이 중요시되고 있다는 점이다.

다음 절에서는 기술자윤리란 무엇인가라고 하는 문제에 초점을 맞추어 논의한다.

2

기술자윤리란 무엇인가

「기술자윤리」를 정의한다는 것은 쉬운 일이 아니다. 「윤리」 「기술자」 「기술자윤리」에 다양한 정의가 있다. 나아가 「윤리」와 「윤리학」이 혼돈하여 사용되고 있다. 또 「윤리」 「도덕」 「모럴」의 차이에 대해 격렬하게 의견을 주고받는 일도 자주 있다. 만약 이 과목이 학문으로서의 철학이나 윤리학에 관계하는 것이라면 이러한 말을 명확하게 정의한 후에(만약 그것이 가능하면), 논의를 진행시켜야 할 것이다.

그러나 그러한 엄밀한 논의는 아마 이 과목의 목적으로는 맞지 않다. 왜냐하면 이 과목은 현실 사회에서 병립 혹은 대립하는 가치의 틈에서 「윤리」적인 문제에 직면해 한정된 시간 속에서 의사결정을 하고 어떠한 행위를 하지 않으면 안 되는 기술자들을 위한 것이기 때문이다. 철학적으로 정밀하고 주도한 논의를 전개하는 것이 아니라, 현장의 기술자 혹은 기술자가 되려는 사람들이 실천의 장소에서 근거로 하는 단서를 얻기 위한 과목이다. 말하자면 「춤을 추는 방법」을 배우는 것이 아니고, 춤추어 보는 것으로 「춤추기」를 경험하는 것이 목적이다. 여기서는 그저 일상적인 말의 정의로부터 출발하고 싶다.

그 전에 이 장 끝에 있는 2개의 사례(케이스)를 우선 읽었으면 한다. 그러한 상황에 처하면 자신이라면 어떠한 행동을 취할 것인지를 진지하게 자문자답을 하면서 생각해 주었으면 한다.

그런데 당신이라면 어떻게 의사결정을 내렸는지, 자성적으로 고찰한 후 아래를 읽어 주었으면 한다. 원래, 「윤리(ethics)」란 무엇인가. 우선 처음으로 마이켈 데이비스(Michael Davis)도 지적하듯이 이 말이 적어도 다음의 3개가 다른 의미로 사용되는 것을 인식할 필요가 있을 것이다.

1. (어원: ethos, mores) 습속, 관습(성격, 덕)
2. 어느 사회집단의 행동 규범
3. 학문 분야로서의 윤리학

「廣辭苑」에 의하면 「윤리」란 「인륜의 길. 실제 도덕의 규범이 되는 원리. 도덕」이라고 정의되고 있다. 또 「윤리」와 같은 뜻이라고 하는 「도덕」이란, 「사람이 해야 할 도리. 어느 사회에서 그 성원이 사회에 대한, 혹은 성원 상호 간의 행위의 선악을 판단하는 기준으로서 일반적으로 승인되고 있는 규범의 총체. <이하 생략>」이다. 즉 「윤리」란 행위의 선악이라고 하는 가치를 판단하는 기준의 체계이다[10]. 이것은 앞에서 열거한 2개의 정의에 가깝다. 한편 서구의 전통 중에서 "What is ethics?" 라고 하는 물음에 대한 대답의 가장 간결한 것의 하나는, "Ethics is the science of conduct."일 것이다[11]. 즉 「윤리란, 행위의 과학」인 것이다. 이것은 제3의 의미에 가깝다. 어쨌든 「어떤 사회집단의 행동 규범」이나 「행위의 과학」이나, 그 중심 과제는 (i) 「선(악)이란 무엇인가」와 (ii) 「정의(부정)란 무엇인가」라고 말하는 인간 존재에 관련되는 근본적인 「가치」의 문제에 대답하는 것이다[12]. 이러한 물음에 대한 답에 대해 서구에서는 기원전 5~4세기의 소크라테스·플라톤·아리스토텔레스의 시대부터 끊이지 않고 정밀한 논고가 계속되어 오고 있다. 그렇지만 아직도 물리학에 있어서의 뉴턴의 운동 방정식과 같이 모든 윤리학자가 납득할 만한 윤리 이론은 없다. 제4장에서 논의하듯이 결과주의를 취할까 의무론을 취할까에 따라 같은 행위에 대해서도 평가가 다르다. 어쨌든 이 책에서는 「윤리」라고 하는 말을 확대 해석해 데이비스의 분류에서는 2와 3을 통합한 형태로, 「윤리란, 어느 사회집단에 있어 행위의 선악이나 정부정 등의 가치에 관한 판단을 내리기 위한 규범 체계의 총체, 및 그 체계에 대한 계속적 검토라고 하는 지적 영위이다.」라고 정의해 둔다(이 정의가 엄밀한 정의로서는 불충분하다는 것을 염두에 두고 굳이 「윤리」의 의미를 확대하기 위해서 밑줄을 그었다). 그런데 기술자가 실천하는 기술(engineering)이란 무엇인가. 일본에서 보통

---

10) 新村出편『廣辭苑』제4판, 岩波서점, 1991년.

11) Oliver A. Johnson. Ethics: Selections from Classical and Contemporary Writers 7th ed. (Fort Worth. TX: Harcourt Brace College Publishers, 1994). p.1.

12) Johnson, 상게서, pp.6-9. 「윤리」와 「가치」의 관계에 관한 논의에 대해서는, 예를 들어 Caroline Whitbeck, Ethics in Engineering Practice and Research (Cambridge: Cambridge University Press, 1998), pp.3-18. 번역은, 캐로라인＝위트 베크, 札野 順·飯野弘之역 「기술윤리 1」미스즈서방, 2000년, 序章.

"engineering"의 역어로서 「공학」이라고 하는 말이 주어지지만, 최근 많은 지식인이나 교육 관계자가 지적하듯이 양자 간에는 큰 차이가 있다[13]. 전술의 ABET는 "engineering"을 연구·경험·실무를 통해 획득한 수학적·과학적 지식을 응용하여 기술적인 「가치」만이 아니고 인류의 안전·건강·복리를 포함한 다양한 「가치」에 대한 「판단」을 내리면서 인류의 이익을 위해서 자연의 힘을 경제적으로 활용하는 "profession"(전문직업: 지적 전문직)이라고 정의하고 있다[14]. 따라서 기술자란 상기의 전문직 노우를 실천하는 능력을 갖고 실제로 그러한 일에 종사하는 것이라고 말할 수 있다. 이미 말한 것처럼 ABET의 일본의 카운터 파트인 JABEE도 기술(업)을 「수리과학, 자연과학 및 인공과학 등의 지식을 구사하여 사회나 환경에 대한 영향을 예견하면서 자원과 자연력을 경제적으로 활용하고 인류의 이익과 안전에 공헌하는 하드·소프트의 인공물이나 시스템을 연구·개발·제조·운용·유지하는 전문직업」이라고 하여 기술자를 이러한 직무를 수행하는 전문직업인이라고 명확하게 정의하고 있다.

이러한 정의를 인정한다고 하면, 「기술자윤리」란, 「기술자가 연구·학

---

13) 예를 들어 찰즈=하리스 외저, 사단법인 일본 기술사회역편 「과학기술자의 윤리-그 생각과 사례」 丸善, 1998년, pp.462-468에 있는 역어 해설은 참고하기에 적합하다. 이 번역에서 역자들은 "engineering"을 「기술업」이라고 번역하고 있다. 또 大橋秀雄은 이 차이의 다름을 인식하는 것의 중요성을 정확하게 지적하고 있다. 大橋秀雄 「공학 교육과 엔지니어 교육」, 「공학 교육의 오늘날의 과제 / 미국의 교육 평가 시스템과 일본의 공학 교육」(1998년도 공학교육연합 강연회 강연 논문집), 일본공학교육협회, 1998년, pp.1-4.

14) ABET의 홈 페이지(http://www.abet.org)에서 1998년 3월 9일 다운로드 원문은 아래와 같다. Engineering is the profession in which a knowledge of the mathematical and natural sciences gained by study, experience, and practice is applied with judgment to develop ways to utilize, economically, the forces of nature for the benefit of mankind. "후술과 같이 기술자윤리"를 생각할 때에, 이 「전문직업」의 개념은 극히 중요하다.

일본에서는 "engineering"에 대응하는 것이 「공학」으로 번역되어 전문직업은 아니고 학문 분야의 하나로 생각되고 있는 것과 비교하면 그 차이는 분명하다.

습·경험·실무를 통해 획득한 수학적·과학적 지식을 구사하여 인류의
이익(가치)을 위해서 자연의 힘을 경제적으로 활용하는 데 있어서 필요
한 행위의 선악, 정의와 부정이나 그 외의 관련하는 가치에 대한 판단을
내리기 위한 규범체계의 총체 및 그 체계의 계속적·비판적 검토. 나아
가 이 규범 체계에 근거해 판단을 내릴 수 있는 능력」이라고 할 수 있
다. 이 정의도 앞에서 「윤리」의 경우와 같이, (i) 기술자가 가지는 규범
체계의 총체, (ii) 그 체계의 계속적·비판적 검토라고 하는 지적 영위,
(iii) 판단을 내리는 능력이라고 하는 3개의 다른 범주에 속하는 일이 포
함되어 있어 엄밀한 의미의 정의가 되지 않음을 저자는 알고 있다. 그러
나 이 과목의 목적이 정밀하게 구축된 윤리 이론의 체계를 「지식」으로
서 제시하는 것은 아니고, 기술자들이 그 실천적 능력을 스스로 높이도
록 돕는 것이기 때문에 굳이 이러한 애매한 규정을 두었다. 그 의도하는
것은 「기술자윤리」는 「배운다」(혹은 「연구」한다)는 것은 아니고, 기술의
실천자로서 몸에 익히는 것임을 강조하기 때문이다.

　그런데 이와 같이 「정의」하면 기술에 관련되는 다양한 가치에 대해
판단을 내리는 기준을 이해하고 있지 않는 사람이나, 이해하고 있었다
고 해도 적절한 윤리적 판단 능력을 갖지 않는 사람은 「기술자」라고
말할 수 없게 된다. 기술자윤리를 갖지 않는 사람은 기술자가 아닌 것
이다. 기술자가 기술자윤리를 배우지 않으면 안 되는 가장 중요한 이유
가 여기에 있다. 그런데 이런 종류의 논의를 하면 기술자윤리는 난해하
고 답답한 것이라고 하는 인상을 가지는 사람이 많다. 그러나 (이 과목
을 통해서 분명히 해 두고 싶은 것이지만) 「기술자윤리」란 단지 이미
있는 규범에 따른다고 하는 수동적이면서 소극적인 것은 아니고, 스스
로의 행위를 고안(또는 「설계」)하는 보다 능동적이고 적극적이며 한편
창조적임을 강조해 두고 싶다.

　나아가 기술자윤리가 목표로 하는 것은 기술자나 기술을 취급하는
조직이 여러 가지 가치의 밸런스를 취하면서 기술에 관련하는 문제를

발견하여 해결하는 종합적인 문제 해결 능력이다. 따라서 기술자윤리라고 하는 것은 곰팡이가 난 오래되고 딱딱한 것이 아니고 더욱 크리에이티브 하고 독창적이고 우리들이 안고 있는 문제를 단지 기술의 측면만이 아니고 그 이외의 사회적·문화적, 다양한 가치를 종합적으로 고려하면서 창조적으로 문제를 해결해 나가는 것이야말로 기술자윤리가 목표로 하는 것이다. 예를 들어 원자력발전소의 입지 문제를 기술자 스스로가 기술적인 가치만이 아니고, 안전성·코스트·사회심리·입지 지역의 풍토·문화·요구 또 그 외의 정치적·사회적인 가치 등을 고려하면서 입지 지역뿐만이 아니라, 일본 전체나 세계에 받아들여지는 종합적인 최적의 답을 발견하기 위해서는, 기술자윤리의 관점이 불가결하다. 기술자윤리는 일반적인 윤리와는 다른 측면을 갖고 있다. 기술자윤리의 특수성이라고 하는 것은 과학기술의 발전에 따라 새로운 「가치」가 만들어지기 때문에 항상 새로운 「가치」에 대한 고찰이 요청된다는 점이다. 예를 들어 장기이식을 위해서 불가결한 면역억제제, 혹은 장기이식이라고 하는 기술 그 자체가 개발되기 전은 다른 사람의 장기는 우리에게 있어 전혀 가치가 없는 것이었다. 그러나 오늘날에는 비록 심한 심장병을 갖고 있는 사람에게는 자신의 신체에 적합한 다른 사람의 심장은 어떤 것과도 바꿀 수 없는 「가치」를 가진다. 즉 장기이식이라고 하는 기술이 태어났지만 그렇게 전혀 가치가 없었던 타인의 장기가 가치를 가지기 시작한 것이다. 게다가 기술에 의해 창조된 새로운 가치, 만들어 내는 가치는 통상 일반인들에게 곧바로 인식되는 것은 아니고, 그 분야의 전문적 지식을 가진 사람밖에 모른다. 예를 들어 1932년에 중성자가 발견되었을 때에 중성자를 사용하면, 우라늄이라고 하는 원소가 새로운 에너지-근원이나 폭탄의 원료로서 이용할 수 있는 「가치」가 있는 것은 레오=질라드(Leo Szilard. 1898~1964) 등 극히 일부의 물리학의 전문가밖에 몰랐다. 새롭게 창조된 「가치」를 어떻게 취급하는가 이것이 기술자윤리에 관련하는 어려운 점이다.

따라서 기술자에게는 전문 능력에 뒷받침된 새로운 가치에 관한 판단 능력과 그것들을 기존의 가치들과 어떻게 밸런스를 취하는지, 나아가 스스로의 판단에 따라 스스로가 취해야 할 행동을 고안하고 실천하는 능력이 요구된다. 다시 말해, 기술자윤리란 항상 새로운 행동을 설계해 나가는 것이다. 앞에서 말한 바와 같이 「윤리란, 행위의 과학이다」라고 하는 정의가 있지만, 이것을 모방하면 기술자란, 「기술의 실무를 해 나가는 가운데 자신의 행위를 설계하는 것」이라고, 정의할 수도 있을 것이다.

● 선진 공업국의 기술자에게 요구되는 가치 판단 능력 ●

고도 성장기에 일본이 그러했듯이 예를 들어 「고효율」 「저비용」 「제조의 용이함」 등 기술자가 중시해야 할 가치들이 명확하고, 일본이라고 하는 「사회집단」에서 넓게 받아들여지고 있던 것 같은 상황하에서는 기술자가 내리는 판단은 비교적 용이했다. 그러나 경제활동의 글로벌화가 진행되어 상기와 같은 가치가 중시되는 것 같은 공업제품(예를 들어 성숙한 가전제품 등)의 생산이 다른 나라에 이전되어 가는 가운데, 일본을 시작으로 하는 선진 공업국의 기술자가 그 직무를 수행하는데 고려해야 할 가치들은 다양하고 또 항상 새로운 「가치」를 낳는 제품을 만들어 내가는 것이 요청되고 있다(그렇지 않으면 이 정도 비싼 경비를 사용할 의미가 없다).

Column

3

사 례

　추상적인 논의가 계속되었지만 여기서 기술자윤리란 무엇인가를 구
체적으로 이해하기 위한 도움으로서 가상적인 사례를 소개하고자 한다.
독자에게는 사례의 당사자가 된 생각으로 「자신이라면 어떻게 할까」를
생각해 주길 바란다.

　여기서 예를 든 「미니·케이스」란, 기술자가 일상적인 업무를 수행하
는 가운데 부딪칠 가능성이 있는 윤리 문제나 거기에 포함되는 병립 또
는 대립하는 가치의 존재를 느껴 주기 위해서 고안되었다. 퀴즈 형식의
문제이다. 통상 어느 정도의 구체적인 배경 설명과 함께 윤리 문제가
제시되어 그 해결책으로서 몇 개 선택사항이 준비되어 있다. 중요한 점
은 제삼자적·평론가적으로 문제를 방관하는 것이 아니라 만약 당신이
사례의 당사자라면 어떻게 할 것인가 하는 「도덕적 행위자」의 관점을
가지는 것이다. 선택사항 안에는 분명하게 기술자로서 해서는 안 되는
것이 포함된 경우도 있다. 또 후술과 같이 윤리 문제에 유일 절대적인
정답은 없기 때문에 복수의 선택이 가능한 경우도 있다. 그중에서 굳이
1개의 행동을 선택하는 것으로 자신이 중시하는 「가치」와 그렇게 중시
하지 않는 「가치」가 있음을 눈치 채 주었으면 한다. 그리고 무엇보다
기술자가 실무를 실천하면서 직면하는 윤리 문제를 「체험」했으면 한다.

● 윤리 교육의 목적과 미니·케이스 ●

　1969년에 환자 중심의 의료를 둘러싼 새로운 윤리의 자세를 연구한
세계에서 최초의 연구소로서 설립되어 지금도 생명윤리의 중심을 담당
하고 있는 해스팅스센터(the Hastings Center)는 윤리를 교육 하는 프로

그램의 목표로서,

① 도덕에 관한 상상력을 자극한다.
② 윤리상의 논점을 인식할 수 있도록 한다.
③ 윤리 문제를 분석하는 스킬을 발전시킨다.
④ 책임감을 꺼낸다.
⑤ 의견의 불일치와 정보의 애매함을 허용한다.

이러한 5개를 들고 있다. 미니·케이스는 이 안의 특히 ①, ② 및 ⑤에 큰 효과가 있다고 생각된다.

이러한 미니·케이스는 기업윤리 프로그램 중에서 교육·연수용으로 사용된다. 예를 들어 뛰어난 윤리 프로그램을 가진 것으로 알려진 미국의 록히드·마틴사에서는 회사의 가치관이나 「윤리·업무 행동 규정」을 사원에게 침투시키기 위해서 이런 종류의 미니·케이스를 활용한 연수를 "Ethics Challenge"라고 이름을 붙여, 전 사원을 대상으로 정기적으로 실시하고 있다(참고문헌 藤本溫 편저 「기술자윤리의 세계」 森北 출판 2002년).

Column

▶미니·케이스 1

당신은 건설업자로 근무하고 있다. 어느 날 리조트 개발과 관련된 당신은 X지역의 리조트 개발의 중심이 되는 랜드마크·타워를 담당하게 되었다. 처음으로 맡은 큰 프로젝트에 자랑과 기쁨을 가지고 정력적으로 임한 당신은 관광 시즌을 맞이하는 내후년 5월 오픈을 목표로 계획에 따른 매우 참신한 디자인을 가진 빌딩의 건축 계획을 작성했다. 그러나 건설공사가 개시되는 11월까지 앞으로 1개월이라고 할 때 금년 겨울은 예년보다도 추워질 전망이며, 첫눈도 빠르다는 예보가 나왔다. 이 예보가 맞으면 당신이 고려했던 것보다도 눈에 덮여 있는 기간이 길고 공사가 예정대로 완성을 맞이할 수 없다. 내후년 5월의 오픈을 향해 벌써 세입자 계약도 진행되고 있기 때문에 오픈 시기를 연기하는 것은 큰 손해를 낳을 것이다. 그 때문에 어떻게 해서든지 눈이 쌓이기 시작하기 전에 기초 공사를 끝내려고 당신은 생각하지만 계획을 변경하여 지금부터 곧 일을 시작하기에는 다양한 수속이 필요하게 되어 결국 허가가 나오기까지는 1개월은 걸릴 것이다. 이렇기 때문에 지금의 공사 개시 예정일을 앞당기지 않으면 안 된다. 또 공사 작업자들을 이미 상당히 동원하고 있고 랜드마크 이외의 개발 사업도 있기 때문에 X지역으로부터 갑자기 증원을 늘리기는 어렵다. 그렇지만 현상의 계획을 진행시켜 5월 오픈을 하려면 분명히 현장에 무리가 와 안전상의 문제가 제기된다고 생각된다.

당신은 어떻게 해야 하는가?

① 건축 허가가 있는 이상, 다소의 공사 계획을 앞당김은 큰 문제는 아니다. X지역의 담당자에게 간절히 부탁해서, 계획의 앞당김을 묵인 받는다.
② 오픈이 1개월 늦어 6월이 되어도 당초의 예정과 같게, 관광객이 모일 수 있도록 캠페인을 벌이도록 여행회사와 상담한다.
③ 공사 기간은 바꿀 수 없다. 현재의 참신한 디자인을 고쳐 공사 기간 안에 완성하는 빌딩을 재설계해 건축 계획을 바꾼다.
④ 건축 현장의 담당자에게 5월 오픈을 엄수하도록 재차 통고한다. 완성이 늦는 것은 현장의 문제다.
⑤ 실제로 예보 그대로의 기상이 될지는 아무도 모른다. 아무것도 하지 않는다.

▶미니·케이스 2

당신은, A사의 B공장 점검·보수를 담당하고 있는 부장으로 있다. 어느 날 부하의 C씨가 「공장의 기계의 일부에 안전상에는 전혀 문제가 없지만 법률로는 용서되지 않은 작은 갈라짐이 있다」는 보고가 있었다. 그러나 그 법률이 공장의 안전성을 과도하게 중시한 나머지, 기계나 거기에 사용되어 있는 재료의 경년 변화 등을 고려하지 않고 현장에 있어서는 불합리한 것임은 명백했다. 그 때문에, A사뿐만이 아니고 업계 전체에서도 법률과는 별도로 독자적인 안전성의 평가를 실시하고 안전성에 문제가 없는 범위라면, 법률은 준수하지 않는 것이 일상화되고 있었다. 실제, 당신 자신도 법률을 지키지 않는 것에 의문을 가지고는 있었지만, 독자적인 안전성 평가에는 자신을 가지고 있다.

만약 C씨의 보고를 근거로 공장을 정지했다면, B공장에서 주력 제품을 만들 수 없게 되기 때문에 경영상의 손해를 입을 뿐만 아니라 거래처의 신뢰는 물론 자사의 주식을 잃어버릴 가능성이 있다. 또 법률에 따라, 수리를 하는 일이나 새로운 기계를 매입하게 되면, 상당한 경비도 필요하다.

당신은 어떻게 해야 하는가?

① C씨의 보고를 근거로 공장의 가동을 정지하고 수리를 실시한다.
② 상사에게 상담한다.
③ C씨와 법률과 독자적인 안전 규제의 현상에 대해 이야기를 주고받는다.
④ 기계의 갈라짐과 안전성에 대한 검토 팀을 만들어, 갈라짐에 관한 보다 상세한 데이터를 모은다.
⑤ 규제 당국에 갈라짐 상태와 취해야 할 대응에 대해 알아본다.

2. 왜 기술자는 특별한 책임을 지는 것인가

1

「기술자」의 역사

　「기술자」란 무엇인가. 이 물음에 답하는 것은 쉽지 않다. 「기술자」가 실천하는 것은 「기술(업)」이기 때문에, 우선 「기술(업)」에 대해서 논할 필요가 있을지도 모른다. 일본이나 미국에서 받아들여지고 있는 「기술(업)」의 정의는 제1장에서 소개했지만, 거기에 이르는 역사적인 배경을 기술자의 책임과 그 대상, 교육·훈련, 또 제도화라고 하는 시점으로부터 매우 간단하게 정리해 둔다.

　기술을 광의로 해석하여, 「인간이 그 생을 완수하기 위해서, 스스로의 목적의식에 근거해, 목표의 달성을 목표로 하여 생각해 내고 또 사용하는 「기술」의 총체」로 정의하면, 수렵·채집·농경 등을 시작으로 하여 문명의 탄생과 동시에 상기와 같은 「기술」을 실천하는 「기술자」는 존재했다고 말할 수 있다. 고대의 사대문명과 토목·건축·야금·기계라고 하는 기술은 불가분이며, 특히 군사의 관점으로부터 이러한 기술의 중요성은 인식되어 있었을 것이며 이것들을 담당하는 「기술자」의 직무상의 책임에 대해서도 고찰되고 있었다.

예를 들어 기원 전 18세기에 성립했다고 생각되는 고대 바빌로니아의 하무라비 법전에는 이미 주택을 만드는 사람(건축업자나 목수)의 책임에 대해 다음과 같은 규정이 있다.

고대 바빌로니아의 건축과 관계되는 법전(기원 전 1758년)

만약 건물을 짓는 것을 직업으로 하는 사람(목수)이, 사람을 위해서 집을 지을 때 스스로의 일에 만전을 기하지 않았기 때문에 그 집이 무너져 집 주인을 죽게 했다면, 그 목수는 사형 하지 않으면 안 된다. 만약 집이 무너져 그 집의 아들이 사망하면 그들은 그 목수의 아들을 사형으로 하지 않으면 안 된다. 만약 집 주인의 노예가 사망하면 목수는 죽은 노예를 대신해 노예를 집 주인에게 주지 않으면 안 된다. 만약 집이 무너져 재산을 파손했다면 파손한 것이 어느 것이든 대신의 것을 주지 않으면 안 된다. 그리고 목수가 만전을 기하지 않아서 집이 무너졌기 때문에 목수는 자신의 자금으로 무너진 집을 다시 세우지 않으면 안 된다. 만약 목수가 사람을 위해서 집을 지었을 때 부실하여 벽이 팽창했다면 그 목수는 자기 돈으로 벽을 보강해야 한다.[1]

중세의 서구 사회에서는 다양한 전문적인 직업과 같이 기술에 관해서도 지식이나 기능의 유지·계승을 위해서, 혹은 그 사회적 지위의 확보를 위해서 동업 길드(혹은 Zunft)로 불리는 동업자 조직이 형성되었다. 길드에는 감독·직공·도제의 계층이 있어 구성원이 되기 위해서는 직업의 신성을 지키는 것을 신에 맹세하지 않으면 안 되었다. 길드는 도제 제도에 의한 엄격한 직업훈련의 기능을 갖고 입문자(도제)는 기술

---

1) 村上陽一郎 「공학의 역사」 岩波서점, 2001년, p.1.
   Hammurabi, The Code of Hammurabi, trans. R. F. Harper(Chicago: University of Chicago Press. 1904). [저자 주]하무라비 법전의 국역은, 中田一郎 씨의 번역을 참고로 하여 저자가 바꿔었다. 中田一郎 「하무라비 「법전」」리톤, 1999년.

전문직공으로 필요한 전문 지식과 능력을 전수받음과 동시에 규범·규칙 등을 철저히 가르쳐졌다. 또 길드는 직업을 독점하는 특권을 얻고 있었지만, 그 담보로 구성원이 준수해야 할 엄격한 규칙(행동규범)이 정해져 있었다. 이 규칙에 위반한 자는 길드로부터 추방을 포함해서 엄한 처벌을 받았다[2].

이와 같이 기술에 관련되는 길드의 일원이기 때문에 행동규범을 존중하는 것이 요청되었다. 한편 교육에 관해서는 전통적인 지적 전문 직업인 성직자(신학), 의사(의학), 법률가(법학)가 되기 위한 교육과정이 12세기에 「대학」이 서구에 탄생한 후부터, 고등교육으로서 제도화된 것에 대해, 기술업의 교육·훈련은 완전히 대학의 밖에서 이루어졌으며 경험과 감에 의지한 감독의 일을 제자가 배운다고 하는, 직공적 도제 제도의 전통 속에서 후계자가 자랐다. 또 길드에 소속하는 기술자의 책임이나 충성의 대상은 감독이며 길드 전체라고 생각된다.

르네상스기에 들어와 신, 구 크리스트교의 종교적인 대립을 시작으로 권력투쟁 속에서 끊임없이 반복되는 전쟁에 필요한 신기술을 개발하는 기술자가 요구되었다. 예를 들어 레오나르도 다빈치(「Leonardo da Vinci」 452~1519)와 같이 스스로의 재능을 구사하여 고용주를 위해 군사 기술을 개발·제공하는 기술자들은 ingenieur로 불려 길드적인 틀에서 벗어나 자유롭게 자신의 재능을 의지하여 활약하는 존재였다. 그들에게 일을 의뢰하는 왕후 귀족이나 신흥의 유력 시민 층에 있어, 길드가 가지는 행동규범은 불필요한 것이었다.[3] 따라서 충성의 대상은 보다 좋은 조건을 제시해 주는 고용주·의뢰주이며 길드는 그 활동에 구속력은 가질 수가 없었다.

---

2) 三輪修三 「기계공학사」 丸善, 2000년, p.25.
3) 이 말은 라틴어의 ingenierius(천재·능숙함)로부터 파생한 것으로 전술의 三輪에 의하면 「이러한 말은 프랑스어의 engin(무기), ingenieur(기술자)를 통해 영어의 engine, engineer가 되었던 것이다. 덧붙여 엔진(원동기)의 프랑스어는 engin이 아니고. moteur이다」. 三輪修三 「기계공학사」 丸善, 2000년, p.25.

16~17세기의 「과학 혁명(the Scientific Revolution)」에 의해 근대과학이 성립한 후, 18세기에 접어들면서 유럽 각국에서 국토 정비를 위해 도로나 다리·운하 등의 대규모 토목공사를 하여 이러한 사업을 담당하는 기술자가 요구되었다. 그들은 기본적인 설계를 하여 목수나 석공이라는 순수한 직공을 통괄하고 전체를 장악하면서 사업을 완수 할 수 있는 고급기술자이었다. 특히 프랑스에서는 강력한 절대 왕의 제도 아래에서 유능한 기술자가 필요하게 되어 1716년에는 공병 부대(토목기사단: corps)가 편성되었다. 나아가 물리학이나 수학적 방법의 발전에 의해 경험과 기술에 의지한 전통적인 직공적 기술자가 아니고, 체계적인 교육과 훈련을 받은 기술자가 요구되어 국가에 의한 조직적인 기술자 육성이 시작되었다. 1747년에는 유럽 처음의 근대적인 기술학교인 도로·교량학교(Ecole des Ponts et Chaussees)가 설립되어 그 후 광산·조선 등의 기술학교가 만들어졌다.

이러한 기술자들은 길드적 틀 밖에 있는 고급기술자나 테크노크라이트(technocrat＝기술관료)이며, 도제 제도 안에서 자라는 감이나 경험에 의지하는 기술 직공이 아니고, 수학·과학이 뒷받침되는 전문 직업인이었다. 그들의 충성대상은 군주이며, 국가이며, 길드의 영향은 거의 받지 않았다.

그러나 절대 왕의 제도로부터 공화제로 하는 대변혁을 일으킨 프랑스 혁명은, 앙상레짐(구체제) 하의 교육제도를 파괴하고, 신체제를 구축했다. 구체제 아래에서 국가에 의해 육성된 우수한 ingenieur의 상당수는 나라 밖으로 도망갔으므로 부족한 고급 기술자를 육성하기 위해서 1794년에 에꼴·폴리 테크닉(Ecole Polvtechnique)이 파리에 설립되었다[4].

이 학교는 혁명 후의 평등주의를 체현하여, 출신 계급에 관계없이, 수학을 중심으로 한 어려운 입학시험만으로 학생을 선발했다. 수학 기

---

4) 三輪修三 「기계공학사」 丸善, 2000년, p.25.

간은 3년으로 수업료는 무료이며, 설립 당초는 학생에게 장학금도 지급
되고 있었다. 커리큘럼은 과학(수학·물리·화학 등)과 기술(토목·건축·
축성·군사 기술 등)의 양쪽 모두를 가르칠 수 있었지만, 기초과학 교
육의 철저가 특색이었다. 이 학교는 어려운 선발을 패스한 엘리트(당초
학년 정원 400명 중에 200명)들을 군대적인 교육 조직·커리큘럼 아래
에서 단련시켜 많은 고급 기술자·기술 관료를 배출했으므로 국가를 리
드하는 테크노크라이트를 양성하는 기관으로서 오늘날까지 확고부동한
지위를 유지해 오고 있다5).

그 성공에 의해, 에꼴·폴리 테크닉은 각국의 기술자 교육의 모델이
되어, 산업화가 급속히 진행되는 19세기의 사회에 대응하여 독일의 고
등기술학교(Technische Hochschule, 약칭 TH)나 미국 초기의 공과대학
등이 탄생했다. 메이지 유신 후 일본의 공학교육을 포함해, 세계의 기
술계 고등교육 기관은, 에꼴 폴리테크닉의 전통을 계승하고 있다. 직공
적 길드적 전통으로부터 벗어나 수학·과학을 기초로 하는 오늘날과 같
은 기술자 교육의 원형이 성립했다.

한편으로 길드에 대신하는 기술자를 위한 단체로서 학회와 협회가 등
장한다. 프랑스가 엘리트 기술자를 양성하는 기관을 만들어 내고 있었던
시기에, 영국은 산업혁명에 성공하지만, 이 혁명에 공헌한 것은 프랑스
에 탄생한 것과 같은 학교 교육을 받은 고급 기술자나 기술 관료는 아
니고, 노력하여 기술을 쌓은 전통적인 직공 층에 속하는 기술자나 독학
으로 기술을 몸에 익힌 사람들이었다. 전통적으로 유럽에서는 기술자의
사회적 지위는 낮았기 때문에 산업혁명에의 공헌에도 불구하고, 당시의
계급사회 중에서 기술자는 그 능력에 어울린 처우를 받고 있지 않았다.
거기서 항만기술이나 동력 수차의 효율 향상 등으로 실적을 올리고 있
던 존 스미톤(John Smeaton, 1724∼92)은 뜻을 같이 하는 사람들을 모

---

5) 村上陽一郎, 상게서, 제2장; 古川 安 「과학의 사회사」 증정판, 南窓社, 2001년,
제8장 등을 참조.

아 기술자의 능력 향상이나 사회적인 지위 향상을 목적으로 하는 세계 최초의 기술자 협회인 the Society of Civil Engineers를 1771년에 설립했다.

여기서 "civil engineer"라는 말이 처음으로 채용되었다. 스미톤은 단체의 명칭을 결정할 때 길드적 색채가 남아 멸시될 가능성이 있는 「직공(artisan)」이라고 하는 호칭을 싫어해 보다 자유롭고 고급 이미지가 있는 「엔지니어」라고 하는 말을 사용하려고 했다. 그러나 앞에서 ingenieur (기술자)는 항상 군사와 결합되고 있었으므로 굳이 civil 이란 말을 씌워 구별을 하려고 했던 것이다. 당시 기술의 전문화·분업화는 아직 진행되지 않았기 때문에 이 단체는 다리나 도로의 건설이란 오늘날에 토목공학으로 불리는 분야뿐만이 아니라 기계 등을 포함해 모든 영역의 기술을 취급하고 있었다. 스미소니안 협회로 불린 이 기술자 단체는 1818년에 민사(民事)기술자 협회(the Institute of Civil Engineers: ICE)로서 개편되어 현재에 이르고 있다[6]. 이러한 협회에 속한 기술자의 책임의 대상은 길드도 아니고 국가도 아니고 일의 의뢰주 혹은 고용주였다.

이러한 기술계학협회의 성립은 19세기 과학기술의 제도화를 특징짓는 것이기도 했다. 과학계의 학회가 전문화되어 세분화되었던 것과 같이 기술에 대해서도 전문 분야마다 학협회가 설립되게 되었다. 예를 들어 산업혁명 중에서 교통수단으로서 철도의 역할이 높아지는 것에 따라 철도 기술자를 중심으로서 1847년에 맨체스터에서 기계기술자 협회(the Institution of Mechanical Engineers: IMechE)가 설립되었다.

초대회장은 증기기관에의 공헌으로 알려진 죠지 스티이븐손(George Stephenson, 1781~1848)이었다. 그 후 과학기술의 발전에 따라 세계

---

6) 三輪修三, 상게서, p.56. "civil engineering"는 오늘날 일반적으로 토목공학이라고 번역되었지만, 역사적으로는 본문에서 말한 것처럼 군사 기술에 대한 「민사기술」이라고 하는 의미가 강했다. 본서의 제4장에서는 新田孝彦이 한층 더 이점을 강조하여 「시민공학」이라고 하는 역어를 쓰고 있다.

각지에서 기술의 전문 분야마다 학협회가 설립되었다. 예를 들어 영국의 경우 앞의 2개의 단체 이외에 가스(1863)·철강(1869)·전신(1871)·전기(1871)·해양(1889)·광산(1889)·광산야금(1892)이라는 분야의 기술자 협회가 성립했다[7]. 또 협회에 속하는 기술자의 수도 급증했다. 예를 들어 영국의 기계기술자 협회의 회원수는 설립 당초는 약 200명이었지만 1880년대에는 6배인 1200명을 넘고 있었다[8].

이와 같이 19세기에 기술 세계에서의 제도화는 급속히 진행되어 고등교육기관으로 교육·훈련을 받아 실무자로서 기술자 단체에 소속하여 국가나 기업 등을 위해 업무를 실시한다는 오늘날과 같은 기술자상의 원형이 완성된다.

2

기술자는 왜 특별한 책임을 지는 것인가

－고도 기술 사회에 있어서 기술자 프로페셔널로서의 책임과 도덕·오토노미(도덕적 자율)[9] －

기술(업)이 19세기에 제도화된 전문적 직업인 것은 전 절의 역사에서 분명하다. 그럼 왜 기술자에게는 특별한 책임이 있다고 말할 수 있

---

7) 古川 상게서, pp.138-140.
8) C. Russell. Science and Social Change, 1700-1900(London: MaCmillan Press. 1083), p.224.
9) 엔지니어의 프로페셔널로서 책임에 대해서는 캐로라인＝위트 베크(札野順·飯野弘之 「기술 윤리」 미스즈 서방, 2000년, 제2장 및 제3장에서의 논의가 참고가 된다.

는 것인가. 이 물음에 대한 대답으로서는 다양한 설명이 있을 수 있고 이 책에서는 3개의 모델을 소개한다. 제1의 모델은 기술이 사회에 미치는 영향을 강조하는 「사회실험」모델이다. 제2의 모델은 고도 기술사회에 있어 다양한 분야에서 전문화·분업화가 진행되는 가운데 「전문가」가 담당하는 역할을 강조하는 「상호의존성」모델이다(이 2개의 모델은 후술하는 「전문직업」개념을 사용하지 않는다). 제3의 모델은 일반 사회와 기술의 「전문직업(profession)」 사이에 암묵의 계약이 있는 것으로 하는 「사회 계약」모델이다.

1) 「사회실험」모델

제1의 모델인 「사회실험」모델이란 마틴 등이 논한 「Engineering as social experiment(기술은 사회를 대상으로 하는 실험이다)」라고 하는 입장이다[10]. 마틴 등은 새로운 기술적 성과는 다짜고짜로 사회에 변혁을 가져온다고 하는 사실을 인식하여 새로운 기술의 도입은 마치 인간 사회를 대상(피험자)으로 하는 실험을 하고 있는 것 같은 것이라고 주장한다. 거기서 사회를 실험대로서 기술을 가져 당사자인 기술자는 「책임 있는 실험자(responsible experimenter)」로서, (i) 피험자로서 공중의 안전에 대해 책임을 져서 피험자가 가지는 「실험에 합의하는 권리」(이른바 인폼드 컨센트(informed consent))를 존중하는 것, (ii) 모든 기술적 프로젝트가 실험적인 것임을 인식하고 부차적 효과를 예견하여 가능한 한 그것을 감시하는 것, (iii) 기술적 프로젝트의 결과에 대해 설명 책임을 지는 것이 필요하다는 것이다[11]. 이것이 기술자에 특별한

---

10) Mike W. Martin and Roland Schinzinger, Ethics in Engineering, 3rd Edition (New York: McGraw-Hill Publishing Company, 1996), pp.81-127.
11) Mike W. Martin and Roland Schinzinger, 상게서.

책임이 있는 것을 주장하는 제1의 논의이다.

예를 들어 메일 기능을 갖춘 휴대전화라는 기술이 사회에 도입됨으로 인해 어떠한 변화가 일어났는지를 생각해 보자. 이 통신기의 도입에 의해 지금까지 없는 형태로 사람들은 커뮤니케이션을 취할 수가 있게 되었다. 어디에서라도 좋아하는 때에 간편하게 떨어진 장소에 있는 상대와 사이에 아무도 개입시키는 일 없이 일대일로 연락이 되게 되었다.

그 결과 새로운 종류의 커뮤니티가 형성되었다. 기술에 의존하는 특수한 말(얼굴 문자 등)이 만들어져 일본어에 새로운 표현 형식이 추가되었다. 전차 안이나 혼잡한 공공의 장소에서도 물리적으로 곁에 있는 사람들에게는 상관없이 메일의 송수신에 열중하는 사람이 있다. 이러한 변화에 대한 평가는 사람 각자일 것이고, 「문장화」란 시대와 함께 항상 변화하는 것이라고 하는 전제에서 보면 그 정도 문제시할 필요도 없는 것인지도 모른다.

그렇지만 자동차의 운전 중에 휴대전화로 메일을 송수신하려고 해 사고를 낸다고 하는 사태에 관해서는 어떻겠는가. 휴대전화를 설계하여 출세한 기술자나 경영자는 이러한 기술이 출세하는 것에 관해 인폼드 컨센트(informed consent)를 얻으려고 했을 것인가. 그러한 사고는 부적절한 상황하에서 휴대전화를 사용한 유저의 무분별이 원인이므로 설계자·제조자에게는 책임이 없다고 해도 좋은 것일까.

한층 더 큰 리스크를 가지는 기술인 원자력의 사용이나 GMO(유전자 재편성 작물)을 사회에 도입하는 문제에 관해서는 제12장에서 검토하기로 하자.

2) 「상호의존성」모델

제2의 모델인 「상호의존성」모델은 과학기술 문명 중에서 다양한 영역에 있어 분업화·전문화가 진행되어 전체를 파악하는 것은 아무도 하지 못하고 개인은 자기의 존재에 관련되는 「안전·건강·복리」라는 기본적인 일도 가부간의 대답 없고 자신 이외의 전문직능자에게 의지하지 않을 수 없다는 생각이다.

우선 우리가 사는 현대 사회의 고도 기술 사회가 가지는 특징은 다음의 4개의 전제로 집약할 수 있다(이하의 논의는 엄밀하게 논리학의 형식에 따르고 있는 것은 아니지만 굳이 「전제」「결론」이라고 하는 용어를 사용한다).

전제 1: 현재의 인류는 과학기술 문명 안에 있으며, 당분간, 과학기술에의 의존도는 증대하는 것은 있어도 감소할 것은 없다[12].
(해설: 미국에 사는 아밋슈파 교도와 같이 현대의 과학기술 문명을 부정하여 전기나 근대적 기계 등의 모든 문명기기를 사용하지 않고 300년 전의 생활양식을 의식적으로 지키고 있는 사람들이지만, 대다수의 사람들은 과학기술의 진전을 당연한 일로서 받아들이고 있다.)
전제 2: 개인의 생활은 많은 면에서 이미 과학기술(의료를 포함한다)이나 그 외의 분야의 전문직능자에게 의존하고 있어 인간의 존재에 불가결한 기본적인 사항인(안전·건강·복리)에 대해서도 다른 사람(전문직능자)의 전문적 능력에 의존하지 않을 수 없다.
(해설: 예를 들어 병이 들거나 다쳤을 경우 우리는 의료의 전문가에게 의지하지 않을 수 없다. 환경 중의 다이옥신 농도를 측정하거나 중성자의 선량을 측정하기 위해서는 전문적인 트레이닝을 받은 기술자에 의존하지 않을 수 없다.)

---

12) 「과학기술 문명」의 정의에 대해서는, 市川惇信 『폭주하는 과학기술 문명-지식 확대 경쟁은 제어할 수 있을까-』岩波서점, 2000년, 제1장 등을 참조할 것.

보충 조건 1: 어떤 영역의 전문가도 다른 영역에서는 아마추어(공중
의 일원)이다.

(해설: 과학기술에 관련하는 정보량은 폭발적으로 증가하고 있어,
한 사람의 인간이 자신의 사회생활에 불가결한 기술 영역에
정통하기는 사실상 불가능하다. 예를 들어 같은 정보공학의
분야에서도 하드웨어의 전문가가 모든 분야의 최신 소프트
웨어에 정통하고 있는가 하면 그렇지 않다. 피부과의 의사가
뇌외과학의 지식이나 능력을 가지는 것은 희박하다. 또 기술
자의 많은 사람이 의학에 관해서는 아마추어이며, 또 의사는
일반적으로 기술에 관해서는 공중의 일원에 지나지 않는다.)

보충 조건 2: 개인이 인식할 수 있는 事象의 범위와 존재하는 문제
군의 범위에 괴리가 있다.

(해설: 과학기술이 고도화하기 이전은 인간은 거의 모든 위기를 오
감으로 느낄 수가 있었다. 태풍이 오고 있는 것은 구름의
모양을 관찰하는 것으로 알 수 있다. 그러나 과학기술에 의
해 만들어지는 위험 인자, 예를 들어 중성자는 특별한 장치
가 없으면 그 존재조차 우리는 눈치 채지 못한다. 환경 호
르몬의 존재도 오감으로 알 수 없다. 특별한 장치와 그것을
조작하여 얻은 데이터를 해석할 수 있는 전문가가 필요하다.)

전제 3: 특히 과학기술은 급속히 자기증식적으로 발전(폭주)을 계속하고
있으므로 그 최첨단 상황의 파악과 적절한 판단(포함한 가치
판단)은 과학기술의 전문가에게 의지하지 않을 수 없다.

(해설: 과학기술이 사회에 가져오는 영향의 유무나 정도에 관한 이
해나 예측은 과학기술이 고도화, 세분화하면 할수록, 그 분
야의 연구·개발·실무에 종사하는 전문가에게 의존하지 않
을 수 없다. 본장에서 다루는 미니·케이스에 등장하는 기술
자의 상황을 생각하기 바란다.)

전제 4: 법률이나 규제 등의 외적인 규범의 제정은 과학기술의 발전에
따라갈 수 없다. 또 공평을 취지로 하는 법률은 과학기술이
관련되는 여러 가지 잡다한 상황에 모두 대응할 수가 없다.
(해설: 과학기술에 관한 법률은, 항상 뒤를 쫓기는 것을 인식할 필
요가 있다. 예를 들어 클론 인간을 만드는 것을 목적으로
하는 연구를 금지하는 법률은 어디까지나 클론 기술이 어느
정도 올라간 상황에서만 제정 가능하다. 또 법률에 있어서의
판례주의는 최첨단의 과학기술에 관련하는 경우는 큰 장해
가 될 것이다.)

상기 4개의 전제가 올바르다고 하면 고도 기술 사회에 있어, 공중(해
당 분야 이외의 전문가를 포함한다)은 각 분야 전문가의 내적 규범과
그 규범에 준거한 행동을 실시하는 능력(윤리적 판단 능력)에 의존하지
않을 수 없다(이것이 저자가 주장하는 「고도 기술사회에 있어서의 상
호의존성」 원리이다). 개개의 프로페셔널이 의존에 응할 책임을 완수하
는 한 고도 기술사회는 지속 가능하지만 한번 프로페셔널이 그 책임을
다하지 않고 공중과 전문직업의 신뢰 관계가 붕괴하면 사회 그 자체가
붕괴하는 것은 분명하다. 이것이 기술자가 특별한 책임을 져야 한다는
것을 가리키는 제2의 모델이다.

3) 「사회 계약」 모델

이 모델은 12세기 서구에서 탄생한 「대학」과도 깊은 관계를 가진
「learned profession(전문직능 집단)」이라고 하는 일본에서는 익숙하지
못한 개념에 근거하는 것이다. 전통적으로 서구에서는 성직자·의사·법

률가로 대표되는 것 같은 고도의 전문 지식과 기술을 가지는 전문직업
(전문직능 집단)의 존재를 인정하고 길러 왔다. 이들 전문직업의 일원
으로서 인정되기 위해서는 장기에 걸쳐 고도의 전문적 교육과 엄격한
훈련을 받아 공정하고 가능한 한 객관적인 방법(예를 들어 국가시험
등)에서 스스로의 전문 능력을 증명해야 한다. 그러한 전문능력이 증명
되어 전문직업은 해당의 직업을 독점한다. 그러나 한번 가입이 인정되
면 다른 직업에서는 얻을 수 없는 것 같은 높은 보수와 특권(특히 자
치권)이 주어진다. 이것은 직능집단과 일반 사회와 사이의 일종의 계약
이라고 생각할 수가 있다[13].

결국, 전문직업은 다른 사람이 할 수 없는, 한편 사회나 개인의 건강
이나 안전, 복리의 유지와 향상에 있어 불가결한 서비스(봉사)를 독점
적으로, 그리고 책임을 지고 실시해 그 담보로서 사회는 높은 사회적
지위와 자치권을 그 집단에게 주는 것이다. 이 호혜적인 관계를 유지하
기 위해 전문직업은 엄격한 윤리 규범을 구축한다. Hippocrates의 선서에
보여 지는 것 같은 의사의 규범이나 법률가의 윤리 강령이 그 예이다.

구체적으로는, 의사의 경우를 생각해 보면 통상 의사가 되기 위해서는
다른 직업보다 훨씬 더 길고 어려운 전문적 교육·훈련·연수를 받지 않
으면 안 된다. 또 스스로 전문 지식의 레벨을 국가시험 등에서 실증하고
한층 더 의료연수 등으로 진료 경험을 쌓은 후에 한 사람의 의사로서 인
정된다. 한번 의사로서의 자격을 얻어 프로페션의 일원으로 인정되면 높
은 사회적인 지위와 보수를 얻을 수 있다. 그러나 어느 의사가 진료 등
의 업무를 적정하게 하고 있는지 어떤지는 그 분야의 동료 의사밖에 판
단할 수 없는 경우가 많기 때문에 이른바 피어리뷰(peer review: 동료 의
사에 의한 감사)의 시스템이 의학의 세계에 있어서는 확립되어 왔다. 이

---

13) 예를 들어 Charles E. Harris. Michael S. Pritchard, and Michael J. Rabins. Engi-
neering Ethics: Concepts and Cases(New York: Wadsworth Publishing Company,
1995), ch.2.

것은 윤리 행동 규범에 있어서도 의사의 자치권 주장과 그 사회로부터의 용인으로 연결되어 있다. 이러한 생각은 예를 들어 일본의 변호사들이 제정한 일본 변호사 연합회 「변호사 윤리」의 전문에도 볼 수가 있다. 여기에서는 「변호사는 기본적 인권의 옹호와 사회정의의 실현을 사명으로 한다. 그 사명 달성을 위해서 변호사에게는 직무의 자유와 독립이 요청되어 고도의 자치가 보장되고 있다. 변호사는 그 사명에 어울린 윤리를 자각하고 자신의 행동을 규율하는 사회적 책임을 진다. 따라서 여기에 변호사의 직무에 관한 윤리를 선명한다.」[14]

● 「히포크라테스의 선서」 ●

醫神 아포론, 아스크레피오스, 히기에이아, 바나케이아 및 모든 남신과 여신에 선서한다. 나의 능력과 판단에 따라 이 맹세와 약속을 지킬 것을.
이 術을 나에게 가르친 사람을 우리 부모와 같이 존경하고 우리 財를 알아 필요할 때 돕는다. 그 자손을 나 자신의 형제와 같이 보고 그들이 배우기를 원한다면 보수 없이 이 술(術)을 가르친다. 그리고 기록이나 강의 그 외의 모든 방법으로 내가 가진 의술의 지식을 우리 아들, 우리 스승의 아들 또 의사 규칙에 근거해 약속과 선서로 이어지고 있는 제자들에게 나누어 주며 그 이외의 누구에게도 주지 않는다. 나는 능력과 판단에 따라 나의 환자들에게 유익하다고 생각되는 처방만을 할 것이며 유독하거나 해로운 방법은 결코 사용하지 않을 것입니다.
부탁받아도 죽음으로 인도하는 약을 주지 않는다. 그것을 깨닫고 다투는 일도 하지 않는다. 마찬가지로 부인을 유산(流産)으로 이끄는 도구를 주지 않는다.
순수와 신성을 가지고 우리 생애를 통하여 우리 술(術)을 실시한다. 結石을 잘라버리는 것은 신에 맹세코 하지 않는다. 그것을 업으로 하

---

14) 일본변호사회 홈 페이지, http://www.nichibenren.or.jp/bengo-ho/rinri.htm

는 사람에게 맡긴다.

어떠한 환자의 집을 방문할 때도 그것은 다만 병자를 보호하기 위한 것으로 모든 제멋대로 장난이나 타락의 행동을 피한다. 여자와 남자, 자유인과 하인의 차이를 고려하지 않는다. 의(醫)에 관계하거나 관계하지 않거나 타인의 생활에 대한 비밀을 지킨다.

이 맹세를 계속 지키는 한 나는 언제나 의술의 실천을 배우면서 살아 모든 사람으로부터 존경될 것이다. 만약 이 맹세를 지키지 못하면 그 반대의 운명을 받고 싶다.」15)

——————— Column ———

제5장에서 자세하게 검토하듯이 윤리 강령이란 전문직업의 구성원이 공유하는 「가치」와 행동의 지침으로 해야 할 규범을 명확하게 한 것으로 기본적으로는 의뢰받은 일의 달성을 위해서는 항상 최선을 다해 모범적인 서비스를 제공한다고 하는 선서이다. 특히 전문가로서의 일이 단지 개인의 이해를 위한 것이 아니고 사회 일반을 위해서 행해진다고 하는 자부와 사명감을 강조한다. 전문적인 지식과 능력을 갖고 이 사명이나 가치관, 행동 규범을 공유할 수 있는 사람만이 직능 집단의 일원으로서 인정받는 것이다.

여기서 만약 기술자가 의사나 변호사와 같이 전문직업을 이미 형성하고 있다(혹은 형성하려고)고 한다면 같은 논의가 성립된다. 즉 사회로부터 신탁을 받아 사회에 본질적인 영향을 줄 가능성이 있는 의사결정을 실시하는 입장에 있는 기술의 전문직 집단의 일원으로서 윤리 강령에 나타난 행동 규범에 따라 행동하는 책임을 진다는 일이 기술 전문직업의 내외로부터 요청된다고 생각되는(기술자의 윤리 강령에 대해서는 자료를 참조. 보다 상세한 논의를 제5장에서 실시한다). 그러므로 기술자는 특별한 책임을 진다고 하는 것이다.

---

15) 稻葉裕·野崎貞彦편 「新簡明 공중위생」 제2판, 南山堂, 1996년. p.299.

이상 3개의 모델, 어느 입장으로부터 생각해도 기술자에 요구되고 있는 것은 「적절한 정보와 이성적인 숙고를 기본으로 하여 외로부터 독립에 독자로 윤리적 판단을 내릴 수 있는 능력」, 즉 professional moral autonomy이다[16]. 여기서 말하는 「autonomy(자율)」은 자신이 속한 조직이나 상사의 의향, 고용주나 의뢰주의 이해를 초월하고 혹은 경우에 따라서 「불완전한」법률의 속박을 떠나 전문직능자로서의 윤리적 판단을 내리는 것을 의미한다.

3
「전문직업」과 기술자윤리

이미 말한 것처럼 서구의 역사에 있어 전문직능을 가진 사람들과 그들의 행동 규범이나 윤리에 대해 논의할 때 「전문직업」의 개념은 중요하다. 앞으로 이 책의 논의로 중요한 역할을 연기하게 되는 「프로페션」이라고 하는 말의 의미에 대해 오해를 피하기 위해서 여기서 약간 해설할 필요가 있다. 1990년대 전반에 미국의 소프트웨어 기술자들이 소프트웨어·엔지니어링을 「프로페션」이라고 하기 위해서 조직적인 노력을 시작했을 때 그들이 준거한 사전에 의하면 영어의 "profession"이라고 하는 말에는 직업에 관련해 다음의 3개의 정의가 주어지고 있다.

(i) a calling requiring specialized knowledge and often long and intensive academic preparation: (ii) a principal calling, vocation or employment; (iii) the whole body of persons engaged in a calling

---

16) Martin 외, 상게서, p.4.

[Webster's New Collegiate Dictionary]. 즉 (i) 전문적 지식과 장기에 걸쳐 집중적인 지적 준비를 필요로 하는(지적) 전문직업, (ii) 중요한 직업, 천직 등, (iii) 그러한 직업에 종사하는 사람들의 전문직능 집단, 조직이라고 하는 3개의 의미이다.

제1장에서 기술자란 무엇인가를 규정할 때에 사용한 ABET에 의한 엔지니어링의 정의에서는 「전문직업」이라고 하는 말은 (i)의 의미에서, 즉 「지적 전문직업」이라고 하는 의미로 사용되고 있다. 이 책에서는 제3의 「지적 전문직업에 종사하는 사람들의 전문직능 집단」이라고 하는 의미에서도 이 말을 이용하므로 이 점에 대해 주의를 환기해 두고 싶다. 여기서 「지적 전문직업」과 「전문직능 집단」이란 의술업과 의사 집단, 법률업과 법률가 집단에 각각 대응한다.

전문직업(Profession)이라는 말은 원래 profess, 즉 자신의 신앙을 「고백」한다고 하는 종교적인 의미를 갖고 있다. 크리스트교 세계였던 중세 유럽에 있어서 다양한 전문직업에 길드로 불리는 조직이 성립한 12세기 무렵 「학생」과 「교사」의 길드가 성립한다. 학생의 「길드」를 중심으로 해 완성된 볼로냐대학에 대해 파리 대학은 교사의 길드를 중심으로 형성되었다. 「대학」이란 고등교육 조직을 어떤 종류의 품질 보증 제도로서 활용하면서 성립해 나가는 것이 서구사회로서 일반적으로 learned profession 학문적 전문직업이라 불리는 성직자(교육자)·의사·법률가이다. 이러한 직업은 모든 인간의 약한 부분, 도움을 필요로 하는 일에 대해서 원조를 한다. 성직자는 신앙을 통해 사람의 마음을, 의사는 의학적 지식과 기술을 가지고 사람의 신체를, 변호사는 법제도에 의해 사람의 사회적 입장을 지킨다. 이러한 직업은 사람의 복리에 불가결한 서비스를 제공한다.

그러므로 다른 직업에서는 보이지 않는 장기의 전문적인 교육과 훈련이 필요했다.

실제 19세기에 과학과 기술의 제도화와 고등교육의 대중화가 진행될 때까지, 12세기 이후 연이어 설립된 서구의 대학에서 학생이 전문으로 배울 수 있었던 것은 신학·의학·법학뿐이었다. 동시에 대학에서 전문적 교육을 전제로 하는 지적인 전문직업으로서 이들 3개의 전통적인 분야는 일반 사람들 사이에서도 넓게 인식되고 있었다. 이와 같이 중세 이래의 역사가 있기 때문에 구미에서는 「전문직업」이라는 말은 거의 본래의 의미를 포함하면서 일상어로서 이용되고 있다. 한편 이들 전통적인 전문직업에 범(範)을 얻어 그 이외 직업의 사람들도 우리들 직업을 「전문직업」의 지위까지 높이려고 노력하고, 예를 들어 회계사·건축가·약제사·부동산 중개인 등과 같이 성공한 직종도 있었다.

그런데 현실적으로 「전문직업」은 존재하지만 프로페션을 사회학적으로 분석하고 엄밀하게 정의하는 것은 구미의 사람들에 있어서도 반드시 용이한 일은 아니며 수많은 정의가 존재한다. 밀러슨이라고 하는 연구자는 이전의 21명 학자에 의한 전문직업의 정의를 분석하여 공통 요건을 추출하고 있다[17]. 그중에서 8명 이상이 공통으로 든 전문직업의 특색은 다음 6개이다.

전문직업의 특징의 추출(괄호 내의 숫자는 출현 횟수)

1. 이론적·체계적 지식에 근거하는 직무(12)
2. 장기적 훈련과 교육을 필요로 하는 전문적 능력(9)
3. 시험에 의한 능력의 증명(8)
4. 조직화된 단체의 존재(13)
5. 윤리 강령에 의한 도덕적 통합성의 보관 유지(14)
6. 사회에 대한 이타적(利他的) 서비스(봉사) (8)

---

17) G. Millerson. The Qualifying Associations: A Study in Professionalization(London: Routledge and Kegan Paul. 1964).

이와 같이 「윤리 강령」을 가지고 그것에 의해 도덕적인 통합성(성실함)을 유지하는 것이 「전문직업」에 있어 불가결한 요소이다. 이 점에 관해서는 가장 낡은 전문직업이라고 할 수 있는 의학에 기원전의 그리스 시대부터 이른바 Hippocrates의 선서가 존재 한 것도 상징적이다. 현재에도 미국 의사회의 의료 윤리 강령의 전문에는 「의료 전문직업은 환자의 이익을 주목적으로 형성된 윤리 규범을 지금까지 오랫동안 준수해 왔다. 이 전문직업의 일원으로서 의사는 우선 환자에 대한 책임을 최우선 하는 동시에 사회, 다른 의료 프로페셔널, 그리고 자기 자신에 대한 책임을 인식하지 않으면 안 된다. <이하 생략>」이라고 명확하게 전문직업의 개념, 및 윤리 규범과의 관계가 명문화되어 있다.

그런데 여기서 문제가 되는 것은 과연 「기술(업)」이 「프로페션」인가 하는 문제이다.

이미 말한 것처럼 전통적으로 「전문직업」의 주요 조건은 다음의 4가지이다.

1. 장기의 지적 전문 교육·훈련
2. 사회에 대한 거의 독점적인 서비스를 실시하는 자격(면허 등)
3. 높은 사회적 지위와 보수
4. 윤리 / 행동 규범의 확립과 자치권(autonomy)의 확보

그런데 기술(업)은 의료 종사자나 변호사와 비교하면 교육·훈련, 또 독점적인 직업 자격, 사회적 지위, 자치권, 모든 면에서 전통적인 전문직업의 레벨에까지는 달하지 않기 때문에, 또 기술자가 직무를 실시하는 가운데 자립성이 불충분하기 때문에 「유사 프로페션(pseudo-profession)」이라고 불리는 일이 있다[18]. 예를 들어 미국에 있어서 의사와 기술자

---

18) Timo Airaksinen, "Professional Ethics," Encyclopedia of Applied Ethics, Vol.3 (San Diego: Academic Press, 1998), pp.671-682.

를 비교하여 생각해 보자. 의사가 되기 위한 교육은 학부 교육을 마친 후 medical school로 불리는 대학원 레벨의 professional school에서 행해진다.

졸업 후에도 의사가 되기 위한 시험에 합격해 병원 등 임상 훈련을 받고 처음으로 의사로서 독립할 수 있다. 그러나 기술자의 경우는 학부 레벨의 교육만으로 일에 종사 할 수 있다. Professional Engineer라고 하는 자격은 존재하지만 통상의 업무를 실시하는 데는 필요 없다. 사회적 지위나 보수는 의사와 비교하면 기술자가 분명히 낮다. 또 의사가 스스로의 선택에 의해 자율적으로 일을 선택할 수가 있는 데 대해서 기술자의 경우는 통상 주어진 목적을 달성하기 위해서 일을 한다.

영어권의 나라에 따라서는 이러한 상황을 타개해 전통적인 프로페션과 동등의 곳까지 스스로의 사회적 지위를 높이기 위해서 기술자는 노력해 왔다. 윤리 강령의 책정 및 기술자윤리의 강조는 사회적 지위 향상을 향한 노력의 일환이라고 생각할 수가 있다. 윤리 강령을 책정하고 기술 전문직업의 도덕적 통합성을 나타내려고 했다. 예를 들어 미국의 기술자 자격을 가지는 사람들의 단체인 National Society of Professional Engineers의 윤리 강령을 보자. 그 전문에서는 「기술(엔지니어링)은 중요하고 학술적인 프로페션이다. 이 전문직업의 일원으로서 기술자는 가장 정직하고 성실하다는 것을 기대하고 있다」로, 게다가 「기술자는 최고도의 윤리적 행동 원칙을 준수한다고 하는 프로페셔널로서 행동기준 아래에서 그 직무를 수행해야 한다」라고 명확하게 프로페션인 것을 강조하고 있다. 또 미국 기계 기술자 협회(The American Society of Mechanical Engineers: ASME)의 윤리 강령이나 영국 기계 기술자 협회(The Institution of Mechanical Engineers)의 행동 규범 등에 기술 전문직업의 지위 향상, 명예·존엄의 보호·유지가 명기되어 있다. 오스트레일리아나 뉴질랜드에 있어도 똑같이 전문직업 개념은 중요시되고 있다.

또 EU에 속하는 26개국의 기술 각 협회를 회원으로 하는 약 200만

명의 기술자를 대표하는 유럽 기술자 협회 연맹의 행동 규범에 있어서
도 자기 나라의 윤리 규범에 대신하는 것은 아니라고 하는 단서를 붙
인 다음에 프로페셔널로서의 윤리를 강조하고 있다. 다만 주의하지 않
으면 안 되는 것은 유럽에 있어 engineering을 「전문직업」으로 하는 생
각은 영어권의 나라에 비해 희박하고 그 문화적 배경의 차이에 의해
다양한 생각이 있다. 특히 프랑스에서는 가톨릭교도로서의 아이덴티티
나 기업에의 귀속 의식이 강함이 지적되고 있다[19].

한편 일본에서는 제5장에서 논의하는 바와 같이 주요한 기술계 학
협회가 1996년부터 연달아 윤리 강령·규정을 책정했지만 지금까지 명
확히 「전문직업」개념을 전면에 내세운 것은 없다. 이것에는 여러 가지
원인이 생각되지만 일본에서도 서구의 프로페션에 대응하는 한편 고등
교육 등과 제도적으로 결합된 업무나 명칭을 독점하는 전문직업이 존
재하지 않았던 것, 또 서구의 전문직업 기능과 지식만이 메이지시기에
정부의 주도로 급속히 일본에 들여왔을 때 전문직업이 가지는 공공에
의 서비스, 공익성 등이 너무 강하게 의식되지 않았던 것 등을 들 수
가 있다.

특히 엔지니어링의 경우 서구에서도 아직 전문직업으로서 확립되지
않은 시대에 일본에 도입이 시작되었던 것에 대해 기술자는 국가나 기
업의 목적을 위해서 일을 하는 것이 메이지시기이래 당연한 것처럼 생
각되어 왔던 것이 원인일 것이다. 집단에의 귀속을 중시하는 일본의 가
치관에서는 기술 전문직업이라고 하는 형태의 보이지 않는 조직보다
기업 등에 귀속하는 것이 자연스럽다고 생각된다. 또 학회가 기술자의
이익을 대변하는 직능단체는 아니며 해당 분야의 학문적 발전을 목적

---

19) 프랑스의 상황에 대해서는 Christelle Didier, "Engineering Ethics at the Catholic
University of Lille(France): Research and Teaching in a European Context".
European Journal of Engineering Education, Vol.25, 2000, 325-335 또 유럽의
상황에 대해서는, P.Goujon and B. Heriard Dubreuil. Technology and Ethics:
A European Quest for Responsible Engineering(Leuven: Peeters, 2001)

으로 하는 학술 단체로서 기능해 왔던 것에 기인한다.

그렇지만 최근 이 상황은 조금씩 바뀌고 있다. 예를 들어 1996년에 창립 백주년을 맞이한 일본 최대의 기술계학 협회의 하나인 일본기계학회는 학술 단체뿐만 아니라 기술 전문직업을 대표하는 직능단체의 하나가 되려고 할 의사를 그 장래 구상안을 가지고 있다[20]. 일본원자력학회·토목 학회·기술사회 등에서도 같은 움직임이 있다.

이와 같은 방향으로서는 기술에 관한 전문직능 집단으로서 프로페션의 형성으로 향하고 있는 것은 세계적인 경향이기도 하다. 그러나 주의하지 않으면 안 되는 것은 기술자의 책임을 논의하는데 프로페션 개념이 불가결한 거라고 하면 꼭 그렇지만은 않다는 점이다.

1994년에 미국·캐나다·멕시코가 가맹하여 북미 자유무역협정(North American Free Trade Agreement: NAFTA)이 발효했지만 이 경제권 중에서 각 나라의 엔지니어가 타국에서도 전문적인 업무를 실시할 수 있는 제도를 만들기로 했다. 그 일환으로서 자료에 있는 것처럼 NAFTA 기술자윤리 강령이 만들어졌지만 이 강령에는 다음과 같은 특징이 있다[21].

- 전문(간략화 된) 10조
- 전문에 전문직업에 관한 서술 없음
- 공중의 안전·건강·복리를 최우선
- 공익 통보(내부고발)를 최종 수단으로서 요청
- 강령안에도 전문직능 집단으로서 전문직업에 관한 서술 없음

이 강령의 조문안에는 예를 들어 NSPE의 윤리 강령에 나타나는 것

---

20) 일본기계학회 제74기 이사회 「제2세기 장래구상 위원회 답신 제2세기에 향한 제언-」『일본기계학회지』 vol.100(1997). No.938.

21) Jimmy H. Smith and Patricia A. Barrington, "Final Report to the National Science Foundation: Conduct and Ethics in Engineering Practice Related to the North American Free Trade Agreement", NSF Grant Number SBR-941-3323, 1996

과 같은 규범이나 가치가 포함되어 있지만 전문이나 강령의 조문에도 프로페션의 개념은 전면(前面)에는 나와 있지 않다. 제1조에서 「스스로의 전문직업(프로페션)을 수행하는 데 있어서」라고 매우 간단하게 서술되어 있으며 전문직능 집단의 지위 향상 등은 완전히 언급되어 있지 않다.

　앞으로 국제적인 사회에서 활약하는 기술자의 윤리를 생각할 때, 왜 기술자가 특별한 책임을 지는가 하는 물음에 명확한 대답을 주는 것이 중요하다. 그중에서 「전문직업」을 어떻게 취급하는지가 중심적인 과제이다. NAFTA의 대처는 국제적으로 통용되는 기술자윤리 강령을 생각하는데 참고가 된다.

4

사 례
‒ CITICORP·타워의 위기(간략판)[22] ‒

▶미니·케이스 3

　당신은 고층빌딩의 구조 설계를 전문으로 하는 기술자이다. 건축을 하려고 하는데 특이한 제약 조건을 가진 C타워의 일을 의뢰 받은 당신은 지금까지의 경험과 최신의 기술을 구사하여 참신한 구조 설계를 하였다. 당신의 설계는 건축상의 제 조건을 갖추었을 뿐만 아니라 시공법이나 내진 대책에 관해서도 혁신적인 시도가 있었기 때문에 일반인뿐만

---

22) 위트 베크, 상게서, 제4장에서의 논의가 참고가 된다.

아니라 전문가들도 놀라게 하여 당신은 일약 유명하게 되었다.

완성한 C타워는 그 특이하고 참신한 설계를 위해 구조에 대해 배우는 사람들의 연구 대상이 되어 당신은 많은 학생이나 설계자로부터 C타워의 구조에 대한 질문을 받았다. 그중에는 당신의 설계 사상이나 안전성에 관한 구조 계산이 잘못해 있다고 하여 건물이 가지는 위험성을 지적하는 일도 있었다. 하지만 그것들은 설계상의 제약 조건에 관한 이해 부족에 기인하는 오해였다.

C타워 완성으로부터 1년 후 다른 건물의 설계에 종사하고 있던 당신은 C타워에서 이용한 특수한 구조와 시공법을 현재 설계 중인 빌딩에도 응용하려고 생각했다.

거기서 새롭게 담당하고 있는 빌딩의 공사 담당자와 시공법에 대해 검토를 하고 있었는데, C타워에서 이용한 시행법은 높은 기술력을 필요로 하여 코스트가 비싸기 때문에 다른 시공법을 사용하고 싶다고 전해 들었다. 이런 가운데 C타워의 관계자에게 문의했는데 C타워에서도 같은 논의가 행해져 실제로는 당신과 상의 없이 시공법이 변경된 것을 전해 들었다. 그러나 당신에게는 그 변경이 안전성 등에 본질적인 영향을 준다고는 생각되지 않았기 때문에 그 시점에서 특히 문제시할 것은 없었다.

그러나 C타워에 관한 질문에 답하기 위해서 재차 안전상의 법규제는 물론 복수의 조건 아래에서 C타워의 안전성을 입증하려고 여러 가지 계산을 실시하고 있던 당신은 어느날 「시공법 변경」의 영향에 의해 C타워가 「161년에 1번」정도의 확률로 그 지역을 휩쓰는 대형 허리케인의 풍력에 의해 파괴될 가능성이 있는 것을 깨달았다.

현재 이 파괴의 가능성을 깨닫고 있는 것은 「온 세상에서 한 사람만」이다. C타워의 파괴 가능성은 시공법의 변경에 의한 것으로 당신이 설계한 대로의 시공법으로 건설되고 있다면 빌딩의 파괴 가능성은 전혀 없다. 게다가 당신이 파괴의 가능성을 깨달은 안전 조건은 법률로 규정되어 있지 않기 때문에 실제로 건설을 한 업자도 법률 위반을 한 것은 아니다. 그 때문에 실제로 빌딩이 파괴했다고 해도 당신이나 건설업자의 책임이 추궁받을지 어떨지는 현시점에서는 모른다.

당신은 어떻게 행동할까. 우선 최초로 무엇을 할까.

① 파괴할 가능성이 있는 이상, 곧 바로 빌딩의 위기를 공표한다.
② 자신의 계산 미스일지도 모른다. 파괴할 가능성을 재차 연구기관에 계산을 의뢰.
③ 수리 방법을 생각한다.
④ 시공법을 변경한 건설회사의 책임이다. 시공주에 문제를 알린다.
⑤ 건축 기준의 맹점과 C타워의 파괴 가능성에 대해 행정기관에 투서한다.
⑥ 대형 허리케인이 왔을 때의 피난이 순조롭도록 검토한다.
⑦ 눈치 채지 못했던 것으로 한다.

이 미니·케이스는 실제로 있던 「시티코프·타워의 위기」를 기본으로 작성했다. 시티코프·타워 빌딩의 구조 설계자인 르메지야는 프로페셔널로서의 책임을 완수하고 이 위기를 넘겼다. 「시티코프·타워의 위기」에 대해서는 제12장에서 자세하게 다룬다.

3. 행위의 확대와 새로운 윤리의 필요성

AN ENGINEER ETHICS
AN ENGINEER ETHICS
AN ENGINEER ETHICS
AN ENGINEER ETHICS
AN ENGINEER ETHICS
AN ENGINEER ETHICS

1

기술에 의한 행위의 확대와 새로운 윤리의 필요성

　이미 말한 것처럼 과학기술의 진전은 인간 사회를 크게 바꾸었다. 과학 기술과 사회와의 관계는 그 범위와 심도를 더하고 있다. 이미 제1장에서 간단하게 말했지만, 격변하는 과학기술과 사회의 관계를 상징하는 몇 개의 역사적인 사례를 좀 더 자세하게 소개하자. 다음의 연호로부터 독자는 무엇을 상기시키고 있을 것인가.

　　　1942년 12월 2일
　　　2000년 6월 26일
　　　2001년 9월 11일
　　　2001년 11월 25일

1) 1942년 12월 2일

이 날은 인류사상 가장 중요한 분수령이라고 해도 과언은 아니다. 미국 영국의 원자핵폭탄 개발 계획인 맨해튼·프로젝트에 참가하고 있던 엔리코 페르미(Enrico Fermi. 1901~54) 등이 시카고 대학에 설치된 야금 연구소라고 하는 거짓 명칭으로 이름을 붙인 비밀 연구소에서 처음으로 원자핵의 연쇄 반응을 컨트롤한 날이다.

왜 이날이 중요한가. 이날 이전에는 인류 중에 비록 악마적 지도자 등이 나타나 「인류 전체를 멸종시키자」라고 기획해도 그러한 계획을 실행하는 물리적 수단이 없었던 것이다. 아무리 통상의 폭탄이나 독가스 등을 대량으로 제조했다고 해도 인류를 멸종시키는 것은 불가능 했다.

그런데 1942년 12월 2일에 「원자의 불길」을 인류가 손에 넣음으로 인해 인류를 멸종시킨다고 하는 「행위」가 가능하게 된 것이다.

전술한 윤리의 정의에 의하면 「윤리란 행위의 과학」이다. 따라서 할 수 없는 일이나 불가능한 「행위」에 관해서는 윤리상의 문제는 없다. 혹은 윤리성을 생각하는 것 자체 의미가 없는 것일지도 모른다. 예를 들어 현재 시간 여행은 불가능하기 때문에 「시간 여행을 하는 것은 좋은가 나쁜가」라고 하는 윤리 문제를 생각할 필요는 없다. 그러나 「할 수 있는 것」, 즉 기술이 가능하게 한 「행위」에 관해서는 윤리적인지 아닌지를 검토하지 않으면 안 된다.

2) 2000년 6월 26일

100년 후의 과학사가가 1942년 12월 2일과 동등 혹은 그 이상으로 중요한 날로서 강조하는 날은 아마 2000년 6월 26일일 것이다. 이날 미국의 백악관에서 당시의 빌 클린턴 대통령이 米歐日이 공적자금으로 진행하고 있었던 인간의 전유전자 정보(인간게놈)를 해독한 「국제 인간 게놈 계획」이 거의 완료한 것을 소리 높이 선언했다. 인간의 염색체상에 있는 유전자(DNA)를 구성하는 약 30억대의 염기 배열, 인간게놈 배열의 드래프트 시퀀스(개요판)의 해독을 완료했다는 것이다(이 발표에는 동 계획과 치열한 해독 경쟁을 하고 있던 미국의 바이오 벤처 기업 「셀레라 지노믹스」사장 클레이그벤터(J. Craig Venter, 1946~)도 동석해 자기 회사도 배열의 완전한 해독을 마쳤다고 발표했다).

클린턴 대통령의 발표로 「인간게놈의 지도는 인류가 지금까지 만든 중에서 가장 중요한 지도다」라고 말했지만 확실히 인류가 스스로 생명의 수수께끼를 해명하는 큰 발판이 되는 위업이며 생명과학이나 의료의 비약적인 발전을 가능하게 하는 성과이며 과학 사상의 대 사건이다.

그러나 어느 의미에서는 궁극의 개인정보라고도 할 수 있는 유전자의 해독이 가능하게 됨에 따라 다양한 사회적·윤리적·법적인 문제가 지적되고 있다

(덧붙여 그 후도 국제 인간 게놈 계획은 해독을 계속하여 2003년 4월 14일에는 생명 활동에 관계한다고 보여지는 염기서열 가운데 기술적으로 읽기 불가능한 1%를 제외한 거의 모든 것을 99.99%이상의 정밀도로 해독했음을 발표해 동 계획의 완료를 선언했다).

3) 2001년 9월 11일

세계를 놀라게 한 동시 다발 테러가 일어났을 때 우리는 과학기술과 사회의 새로운 관계를 알았다. 그것은 우리가 일상적으로 혜택을 입고 있다. 우리의 신변에서 접한 과학기술의 성과(예를 들어 여객기)를 사용

하면 개인이 혹은 작은 그룹이 미국이나 세계를 상대로 전쟁을 수행할 수가 있다. 그것이 가능하다는 것을 전 세계가 인식한 날이다.

4) 2001년 11월 25일

미국의 첨단·셀·테크놀로지라는 회사가 사람의 클론배아를 만드는 것에 성공했음을 공표한 날이다. 사람의 클론배아가 여성의 자궁에 착상해 순조롭게 자라면 클론 인간이 탄생하게 된다. 즉 클론 인간을 만든다고 하는「행위」가 가능하다는 것을 증명한 것이다.

2003년의 1월 22일이 되어 클론 에이드라고 하는 회사가(이미 2002년의 말 무렵부터 다른 국적의 사람들의 클론 인간을 만들었다고 주장하고 있었지만) 일본인의 클론 베이비를 만들었다고 발표했다. 수년전에 죽은 아이의 클론 인간을 만들었다고 하는 것이다. 그 신빙성은 의심스럽지만 예를 들어 가장 사랑하는 아이를 잃은 부모에게 있어 그 아이의 클론은 아무것과도 대신하기 어려운「가치」를 가질 것임에 틀림없다.

클론 에이드 이야기의 신빙성은 따로 하고 그 이외의 일은 모두 과학 사상의 대 사건이다.

인류의 역사를 살펴보면 현대만큼 과학기술이 우리 인류의 생활에 깊고 넓은 영향을 주고 있는 시대는 없다.

과학기술의 진전에 따라 지금까지 인류가 경험해 보지 않았던 것 같은 과학기술에 기인하는 다양한 문제를 지금 우리는 직면하고 있다. 예를 들어 지구 온난화를 비롯한 환경 문제, 클론 인간에게 관련되는 문제, 생명에 관련되는 다양한 문제, 혹은 정보에 관련한 여러 가지 문제 등이다. 지금까지 할 수 없었던 것이 과학기술의 발전에 따라 가능하게 되었다. 그 가능한 행위에 관해서 그것이 좋은가 나쁜가, 그것이 올바른지 어떤지, 이것을 생각하지 않으면 안 된다. 즉 새로운 윤리가 거론되는 그러한 시대에 우리는 살고 있는 것이다.

이러한 과학기술의 발전에 따른 지구 규모의 문제(환경·식량·인구·에너지 문제 등)의 현재화·복잡화에 가세해 20세기 말의 냉전구조의 종말에 따라 새로운 세계 질서의 구축이 필요하게 되었다. 또 경제활동의 글로벌화(메가콘패티션)나 기업활동·시장·노동력의 국경 자유화에 따라 기술자가 사는 세계는 격변하고 있다. 또 과학기술에 종사하는 사람들의 급증에 의해 만들어지는 정보량이 폭발적으로 증가하고 게다가, IT기술 등의 커뮤니케이션 기술의 혁신이나 네트워크화의 가속에 의해, 기술자가 취급해야 할 정보량은 질적으로나 양적으로도 격증하고 있다. 사람들의 가치관은 다양화하고 사회구조가 변화하는 가운데 기술자는 일을 해야 한다. 즉 격변 하는 세계에서 기술자의 책무는 확대하고 취급해야 할 정보량은 급증하여 기술자가 활약하는 장소는 세계로 펼쳐지기 때문에 기술에 의해 새로운 「행위」를 가능하게 하는 기술자에게는 그 「행위」의 가치를 고찰하여 자율적으로 가치 판단을 할 수 있는 능력이 요구되고 있는 것이다.

2

기술에 관련하는 가치

윤리에 관해서 고찰할 때에 「가치」가 중요한 의미를 가지는 것은 이 책에서 지금까지의 논의로부터도 분명하다. 그럼 「가치」란 무엇인가.

일반적인 국어사전에 의하면 단순히 좋고 싫음이라고 하는 개인적인 「선호」와 구별해, 「인간의 욕구·관심의 대상이 되는 성질이나, 목적의 실현에 도움이 되는 성질」. 또 철학적 용어로서는 「개인이 좋던 나쁘던 관계없이 일반적으로 좋은 것으로서 승인해야 할 것. 진·선·미 등」(『학연 국어대사전』)으로 되어 있다. 여기에서 언급하고 있는 것과 같이 진·선·미는 가치의 분류를 실시하는데, 소크라테스·플라톤 이래의 전통이며 각각 지적 가치(진), 도덕적 가치(선), 미적 가치(미)이다. 게다가 모든 것의 순서 등에 관한 사려적 가치나 종교상의 성(聖)·사(邪) 등에 관련되는 종교적 가치 등이 있다. 게다가 원래 물품 등 유통할 때의 시장 가치(경제 가치) 등에 따른 분류도 가능하다.

사람은 이러한 가치에 대해서 판단을 내린다. 이른바 「가치 판단」은 철학적 용법으로서는 「어떤 일에 대해 좋고 나쁨을 말하는 판단. 어떤 일에 대해 일정한 가치(진·선·미 등)를 기준으로서 주관적으로 내리는 판단. [평가]도 이것에 포함 된다」(前出書). 기술자윤리에 관해서 고찰을 진행시킬 때에 이 가치 판단에 있어서 「주관성」의 문제는 중요한 기축이 된다. 왜냐하면 일반적으로 기술자는 어느 정도의 「객관성」을 가지고 공유 가능한 기술적 정보(과학적 법칙이나 이론, 실험 데이터 등)의 취급에 관해서 충분한 교육·훈련을 받고 있지만 보다 「주관성」이 강한 요소(예를 들어 종교적인 가치·문화적 가치·정치적 가치) 등에 대해서 감수성이나 이해는 일반 사람들과 동등하다고 생각된다. 따라서 아무리 객관성이 높은 정보를 중시하는 경향이 있어 「주관적」인 판단이 요구되면 곤혹스러울 경우도 있다.

그렇지만 「기술자윤리」는 전술한 바와 같이 개개의 기술자가 스스로의 가치 판단에 근거하여 가치의 밸런스를 취하면서 최선의 답을 내는 행동을 설계하는 것이기 때문에 「주관적인」가치 판단 능력은 윤리적 능력의 기반이라고도 할 수 있다. 이것이 이 책에서 「가치」의 중요성을 반복해서 주장하는 바이다.

게다가 제2장에서 말한 것처럼 과학기술은 항상 새로운 「가치」를 창출해 내고 있어 그러한 새로운 가치의 진가를 최초로 묻는 것이 가능한 것은 그 분야를 이해하는 매우 소수의 전문가뿐이다. 몇 개의 예를 들어 보자.

(이미 말한 예이지만) 우라늄 238과 그 동위체인 우라늄 235는 그것들이 발견된 당시부터 자연계에 존재하는 방사성 물질로서의 가치를 인정받고 있었다. 그러나 1932년에 영국의 케임브리지 대학 캐밴다슈 연구소의 제임스 차드 위크(James Chadwick, 1891~1974)가 중성자를 발견할 때까지, 새로운 에너지원으로서의 「가치」는 인식되어 있지 않았지만 1934년에 레오 질라드(Leo Szilard, 1898~1964)가 중성자를 사용함으로 인해 핵분열의 연쇄반응을 인공적으로 일으키는 것이 가능하다는 것을 알았다. 또 같은 해 엔리코 페르미 등이 지금까지 알려져 있던 모든 원소의 원자핵에 중성자를 조사하는 실험을 실시해 질라드의 예측이 실현 가능하다는 것을 실증했다. 이러한 성과에 의해 우라늄이 방대한 에너지를 낳아 새로운 병기를 만들어 내는 원료가 되고 나아가서는 전쟁의 행방을 좌우하는 「가치」를 가지는 것이 밝혀졌던 것이다. 그러나 그 새로운 「가치」는 일부의 과학기술자밖에 인식되지 않았고 미국 및 영국의 지도자들에게 그 중요성을 알리기 위해서 질라드 등은 아인슈타인(Albert Einstein, 1879~1955)에 협력을 구할 필요가 있었다.

제임스 왓슨(James D. Watson, 1928~)과 프랜시스 클릭(Francis H. P. Crick. 1916~)가 DNA의 이중나사 모델을 발표한 것은 1953년의 일이었다. 제2차 세계대전 중에 과학기술 동원에 성공한 미국은 전후도 바네바 부시(Vannevar Bush, 1890~1974) 등의 주도에 의한 과학기술 연구 체제를 보관 유지하여 대량의 연구비를 과학기술 연구에 투입하고 있었다. 닉슨 정권하에서는 1971년의 국가 암 기본법으로 대표되는 방대한 연구비를 의료·생명 관련의 연구에 주입 DNA에 관한 연구를 촉진시켰다. 그 결과 왓슨 등의 발견으로부터 불과 20년 후의 1973년에는 코엔(Stanley Cohen, 1922~)과 보이어(Herbert Boyer, 1936~) 등이 DNA 재조합 기술을 확립했다. 그러나 스스로 DNA 재조합 기술의 선구적 연구를 실시하고 있던 베르그(Paul Berg, 1926~) 등이 이 기술이 가지는 과학기술상의 가치 외에 안전성에 관련되는 문제도 포함해 새로운 「가치」를 인식하고 1975년에 과학자 주도로 캘리포니아 주 아시로마(Asilomar)에서 회의를 개최해 유전자재조합 실험을 스스로 규제하는 안을 제시했다. 여기에서 제안은 후에 세계상의 유전자재조합 규제의 모형이 되는 NIH(National Institute of Health)의 유전자 재조합 실험 가이드라인(1976년)에 활용되었다[1]. 폴리아미드계의 합성 섬유인 나일론(Nylon)은 듀퐁사의 기초 연구소에서 유기화학 연구그룹의 책임자인 와레스 캐로더스(Wallace Hume Carothers, 1896~1937)가 독일에서 주창되고 있고 고분자설의 검증이라고 하는 기초 연구를 실시하고 있는 도중에 1930년에 만들어진 인공 고분자의 하나가 우연히 섬유로서의 특성을 가지는 것을 발견하였다. 인공 섬유의 가능성이라고 하는 실용적 「가치」가 인식된 것이다. 현재 우리의 생활에 불

---

1) 內井惣七은 아시로마 회의의 의의에 대해 다음과 같이 말하고 있다. 「이 회의의 결론은 실험 재료의 안전화를 도모하기 위해, 자발적으로 「가이드라인」을 만들어 일부의 실험을 자숙한다고 할 방향을 결정한 것이다. 또 이 분야의 연구에 관해서 연구자가 소속하는 기관 부속의 평가 위원회(institutional review board. 생략해 IRB)가 가장 적극적으로 활용된다고 하는 제도적 부산물도 가져왔다. 이 위원회에는 반드시 그 분야의 전문가 이외의 위원이 포함되지 않으면 안 되어 이 위원회의 인가가 없는 연구는 실적으로서 인정하지 않는다. 저자는 이러한 2개의 성과를 낳은 이 회의를 과학자 공동체의 역사 중에서 획기적인 일이라고 평가한다. 즉. (1) 「자유 경쟁」에 제한을 두어 (2) 과학적 실적의 평가에 대해 관철해 온 「동료 평가(피어·레뷰)」의 원칙을 깨고 비전문가에게도 열린 연구 심사의 제도를 도입했다.(그러나 안전성의 평가와 연구 실적 자체의 평가와는 구별해야 되지 않을까?)라고 하는 점에서 「무책임 태세」를 고치는 방향성이 밝혀졌다고 본다. 이에 따라 「밖으로 향하여」 열린 연구 태세를 만들어 미래에 대해서도 「책임 있는」과학 연구를 실시해야 한다고 시사 된다」. 서평(岩波 「과학」 65[1995-2]에 게재 村上陽一郎 「과학자란 무엇인가」 新潮選書, 1994년).

가결한 무수한 합성 고분자 물질의 기원이다. 캐로더스 등은 1935년까지 기초 연구를 완료해 1939년부터 본격적으로 공장 생산을 개시했다.

당시는 고가의 실크 스타킹의 대용품으로서 「거미줄보다 가늘고 실크보다 아름다우며 강철보다 강하다」의 캐치프레이즈가 사용되었다[2]. 이 발견 이후 원유가 연료로서의 「가치」만이 아니고, 「인공 고분자」의 원료로서의 「가치」를 가지기 시작한 것이다.

이와 같이 과학기술은 항상 새로운 「가치」를 창출한다. 그리고 나온 당시 그러한 가치는 전문적 지식과 능력을 가진 과학자나 기술자밖에 이해할 수 없다. 이러한 새로운 「가치」를 사회에 반입할까 말까는 어딘가에 대한 판단을 내려, 한편 거기에 따르는 「리스크」라고 하는 부의 「가치」를 고려하고, 또 그 외의 기존의 「가치」 사이의 적절한 밸런스를 취하면서 기술자는 스스로의 행위를 설계하지 않으면 안 된다.

● 자동차와 교통사고 ●

일본에서 도로 교통사고에 의한 사망자는 1970년의 16.765명을 피크로 계속 줄어들고는 있지만, 그런데도 매년 1만 명 정도(2000년은 8.326명)이다. 부상자의 수는 9만 명을 넘고 있으므로, 그 인적·경제적 손실은 크고 관계하는 사람들의 정신적 피해도 무시할 수 없다. 그러한 리스크를 알고 리스크와 사회적·개인적 편리성을 저울질하고, 또 보험의 적용 등으로 리스크를 보완하는 것으로 「가치」를 판단하여 자동차의 사용을 용인하고 있는 것이다.

Column

---

2) 井本 稔 「나일론의 발견」 도쿄 화학 동인, 1971년. 덧붙여 듀퐁사에서는 「나일론이란 임의의 긴 연쇄상의 합성 폴리아미드로, 그 주된 연쇄가 아미드기의 반복을 가져 그 구조 단위가 축 방향으로 배열하여 섬유로 성형 가능한 것」이라고 정의를 하고 있다.

● 뇌사에 의한 장기이식 ●

장기이식은 뇌사자라고 하는 타인의 죽음이 없으면 성립하지 않는 의료이다. 장기의 제공을 받는 환자와 그 가족이 인식하는 「가치」, 장기를 제공하는 사망자와 그 가족의 「가치」, 현장에서 의료에 종사하는 의사의 「가치」, 당면한 외부인인 일반 시민의 「가치」, 이들 「가치」에 미묘한 차이가 있는 것은 당연하다. 거기에는 윤리 문제뿐만이 아니라 사람의 죽음이란 무엇인가라고 하는 사생관에까지 미치는 철학적·종교적인 문제도 존재한다.

세계에서 최초의 심장이식이 남아프리카의 의사 버나드(Christiaan N.Barnard, 1922~2001)에 의해 실시된 것은 1967년의 일이다. 그다음 해 1968년에는 하버드대학의 특별 위원회가 「불가역적 혼수의 정의」, 이른바 「뇌사 판정의 하버드 기준」을 발표하였다. 한편 일본에서 장기이식이 법적으로 인정된 것은 1997년의 일이다. 일본에서는 버나드에 이어 불과 1년, 1968년에 和田壽郎 교수가 최초의 심장이식을 실시했다. 그러나 와다 의사의 의료 프로세스에 수많은 의혹이 있었기 때문에 이후 의사들이 실시를 주저했다고 하는 특수한 사정이 있었다. 처음은 뇌사를 사람의 죽음으로 인정할지 어떨지를 의사, 법률가, 일반인 사이에 긴 논의를 했다. 최종적으로는 장기이식을 전제로 했을 경우만 뇌사를 사람의 죽음으로 인정한다고 하는 수정안이 제출되어 1997년에 장기이식법안이 성립했다. 이 법률 아래에서 장기이식이 최초로 실시된 것은 2년 후의 1999년의 일이다. 세계에서 최초의 실시로부터 30년 이상의 세월이 흐르고 있다. 이 사이 세계에서는 심장이식만도 5만 건을 넘는 실적이 있었다. 특수 사정이 있었다고는 해도 이 문제에 관해서는 일본만이 매우 신중했던 것이다.

Column

21세기에 많이 발생할 것으로 예상되는 사람의 생명과 관련되는 기술이 가져온 「가치]를 어떻게 판단할까는 매우 어려운 문제임을 이때 재차 인식해 두지 않으면 안 된다.

3

정보 윤리

우리는 컴퓨터와 통신 시스템의 발전에 의해 초래되는 「정보화 사회」에 있다. 이러한 이른바 정보기술의 개발이 너무나도 급속히 전개해 새로운 「가치」가 연이어 창출되기 때문에 지금까지 인류가 경험하지 않았던 윤리적 문제를 고찰할 필요가 있다.

1946년 현재 컴퓨터의 기원이 되는 ENIAC(Electronic Numerical Integrator and Computer)가 개발되었을 때 1초간에 5000회의 연산이 가능한 이 장치는 1700개의 진공관으로 구성되어 전체 길이는 25m, 총 중량은 30t에 이르렀다. 그러나 불과 반세기 사이에 수많은 획기적인 기술개발의 덕분에 컴퓨터는 눈부신 발전을 이루어 1초간의 계산 속도가 수십조 회라는 것까지 나타났다. 펀치 카드에 의한 출 입력 단일의 소프트웨어만 가진 ENIAC에 비해 현재의 컴퓨터는 온갖 기능을 해내는 한편, 온 세상의 다른 컴퓨터와 인터넷을 통해서 연결되어 있다. 또 1965년대에 고든 무어(Gordon E. Moore, 1929~)가 주창한 「반도체의 집적 밀도는 18~24개월로 배증한다」라고 하는 경험칙인 「무어의 법칙」은 「반도체의 집적 밀도」를 「반도체의 성능」과 바꾸어 읽으면 현재에도 성립한다고 생각된다.

　어쨌든 정보기술의 발전은 지금까지 생각할 수 없을 정도로「대량」의 정보를「용이」하고「신속」하게 게다가「광역」에 전달하기를 가능하게 했다. 한층 더 성능의 향상에 따른 단순한 문자 정보만이 아니고, 훨씬 더 높은 표현 능력을 가진 음성이나 영상을 포함한 멀티미디어 정보를 쌍방향으로 교환할 수가 있게 되었다. 이와 같이 정보기술에 의해「행위의 범위」가 확대했기 때문에 수많은 편리성을 우리 인류는 향수하고 있지만 동시에 새로운 문제도 많이 부상하고 있다.

　「대량」「용이」「신속」「광역」이라고 하는 정보기술의 특징에 의해 예를 들어 방대한 개인정보가 소형 하드 디스크 등의 기억장치를 개입시켜, 네트워크·시스템으로부터 훔쳐진다. 혹은 유실한다고 하는 사건이 자주 일어난다. 기억 내용의 은닉성이 높을수록 데이터가 악용되는 위험성이 증대한다. 경찰의 범죄관련 데이터가 대기업 신용판매회사로 흐르거나 은행이나 보험회사의 데이터가 유출하거나 한 예가 있다.

　또 정보기술에 의해 개인정보가 용이하게 유출한다. 혹은 비방, 중상 등이 터무니없는 빠른 속도로 많은 사람들에게 전해지게 되면서「프라이버시」의 문제가 주목받게 되었다. 19세기 말에 이른바 이에로·저널리즘에 대항하기 위해서 미국에서 발견된「혼자 있게 해줄 권리(right to be let alone)」즉「프라이버시」권이라는「가치」의 의미가 정보기술의 진전에 따라 새롭게 문제시되고 있음을 생각할 수도 있다. 개인정보의 보호에 관한 법적인 정비가 급속히 진행되고 있는 배경에는 정보기술의 발전이 있음은 명백하다.

　또 세계 속의 컴퓨터가 인터넷으로 연결되어 있는 것에 의한 컴퓨터·시큐러티 등의 문제도 문제시되고 있다.

4

생명 윤리

생명과학의 진보에 의해 생명이 분자 레벨로 이해할 수 있는 시대가 되었다. 의료 분야에도 유전자 재조합 기술·클론 기술·생식 공학·재생 의료기술 등이 실용화되는 상황이 나타났다. 또 국제적인 연구협력에 의해 사람의 게놈 해석을 일단 완성했다. 이들 생명과학의 분야에서 창출되는 새로운 「가치」는 이익만으로는 가볍게 판단할 수 없으며, 인간의 생명을 어떻게 생각하는가 하는 근원적인 입장으로부터 논의되지 않으면 안 된다.

지금은 아직 개개의 케이스, 각국의 사정에 따라 판단 기준이 차이가 나는 것이 현상이다.

예를 들어 인간 생명의 정의 그 자체가 과학기술의 진보에 의해 변하고 있다. 일찍이 인간 생명의 시작과 마지막은 비교적 분명했다. 모친의 체내로부터 떨어져 신생한 순간이 생명의 시작이며 호흡이 멈추어 심장이 정지하고 동공이 열려 있을 때가 죽음의 순간이었다. 그런데 인공 수정을 시작으로 하는 생식 공학의 진보에 의해 우리는 냉동한 수정란을 어떻게 취급할까를 생각하지 않으면 안 되게 되었다. 인공 호흡장치나 인공심폐 장치의 개발에 의해 이전에는 죽음에 이르는 상태의 부상자나 환자도 호흡을 계속할 수가 있게 되었다. 죽음의 순간이나 죽음의 정의가 불명확하게 되었다. 그 외에도 착상 전에 인공수정 알의 일부를 채취해 유전질환의 유무를 착상전 유전자 진단이나 출생 전 진단 등의 DNA 진단 기술을 개발함에 따라 인간에게 가능한 「행위」가 확대되고, 그 행위의 선악을 생각할 때 즉 생명 윤리의 필요성이 표면화하고 있다.

히시야마 유타카(菱山 豊)의 연구에 의하면 현재의 생명 윤리와 관계되는 최대 중요인 문제군으로서는, (i) 인간게놈·유전자 해석, (ii) 클론 기술, (iii) 인간 ES세포, (iv) 인간배아, (v) 인간 세포 뱅크, (vi) 재조합 DNA 기술, (vii) 첨단 의료기술 등이 있다[3].

개개의 문제에 대해 검토하는 것은 지면 관계로 할 수는 없지만, 의료와 생명과학의 연구와 실천에 관련되는 윤리적 문제, 즉 인간이 어디까지 생명을 조작해도 좋은 것인지라고 하는 문제나, 환자와 의료 종사자의 관계 등을 탐구 하는 생명 윤리는 법률·사회학·철학·종교 등 종래의 분야를 넘는 새로운 학문 분야로서 이른바 응용 윤리학 중에서도 가장 빨리 학술적 발전을 이루어 왔다.

이 때문에 기술자윤리를 생각하는데 생명 윤리의 지견은 참고가 되는 경우가 많다.

예를 들어 인폼드·컨센트(informed consent)라고 하는 법적 개념은 환자 개인의 권리와 의사의 의무라고 하는 견지로부터 1960년대 후반에 확립되었다. 이것은 제2차 세계대전 말기에 나치스 독일이 한 잔혹한 인체실험에의 반성으로부터 환자의 인권을 지키는 것을 주창한 뉴른베르크 강령이나 1964년에 헬싱키에서 개최된 세계 의사회 총회에서 채택된 헬싱키 선언(임상시험 피험자의 인권옹호)을 근거로 만들어 진 새로운 「가치」라고도 말할 수 있다. 1932~72년 40년간에 걸쳐서 미국 앨라배마 주 타스키기 농촌 지대에 사는 매독에 감염한 흑인 남성을 대상으로 하여 실시된 이른바 타스키기 사건에 관한 재판을 계기로 인간을 대상으로 하는 연구를 실시할 때는 인폼드·콘센트가 불가결하다는 법적 정비도 진행되고 있다.

의사＝기술자

---

3) 菱山 豊 「생명 윤리 핸드북－생명과학의 윤리적, 법적, 사회적 문제」 築地書館, 2003년.

환자＝공중(公衆)

이라고 하는 등식을 사용하면 새로운 기술의 도입에 즈음해서는 기
술자와 기술자에 의해 만들어진 기술에 의해 영향을 받는 공중사이에
인폼드·콘센트가 필요하다고 하는 마틴 등의 「사회 실험」설(제 2장 참
조)의 의미를 잘 이해할 수 있다.

이와 같이 가장 학술적으로 성숙한 그러나 새로운 윤리인 생명 윤리
로부터 기술자윤리를 생각하는 가운데 유익한 시사를 얻을 수 있음을
지적해 두고 싶다.

● 클론 기술을 이용한 재생 의료 ●

1997년 클론 양이 탄생했다. 1998년 사람의 수정란으로부터 어떠한
조직·기관·장기로도 될 수 있는 만능의 세포, 배성간세포가 발견되었
다. 또 예를 들어 골수라든지, 신경이라든지, 간장이라든가 한 특정의
조직·기관·장기로부터 그것 자신을 만들어 내는 골수간세포, 신경간세
포, 간간세포 등이라는 체질간세포도 잇달아 발견되었다.

이 클론 기술과 간세포를 사용하면 뇌사자가 아니고 환자 자신의 유
전자를 가진 장기의 제조가 가능하게 된다는 것이다. 재생 의료의 탄생
이다.

이 기술은 타인의 난자에 환자의 핵을 도입하여 난할이 시작된 초기
의 세포로부터 배성간세포를 꺼내 환자의 유전자를 가진 원하는 장기
로 만들어 간다는 것이다. 만약 이 기술이 가능하게 되면 뇌 사망자로
부터 장기의 제공도 평생 사용해야 하는 면역 억제제도 불필요하게 된
다고 하는 획기적인 장기이식이 가능하게 된다.

문제는 난할을 시작한 난자로부터 배성간세포를 꺼내지 않고 자궁에
넣으면 환자의 유전자를 가진 클론 인간이 탄생한다는 것이다. 사람이

될 수 있는 난자에 손을 대는 것이 이러한 의료의 심각한 문제점이다. 난자에 어떠한 윤리적 지위를 줄 것인지는 몸 밖 수정과 같은 수정란을 취급하는 불임 치료와도 관계된 매우 큰 윤리 문제이다.

Column

5
환경 윤리

환경 문제는 18세기 후반 영국에서 시작된 산업혁명으로 시작되었다. 20세기 전반에 피크를 맞이한 공업 사회, 공업 사회 그 자체, 한층 더 그것이 낳은 물건을 받아들인 인간 삶의 방법이 환경 문제를 가속시켰다. 공업 사회로부터 만들어진 인공의 산물은 그 자체가 유해한지 무해한지를 불문하고, 지구 규모로 광범위하게 걸쳐 불가역에 가까운 자연환경 파괴를 불렀음은 확실하다. 이러한 상황은 인간뿐만 아니라 지구상에 생존하는 모든 생명의 존속에 관련되는 21세기 최대 과제이다.

21세기 환경 문제는 에너지 자원·인구·식료·오염 등과 정치·경제·문화가 유기적으로 관련되는 초복합계 문제이다. 예를 들어 일본해 연안에 내리는 산성비의 원인은 중국 대륙에서 산업 활동 등 이 원인이라고 생각되지만 이 문제를 해결하기 위해서는 단지 기술적인 해결책을 고안하는 것만이 아니고 그것을 현실화하기 위해서 정치적·경제적인 문제 해결 능력이 요구된다. 체르노빌 원전사고로 비산한 방사성 물질은 러시아나 유럽 지역만이 아니고 일본에도 영향을 주었다고 한다. 1개의 지역이나 나라에서 이루어진 「행위」가 지구 전체의 환경에 영향을 줄 가능성이 있다. 따라서 환경에 대한 행위에 관한 고찰, 즉 「환경

윤리」가 요구되고 있다.

환경 윤리 사상 확대의 중요한 계기가 된 것은 레이첼 카손(Rachel Carson, 1907~1964)에 의한 「침묵의 봄」(1962)의 출판이라고 할 수 있다. 이 책에서 카손은 DDT(Dichloro Diphenyl Trichloro-ethane) 등의 유기 합성 농약은 완만한 세포핵 살상무기에 지나지 않으며 환경계에 치명적 영향을 준다는 사실을 지적했다. 그 후 일본을 포함해 공업화에 의해 경제성장을 계속하는 세계 각지에서 공해문제가 표면화되었다. 한층 더 로마·클럽의 위탁을 받은 매사추세츠 공과대학의 연구자를 중심으로 하는 그룹이 당시 최신의 시뮬레이션 기법에 의한 결과를 「성장의 한계」(1972)로 발표해 지구 자원은 유한하고, 환경은 희소가치를 가지는 것을 지적하기에 이르러 환경 문제가 넓게 인지되게 되었다.

환경 윤리학을 시작으로 응용 윤리학의 석학인 加藤尙武에 의하면 환경 윤리학이 주장하는 3개의 점은, (i) 지구의 유한성, (ii) 세대 간 윤리, (iii) 생물보호이다[4]. 지구의 유한성이란 「지구의 생태계라고 하는 유한 공간에서는 원칙으로 모든 행위는 다른 사람에게로의 위해의 가능성을 가지므로 윤리적 통제 아래에서 두어져야 하는 것」이라고 하는 주장으로 연결 된다[5].

이것은 자원은 무한하며 경제활동은 인간의 자유의사에 맡겨 두면, 「신이 보지이지 않는 손」에 의해 조화적인 균형에 이른다고 하는 아담 스미스류의 종래 자유경제 발전의 시스템과 대립하는 주장이다.

또 세대간 윤리란, 「미래 세대의 생존 조건을 보증할 책임이 현재의 세대에 있다」라는 생각이다. 즉 지금 현재 존재하지 않는 우리들의 자손, 즉 손자 혹은 증손의 세대, 그러한 미래 세대의 권리나 이해까지도 현재 우리의 행동에 관한 고찰에 포함하지 않으면 안 된다는 주장이다. 예를 들어 화석연료의 사용과 대기오염을 예로 생각해 보면 현재 우리

---

4) 加藤尙武 외 「환경과 윤리」 有斐閣, 1998년.
5) 상게서. 이하, 세대간 윤리, 생물 보호에 관한 주장도 같은 책에서.

는 필요한 에너지의 대부분을 염가로 비교적 안전한 화석연료에 의지하고 있다. 그 편리성을 크게 향수하고 있기 때문이다. 동시에 이산화탄소를 시작으로 하는 대기오염의 원인이 되는 물질을 계속 배출해 왔다. 어느 계산에 의하면 현재 전 세계의 연간 에너지 소비량은 석유 환산으로 600억 배럴 정도이지만, 20세기 초두에는 약 37억 배럴밖에 사용하지 않았었다. 1세기에 에너지 소비량은 거의 16배가 된 것이다.

화석연료가 언제 고갈하는지는 어려운 문제이다. 석유 등은 계속 앞으로 40년이면 고갈될 것이라고 말하고 있지만 아직 분명하지 않다. 다만 확실한 것은 언젠가는 반드시 고갈한다는 것이다. 또 우리가 지금까지 사용한 화석연료의 원인으로 확실히 지구의 환경이 악화되고 있다. 이산화탄소가 지구 온난화의 직접적인 원인일지 어떨지는 논의가 나뉘고 있지만 대기 중의 이산화탄소량은 산업혁명 당시와 비교해도 확실히 증가하고 있다.

만일 석유가 2050년 즈음에 고갈한다고 가정하면, 그 이후의 미래 세대에 있어서는 자신들은 석유라고 하는 에너지 자원의 혜택을 받을 수 없음에도 불구하고 자신들의 조상이 사용한 후의 폐기물인 이산화탄소나 그 외의 물질로 오염된 환경을 물려받고 있는 사태가 발생한다. 적절한 비유가 아닐지도 모르지만 태어난 순간, 「당신에게는 거액의 빚이 있어요」라는 그러한 상황에 처한 것과 같다.

다시 말해 거대한 건축물의 건조, 산업 폐기물의 매립, PCB 등 지속성 높은 발암성 물질, 프레온에 의한 오존층 파괴, 산림 자원의 이용 등에 대해서도 말할 수 있다.

미래 세대는 현재 존재하지 않기 때문에 우리는 그들과 교섭할 수 없다. 지금까지 인류가 가져 온 정치의 시스템이라고 하는 것은 반드시 교섭 상대가 눈앞에, 혹은 어디엔가 존재하고 있었으므로 그들과 자신들의 이해를 기브앤드 테이크의 관계나 혹은 다양한 네고시에이션(Negotiation)을 통해 서로 합의점에 이를 수가 있었다. 그런데 미래세대, 즉 아직 탄생하지 않은 자손들은 네고시에이션(Negotiation)을 할 수 없다. 그러니까 우리에게는 미래 세대의 권리를 지키는 윤리적인 책임이 있다.

그러나 이와 같이 미래 세대의 권리를 현 세대가 옹호할 필요성을 인증하면 종래의 정치 시스템에서는 대응할 수가 없다.

환경 윤리학의 제3의 주장은 생물 보호이다. 즉「자원·환경·생물종·생태계 등의 미래 세대의 이해와 관계하는 것에 대해서 인간은 현재의 생활을 희생해서라도 보존할 완전 의무를 진다」라고 하는 생각이다. 종래의 법률이나 권리 개념에서는,「권리」를 가지는 것은 인간뿐이었다. 생물을 포함한 환경의 중요성을 생각할 때도 그것은 인간에게 있어 어떠한 가치가 있을까(예를 들어 아름다운 자연에 따라 릴렉스할 수 있다. 또는, 애완동물의 존재에 의해 치유되는 등)에 의해 판단하는 인간 중심주의적인 입장이었다. 그곳에서는 자연이 가지는 인간의 도구로서의 가치(「도구적 가치」)만이 고려의 대상이었다. 그런데 환경에 대한 관심이 높아지는 가운데 자연 그 자체가 가지는 가치(「내재적 가치」)를 인증하는 입장으로 이행해 왔다.

현재는 인간의 존재를 무시해도 자연을 보호해야 한다는 극단적 주장까지 나타나고 있다. 어쨌든 인간 이외의 존재(예를 들어 멸종에 직면하고 있는 생물종)가 권리를 가짐을 인정하면 지금까지 법률의 시스템에서는 대응할 수가 없게 된다.

따라서 환경 윤리학은「근대의 정치·경제·법률을 최대한으로 지킨다고 해도 환경보호를 위해서는 불충분하다」라는 것을 주장하고 있는 것이다.

이 주장을 인정하면 고도 기술 사회에 있어 환경 문제에 직면하는 인류는 새로운 사회 시스템을 구축할 필요가 있다. 그럼 누가 새로운 시스템을 구축해야 하는가. 일반 시민인가, 정치가인가, 경제학의 전문가인가. 세계 약 80개국의 기술계학협회의 연맹인 WFEO(the World Federation of Engineering Organizations: 세계 기술 조직 연맹)의 이 물음에 대한 대답은 명확하다. WFEO는 「기술자를 위한 환경 윤리 강령」을 1985년에 정해 그중에서 모든 사람들의 「생활의 질(quality of life)」를 향상하기 위해서 「기술자」는 환경에 대해서 책임을 져야 한다고 주장하고 있다[6].

● 레이첼 카손의 「침묵의 봄」(1962) ●

레이첼 카손의 이 저작은 환경 문제의 원점으로서 지금도 세계적으로 높게 평가되고 있다. 내용은 당시 미국에서 넓게 행해지고 있던 DDT 등의 유기염소계 농약·살충제의 대량 사용이 토양·강·호수와 늪·해양의 불가역적 환경오염을 부르고 있음을 경고한 것으로 당시 미국 내에 큰 반향을 불러일으켰다. 농약 제조업자로부터 반발도 있었지만 그때 케네디 정권은 이 저작을 높게 평가하고 이후 DDT 등의 사용 금지를 향해 움직이기 시작했다.

또 1968~1970년대에 걸쳐 환경보호청(Environment Protection Agency)의 설립이나 여러 가지 공해방지법안의 책정 등을 실시하기에 이르렀다. 이 움직임을 본 일본에서도 1971년에 제조·사용을 모두 금지하고 있다. 그러나 인도나 중남미에서는 지금도 말라리아모기의 구제나 농약으로 사용되고 있다. 또 과거에 사용된 DDT는 지금도 세계의 해양이나 생물의 사이를 순환하고 있으며 식물 연쇄의 최상위에 있는 인간의 체내에 계속 축적 되고 있다.

발암성이나 생식기능 장해가 지적되고 있는 DDT도 그 자체는 뛰어난 농약·살충제이다. 당초는 식량 증산이나 전염병을 매개하는 해충

---

6) "Always remember that war, greed, misery and ignorance, plus natural disaster and human-induced pollution and destruction of resources, are the main causes of the progressive impairment of the environment and that, you, as an active member of the engineering profession, deeply involved in the promotion of development, must use your talent, knowledge and imagination to assist society in removing these evils and improving the quality of life for all people." (WFEO, 1985)

구제에 크게 공헌했다. 제2차 세계대전 패전 초기(1945~46), 일본에서는 위생 상태가 극도로 악화되고 있어 도시를 중심으로 200만 명 이상의 사람이 이에 사로잡혀 이가 매개하는 발진티푸스가 유행하였다. 이러한 구제에 당시의 미군이 DDT를 가져와 가두나 학교 등에서 반 강제적으로 일본인의 머리나 몸에 살포해 발진티푸스의 유행을 진정시켜 그 효과를 나타냈다고 하는 실적도 있다.

DDT에 강력한 살충 효과가 있다는 것을 발견한(1939) 것은 스위스의 밀러(Paul H. Miiller. 1899~1965)로 그는 이 공적에 의해 1948년에 노벨 생리학 의학상을 수상하고 있다. 그만큼 DDT는 처음은 높게 평가되고 있었던 것이다.

이러한 뛰어난 화학제품의 평가가 일전하여 환경오염의 원흉이 되어 버린 것이 현대 환경 문제의 복잡한 일면이다. 인공물의 사용은 신중하지 않으면 안 된다고 하는 사례의 하나이다.

Column

● 로우 랜드와 모리나에 의한 프레온에 의한 오존층 파괴의 지적(1974) ●

프레온은 암모니아를 대체하는 냉매로서 미국의 밋지레이(Thomas Midgley. Jr., 1889~1944)에 의해 발명되었다. 암모니아는 유해해 악취를 풍겨 발화의 위험성도 있다. 이것에 대해 프레온은 무색·무취·무해로 발화도 하지 않고 게다가 분해하지 않고 오래사용 하는 것으로 대환영을 받았다. 지금도 냉장고나 에어컨의 냉매, 반도체의 세제로 사용되고 있는 유용한 화학공업 제품의 하나이다.

이 프레온이 오존층을 파괴하는 사실을 미국의 로우랜드(F, Sherwood Rowland, 1927~)와 모리나(Mario J. Molina, 1943~)가 이론적으로 지적하여 큰 문제가 되었다(1974). 당초 이 설을 믿는 사람은 얼마 없었던 것 같지만 그 지적으로부터 거의 10년 뒤 남극 상공의 오존층이 현실로 소실하기 시작하고 있는 것이 관측되었다(1985).

오존 자체는 인체에 유해한 물질이다. 그러나 성층권에 있는 오존층은 인간뿐만 아니라 지구상에 사는 생명에 있어 유해한 자외선을 흡수하여 지상에 이르지 않게 하는 매우 중요한 기능을 갖고 있다. 로우랜드와 모리나의 이론적 지적만으로 국제적 규제 조치를 취하기는 곤란했지만 현실 관측 결과를 보고 오존층 보호 국제조약에 기초를 두는 몬트리올 의정서(1987)가 제정되어 구체적인 규제 플랜을 완성되게 되었다.

그후 2번의 재검토 후, 오존층 파괴계수가 가장 큰 특정 프레온의 1995년 말 생산 전폐를 시작해 프레온류의 점차 전폐 계획이 책정되고 실시되어 갔다. 오존층 파괴 계수가 작은 프레온류의 일부는 지금도 사용을 인정받고 있지만 이것들이 지구 온난화 가스의 하나로 지정(1995)된 이래, 일본에서는 냉장고의 냉매로서 프레온의 사용을 억제하고 있다. 현재 일본의 가전 메이커는 경쟁하며 프레온을 사용하지 않는 논 프레온 냉장고를 시장에 투입하고 있다.

어쨌든 오존층 파괴는 피할 수 있었으나 이 문제는 성공한 지구 환경 문제라고 생각해도 좋다. 그러나 과거에 방출한 프레온의 일부는 21세기 말까지 성층권에 체류하여 오존층을 계속 파괴할 것이라고 예측하고 있다. DDT와 마찬가지로 인공물에 의한 환경오염의 심각함이 여기에 집약되어 있다고 말할 수 있다.

———— *Column* ————

● 지구 온난화 방지조약(1992)과 교토 의정서(1995) ●

지구 온난화가 진행되고 있음은 지금에는 국제적으로 인정되고 있다고 해도 좋을 것이다. 기상 변동에 관한 국제회의(1985), 한센에 의한 미국 상원 공청회에서의 증언(1988), 기상 변동에 관한 정부 간 패널

(IPCC)의 제1차보고 등이 지구의 온난화를 과학적으로 지적하고 있다. 이것들에 의해 1992년 유엔 환경개발 회의, 통칭 지구환경 서미트에 대해 155개국이 서명한 지구 온난화 방지조약(통칭)이 성립했다. 이 조약은 1994년 3월에 발효하여 현재 170을 넘는 나라가 이 조약의 체결국이 되고 있다. 그 구체적인 사항을 결정하는 체결국 회의가 1995년에 교토에서 개최되어 거기서 결정되었던 것이 교토 의정서이다.

교토 의정서의 기본적 합의를 요약하면 2008년부터 2012년의 5년간 선진국 전체의 온실 효과 가스의 총배출량을 1990년을 기준으로 하여 5.2% 삭감한다고 하는 것이다. 일본에는 6%의 삭감이 부과되어 있다. 이와 같이 교토 의정서에 의해 지구 온난화의 브레이크는 일단 걸리게 되었다. 지구 온난화는 지금도 진행 중이고 이 합의가 어느 정도의 효력을 발생할지 장래는 아직도 불투명하다.

결정한 6종류의 온실 효과 가스 가운데 가장 효과가 큰 것이 탄산가스이다.

공중의 탄산가스는 공업제품으로 만들어진 것은 아니다. 석유 등의 화석연료의 연소로부터 발생한 것으로 관측 결과로부터 산업혁명 이래 증가하고 있음이 증명되고 있다. 탄산가스 농도와 지구의 평균 기온의 상호 관련도 일부에 이론은 있지만 충분한 과학적 근거가 주어지고 있다. 온난화에 의한 피해로서 해면의 상승, 생태계나 기상의 변화, 농산물 수확량의 변화, 건강 피해 등이 예측되고 있다. 이러한 피해는 금방 일어나는 것이 아닌 만큼 대응이 완만하게 될 우려가 있다.

화석연료에 의존하고 있는 현대 사회에서는 탄산가스를 삭감하는 것은 쉬운 것은 아니다. 공업제품과 달리 사용 금지라고 하는 조치를 취할 수도 없다. 이 문제의 해결에는 기술 및 기술자가 완수하지 않으면 안 되는 역할이 늘어나고 있음은 확실하다.

지구 규모의 환경 문제의 해결에는 공업화 사회가 가져온 물질 중심주의, 경제 합리성, 효율 중시, 만족할 줄 모르는 「풍부함」의 추구라고 하는 지금까지 삶의 방법을 고치는 것이 하나의 방향이라고 생각된다.

지구에 사는 모든 사람들이 우주선 「지구호」 승무원의 한 사람으로서 나라나 지역 격차가 없는 환경을 만드는 것, 다음의 세대를 위해서 보다 좋은 환경을 유지해 가는 것, 바꾸어 말하면, 지구 환경 서미트에서 국제적으로 합의된 「지속 가능한 개발」이라고 하는 이념을 착실하게 실행에 옮겨 가는 것이다. 새로운 환경윤리는 그러한 실천 중에서 태어나는 것이 아닐까.

——————— *Column* ———————

6
본 장의 결론

본장에서는 생명윤리·정보윤리·환경윤리라고 하는 과학기술의 진전에 따라 등장한 새로운 「윤리」와 그 필요성을 개관했다.

그러나 어디까지나 이러한 분야를 저자가 관심을 가지는 「가치」라고 하는 단면에서 검토한 것에 지나지 않고 각각이 큰 의미를 가지는 이러한 새로운 윤리의 적절한 소개라고는 말하기 어렵다. 독자에게는 각 영역의 문헌이나 관련 홈페이지를 참고로 새로운 고찰을 진행할 것을 간절히 바라고 있다.

다만 중요한 점은 이러한 새로운 윤리를 필요로 하는 이유는 틀림없이 급속한 과학기술의 발전에 의해 인류에게 가능한 행위의 범위와 규모가 확대했다고 말할 수밖에 없다. 과학기술에 의해 초래된 새로운 「가치」와 「행위」 이것들이 종래로부터 있는 「가치」와 「행위」를 능가할 정도의 중요성을 가지는 곳에 현대 우리가 사는 고도 기술 사회의 문제점이 잠복하고 있다. 앞으로도 과학기술의 진전에 따라 새로운 「가치」가 창출되어 지금까지 불가능한 「행위」가 가능하게 된다. 과학기술을 추진하는 한 인류는 지금까지와는 다른 새로운 「윤리적 판단 능력」이 요구되고 있는 것이다.

4. 기술자로서 어떻게 행동해야
할 것인가(1)

ENGINEER ETHICS
ENGINEER ETHICS
ENGINEER ETHICS
ENGINEER ETHICS
ENGINEER ETHICS
ENGINEER ETHICS

　「기술자로서 어떻게 행동해야 할 것인가」라고 하는 문제는 다양한 측면에서 고찰할 수가 있으며 또 그렇게 할 필요가 있다. 본장에서는 이 문제를 윤리학적으로 원리적인 레벨에서 반성할 수 있도록 하기 위해 윤리적 사고의 특징과 대표적인 윤리학 이론의 기초에 대해 배우기로 하자.

1

들어가면서

1) 딜레마 문제

　처음에 기술자로서 직면한다고 생각되는 하나의 전형적인 사례를 들어 보자. 이것은 전미(全美) 프로페셔널 엔지니어협회(NSPE)의 윤리 심사위원회에 의해 주어진 사례이다.[1] 다음과 같은 경우에 기술자로서

---

1) 전미 NSPE 윤리 심사위원회 편 「과학기술자윤리의 사례와 고찰」, 일본 기술사회 역, 丸善. 2000년, pp.85-87.

어떻게 행동해야 할 것인가.

사 례, X사는 제조 폐기물을 폐액처리시설에 방출하는 허가를 얻기 위해서 주의 공해방지국에 신고를 하지 않으면 안 된다. 폐액처리시설을 갖추어야 할 최저한의 기준은 통고되었으며 제조 폐기물을 받아들여도 이 시설이 정해진 환경기준에 적합하다는 것을 나타내기 위해서 X사는 기술자 D를 컨설팅 엔지니어로서 고용해 리포트의 제출을 요구했다. 그런데 D는 조사 완료 후 리포트를 완성시키기 전에 X사의 제조 폐기물은 폐액처리시설의 수질을 정해진 기준보다도 악화시켰으며 게다가 개선을 위한 조치에는 고액의 비용이 걸릴 것이라는 결론을 얻었다.

거기서 D는 조사 결과를 구두로 X회사에 통지했다. 그렇다면 X사는 D가 실시한 조사에 대한 보수를 전액 지불해 D와의 계약을 종료시켜 문서화한 리포트를 제출하지 말도록 지시했다. 그후 D는 당국이 공청회를 개최한 일, X사가 현재의 폐기물은 환경기준을 채우고 있다고 하는 견해를 나타내는 데이터를 보고한 것을 알았다.

여기에서 문제를 단순하게 하기 위해서 기술자 D가 취할 수 있는 행동 방침에 관해서는, (1) 어느 기업에 고용된 기술자로서 고용자의 동의 없이 기밀 정보를 흘리지 않고, (2) 전문 기술자로서 공중의 안전을 최우선한다고 하는 2개의 가능성이 있다고 생각해 보자. 이와 같이 한 사람 사이에 몇 개의 요구가 부과되어 있어 그것들을 동시에 만족시킬 수 없음에도 불구하고 몇 개의 선택을 재촉당한다고 하는 문제군은, 「상반 문제」 혹은 「딜레마 문제」라고 불리고 있다. D는 기업에의 충성의무 내지 비밀을 지킬 의무와 공중의 안전에 대한 의무의 어느 것을 선택해야 할 것인가 하는 딜레마에 직면하고 있는 것이다.

2) 윤리 강령과 기술자의 책무

전미 프로페셔널 엔지니어협회의 윤리 강령(1996년판)은 「기본헌장 (Fundamental Cannons)」에 있어서 「실무의 원칙」(Rules of Practia, 권말의 자료 10을 참조할 것)에 있어서도 「기술자는 공중의 안전, 건강 및 복리를 최우선으로 해야 한다」라고 정하고 있다.

「공중의 안전, 건강 및 복리」에 대한 배려 의무는 「전문직의 책무 (Professional Obligations)」로 규정되고 있는 기밀 정보의 비밀을 지킬 의무보다도 우선하는 것이며, NSPE의 윤리심사위원회도 이 사례에 관해서, 「D에게는 공청회의 상황을 아는데 이르러 자신의 조사 결과를 당국에 보고할 윤리적인 의무가 있다」라고 하는 결론을 나타내고 있다.

그러면 D는 기술자 단체의 윤리 강령에 그렇게 정해져 있기 때문에 「공중의 안전」을 최우선시켜야 할 것인가. 만약 그렇다면 윤리 강령이 그러한 규정을 갖지 않는 경우에는 공중의 안전에 대한 기술자의 책무는 소멸하는 것이 될 것이다. 실제 미국에서 공중의 안전에 대한 배려를 기술자의 최우선의 책무로 하는 것이 일반화한 것은 1974년에 ABET의 전신인 the Engineers' Council for Professional Development의 윤리 강령이 개정된 이후의 일로, 그 이전에는 기술자의 제일의 책무는 의뢰자 및 고용자의 이익을 보호하는 것에 있다고 되어 있다[2]. 따라서 윤리 강령에 명문화되지 않았다고 하는 의미에서는 즉 광의의 법적인 의미에서는 확실히 1974년 이전에는 공중의 안전에 대한 최우선의 배려 의무는 존재하지 않았다고 할 수 있다.

그렇지만 낡은 윤리 강령 아래에 있어서도 의뢰자나 고용자 이익의 보호를 최우선 하여 공중의 안전을 소홀히 하는 것에는 문제가 있으며

---

2) C.E. 하리스 외 「제2판 기술자의 윤리-그 생각과 사례」 일본기술사회 역, 丸善, 2002년, p.16.

그것은 잘못되어 있다고 하는 인식이나 판단의 시행착오가 없으면 원래 강령을 개정할 필요도 없었을 것이다. 이러한 인식은 반드시 기술자의 입장으로부터 생겨나는 것이 아니라 처음은 시민이나 사회로부터 기술자에 요구되는 일이 많았을 것이지만, 그러나 그럼에도 불구하고 기술자 자신도 또 그 요구를 정당한 것으로 인정하기 때문이야말로 기술자 단체의 윤리 강령을 바꿀 수 있게 된다. 이와 같이 생각한다면 강령에 명문화되고 있는지 아닌지에 관계없이 기술자에게는 본래 공중의 안전을 최우선 하는 것이 요구되고 있었던 것이라고 생각할 수도 있다. 이러한 견해를 가능하게 하는 것이 윤리적 사고에 다름없다.

2
윤리적 사고의 특징

1) 보편성

그러면 윤리적 사고는 어떠한 것일까. 딜레마 문제에 관한 지금까지의 짧은 고찰로부터 그 특징을 들 수가 있다.

「윤리」나 「도덕」이라고 하는 말은 본래 인간의 공동체에 대해 일정 질서를 가지고 사람들을 연결하고 있는 「관습」이나 「습속」을 의미한다는 말에서 유래한다.

윤리와는 <공동체에 있어서 행동 규범의 총체>이며, 이러한 의미에서 윤리나 도덕을 빠뜨리는 공동체는 있을 수 없다. 그리고 공동체의 구성원에게 공통의 행동 규범인 이상 윤리는 단순한 개인적인 행동지침이라고 하는 의미를 넘은 「보편성」을 갖추게 된다. 즉 윤리적 사고의 제일 특징 혹은 본질은 「어떻게 행동해야 할 것인가」라고 하는 문제에 관해서 같은 상황에 있는 모든 사람에 대해서 타당한 <보편적인 판단>을 요구한다는 것에 있다. 다만 공통의 행동규범이라고 해도 그것들은 우선은 각각 공동체의 내부에서 통용된다는 한정적인 보편성을 가질 뿐이며 거기서 여러 가지 공동체 사이의 행동 규범이 상위할 때 우리는 어떻게 행동해야 하는 것인가, 과연 모든 사회나 문화에 공통된 윤리가 있는지 하는 문제, 즉 윤리적 가치를 둘러싼 상대주의와 절대주의의 대립이라고 하는 문제가 생기게 된다.

이러한 문제에 관해서는 다양한 논의가 있으며 급한 해결을 꾀하는 일은 곤란하지만 여기에서 앞의 딜레마 문제에 입각해서 보편성이라는 윤리의 요구를 확인해 두자.

기술자 D는 X사라고 하는 공동체(비록 일시적이지만)와 기술자단체라고 하는 공동체에 속하고 있어 각각의 공동체에 대해 완수해야 할 역할이나 책무가 서로 어긋났었다.

그런데 기술자 단체의 윤리 강령은 공중의 안전에 대한 배려를 기업에의 충성 의무나 기밀 정보의 비밀을 지킬 의무보다 우선하는 것이라고 정하고 있지만 그 배경에는 특정 기업의 행동 규범보다도 기술자 단체의 행동 규범이 보다 보편적이라고 하는 이해가 있다. 또 비록 기술자 단체의 윤리 강령에 정해지지 않았다고 해도 기술자에게는 본래 공중의 안전에 대한 최우선의 배려라고 하는 의무를 부과할 수 있다고 생각할 수 있는 것은 기술자 단체보다도 한층 더 넓은 시민이나 사회의 입장으로 시점을 옮기는 것에 의해서이다. 절대적으로 보편적인 가치 기준이 존재하는지 아닌지 라고 하는 윤리학상의 문제는 두더라도 적어도 윤리적 사고란 보다 보편적인 입장에서 판단을 요구하는 것이다.

2) 자 율

윤리적 사고의 또 하나의 특징은 단순히 정해진 규칙에 따르고 있는
지 아닌지를 말하는 것만으로 그 행위의 선악을 판단하는 것은 아니며
이 점에 대해 「윤리」는 「법률」과 구별된다. 그 이유는 첫째로, 지금 말
한 것처럼 규칙이나 법률로서 정해진 행동 규범의 보편성이 한정적인
경우에는 그것들에 위반하는 것과 같은 행위라도 한층 더 보편적인 입
장에서 윤리적인 가치를 인정받는다는 것이 있을 수 있다는 것이다[3].
그러나 보다 근본적인 이유는 우리가 어떤 규칙에 따라 행위할 때에도
실제로는 그 규칙에 따르는 것을 자신이 선택했다고 보이지 않으면 안
되며 윤리적 사고는 행위의 이 계기야말로 주목하기 때문이다.

우리는 일상의 사소한 일로부터 인생의 갈림길에 관한 문제에 도달
할 때까지 항상 「어떻게 하면 <좋을까>」라고 하는 가치 판단을 요구하
는 물음에 직면해서 선택을 강요받고 있다. 기업의 피고용자로서 회사
의 경영 방침에 따를 것인지 아니면 전문기술자로서 기술자 단체의 윤
리 강령에 따를 것인지, 그 어느 것을 선택하든지 결단하는 것은 그
사람 자신이며, 게다가 스스로의 선택과 결단에 근거하는 행위에 대해
서만 우리는 책임을 질수가 있다.

이러한 의미에서 스스로 선택하여 결단한다는 것은 우리들의 행위에
윤리적인 가치가 주어지기 위한 가장 기본적인 조건이라고 할 수가 있다.

이러한 행위 선택 본연의 자세를 윤리학에서는 「자율」이라고 부르고
있다. 이 문제에 관해서도 윤리학적으로 순수한 의지의 자율이라는 사
태가 있을 수 있는지 없는지 논쟁이 있지만 그러나 여기에서는 일반적

---

3) 「악법」이라고 하는 개념을 생각해 보자. 「악법」의 「악」인 근거는 최종적으로는
「윤리」의 입장으로부터 말할 수 있다. 예를 들어 「양심적 병역 거부」라고 하는
행위는 비록 국가의 법률에 반한다고 해도 윤리적으로는 정당화될 수 있는 가
능성이 있다.

인 의미로 단순히 밖으로부터 주어진 기준에 수동적으로 따르는 것만
이 아니고, 무엇을 해야 하는가에 대해 이해하고 납득하면서 스스로의
결단에 대해 선택해서 정하는 태도를 「자율」이라고 부르기로 하자4).
윤리적 사고의 제2의 특징은 확실히 이 자율이라고 하는 행위 선택의
본연의 자세에 근원적인 가치를 인정한다는 것에 있다. 기술자 단체의
윤리 강령이 비록 시민이나 사회라는 외부로부터의 요구에 응하는 방
법으로 개정된다고 해도, 그것에 윤리적 가치가 있다고 하면 그것은 기
술자 자신이 그러한 요구를 정당한 것으로 인정해 자신의 손에서 그것
을 제정하기 때문이다. 「보편성」이 행위에 관해서 윤리가 요구하는 근
원적 가치라고 하면 「자율」은 행위에 관한 근원적인 윤리적 가치라고
말할 수 있다.

  기술자는 법률 아래에서 회사의 윤리 규정이나 학협회의 윤리 강령에
따라 있다면 적어도 법적인 책임이 거론될 것은 없다. 그러나 예리네크
(Georg Jelinek, 1851~1911)라고 하는 법학자가 「법률은 윤리의 최저한」
이라고 말하고 있듯이5)법적인 책임을 완수하는 것만으로 행위의 가치와
방법이 다해지는 것은 아니다. 법률은 행위에 대해서 외적인 기준을 주어
행위가 규칙에 들어맞고 있는 것만을 요구한다6). 하지만 윤리는 항상 보

---

4) 「자율」(autonomy)의 본래 의미는 자신이 따라야 할 법이나 규칙을 스스로에게
   주어진다고 하는 것이며 이것을 도덕성의 원리로 하는 칸트에 의하면 의지나
   욕구나 경향성에 전혀 의존하지 않고 이성에만 따라 스스로를 규정한다고 하
   는 사태를 가리킨다.

5) G. 예리네크(大森英太郎 譯), 「법·불법 및 형벌의 사회윤리적 의의」, 岩波文
   庫, 1936, p.58.

6) 「법」과 「윤리」나 「도덕」과의 관계에 대해서는 다양한 이론적 입장이 있으며
   일의적으로 규정하는 것은 곤란하다. 법률도 실제로는 「고의」와 「과실」을 구별
   하도록 어느 행위가 어떠한 범죄에 해당하는지의 판정에 즈음해서는 원칙으로
   서 행위자의 의사를 문제 삼는다. 예를 들어 유아의 행동은 비록 법률이 금지
   하고 있는 행위에 해당한다고 해도 범죄를 구성한다고는 보지 않는다. 그러므
   로 법률이 단순히 행위의 외적인 기준을 준다고 하는 견해는 법이론적으로는
   확실히 일방적이다. 그러나 적어도 기술자윤리와 같은 직업윤리에 관해서는
   행위자에게 사태의 인식 능력이나 통상의 판단 능력이 갖추어 있다는 것을 전

다 보편적인 시점 아래에서 자신의 행위를 음미하고 선택하는 것을 요구
하고 있으며 그때에 문제가 되는 것이 행위의 「이유」이다.

3) 윤리적 가치와 윤리학 이론

이 장의 표제이기도 한 「어떻게 행동해야 할 것인가」라고 하는 물음은
윤리의 근본적인 물음이다. 그것은 단순히 「무엇을」 해야 할 것인가에 관
련되는 것만이 아니라 오히려 「왜」 그것을 해야 하는가 하는 행위의 이유
를 묻는 물음이기도 하다. 실제 우리의 행위에는 적어도 그것이 스스로의
판단에 기초를 두는 한 어떠한 이유가 있으며 그 이유는 반드시 항상 행
위자에게 자각적으로 의식되고 있다고는 할 수 없지만 통상은 「규칙」으
로서 표현할 수가 있다. 예를 들어 우리는 그렇게 하는 것이 「상식」에 부
합하든가 「윤리 강령」에 정해져 있기 때문이라고 하는 이유로 실시하지
만 이것들은 행위를 이끄는 규칙의 예이다. 동시에 그 이유에는 그것을
정당화 하는 「원리」가 있을 것이다. 그렇다고 하는 것도 우리가 어느 행
위를 선택할 경우에는 그것은 어쨌든 어떠한 관점에서 <좋다>라든지<올
바른>이라고 하는 판단을 수반하고 있어 이 <옳고 그름>이나 <바로 잡
음>을 근거로 하는 원리가 있기 때문이다. 어느 윤리 강령이 충분한지 아
닌지는 이러한 원리를 적절히 표현하고 있는지 없는지라고 하는 점, 그리

제로서 「법」과 「윤리」는 양자의 규제 영역에 속해서 구별할 수가 있다. 또 그
구별의 근거는 직능단체에 의한 자주적·자율적 규제인지 아닌지 라고 하는 점
을 요구할 수가 있다. 예를 들어 NSPE의 윤리 심사위원회가 「D에는 자신의
조사 결과를 당국에 보고하는 윤리적인 의무가 있다」라고 판단할 때는 다음과
같은 이해가 근거에 있다고 생각된다. 즉 그러한 행위는 법률상은 명시적으로
요청되지 않았다 해도(따라서 법률상은 죄가 되지 않는다고 해도), 기술자 단
체가 기술자의 바람직한 본연의 자세로서 법률이 요구하는 이상을 자주적으로
정한 윤리 강령에 반하는 한 그것은 기술자로서의 「자율」의 요구에 반한다고
한다. 이러한 의미에서 윤리적 의무의 원천은 「자율」에 있다.

고 예를 들어 사람들의 행복을 최대한 실현되는데 도움이 되는지라든가
또는 사람들의 자유를 충분히 존중하고 있는가 한 관점에서 판단된다.

이러한 좋음이나 올바름을 근거 짓는 원리를 각각의 방법으로 지지하고
왜 그것들을 윤리적인 원리로서 채용해야 할 것인가를 설명하는 것이 윤
리학 이론이며 윤리학 이론은 근원적인 윤리적 가치를 어떻게 생각할까에
따라 몇 개의 형태로 구분된다. 윤리적 사고의 특징에 관한 지금까지의 논
의와 다음절 이하에서 말하는 윤리학 이론에 관한 고찰을 이어주기 위해
서 여기서 행위의 정당화에 관련되는 이러한 관계를 정리해 둔다[7].

표4-1 행위의 정당화 계층 구조

【행위】	개인의 개별적 구체적 판단 · 선택에 근거한다
↑	왜 그러한 행위를 하는 것인가
【규칙】	• 「상식」에 들어맞고 있기 때문에
↑	• 「윤리 강령」에 정해져 있기 때문에……
【윤리적 원리】	왜 그러한 행위나 규칙이<좋고 · 올바른>것인지
↑	• 「최대 행복원리」(사람들의 행복 실현)
	• 「자율의 원리」(사람들의 자유 존중)
	• 「중용의 원리」(행위자, 덕의 발현)……
【윤리학 이론】	왜 그러한 원리를 채용해야 할 것인가
↑	• <공리주의>
	• <칸트 윤리학>
	• <덕의 윤리학>
【윤리적 가치】	<보편성>(행위의 가치) <자율>(행위자의 가치)

다만 주의하지 않으면 안되는 것은 어느 원리나 이론을 채용하면 거
기서부터 「무엇을」 이루어야 할 것인가에 대한 解가 자동적으로 演繹될
수 있는 것이 아니라는 것이다. 행위가 발생하는 상황은 실제로는 극히
다양하며 하나의 원리 아래에서도 구체적으로 취해야 할 행위는 여러
가지로 될 수 있으며 다른 원리가 같은 행위를 정당화 하는 일도 있을

---

7) 표 4-1은, 톰. L. 비체무, 제임스. F. 치르드레스(永安幸正 · 立木教夫監譯) 「생명
　의학 윤리」成文堂, 1997년. p.4를 참조하면서 필자가 추가한 것임.

수 있다. 반대로 행위의 결과를 참조하면서 규칙이나 원리를 수정할 필요가 생기는 일도 있을 것이다. 게다가 실제로는, 우리는 몇 개의 원리나 가치를 고려하면서 행위를 선택해야 한다. 이 강의 전체를 통해서 행해지는 것과 같이 「어떻게 행동해야 할 것인가」라고 하는 문제를 사례에 입각해서 스스로 생각하지 않으면 안되는 것도 이 때문이다.

그것은 동시에 「자율」이라고 하는 행위자에게 관련되는 윤리적 가치를 실현하는 시도이기도 하다[8).

3

윤리적 고찰의 관점(1)

- 사회 전체의 행복 -

1) 행위 공리주의

그러면 윤리가 요구하는 「보편적인 시점」이란 어떠한 것인가. 이것을

---

8) 덧붙여서 아래와 같이 「공리주의」란 「보편성」이라고 하는 행위에 관련되는 가치를 「사회 전체의 행복」이라고 하는 실질적인 개념에 대해 파악해 이것을 도덕의 원리로 하는 입장이며 「보편성」을 완전히 형식적으로 파악해 나아가 「자율」이라고 하는 행위자에게 관련되는 계기를 최중시하는 것이 「칸트 윤리학」이라고 말할 수 있다. 「덕의 윤리학」은 행위의 선택에 있어서 「중용」을 강조한 고대그리스의 철학자 Aristoteles로 대표되듯이 행위자의 「인품(성격)」이야말로 행위에 도덕적 가치를 준다고 생각하는 입장이지만, 필자의 이해에서는 무엇이 「중」(예를 들어 「용기 있는 사람」)인지는 양극단의 「악덕」(예를 들어 「겁쟁이인 사람」과 「경솔한 사람」)과 함께 이미 어떠한 방법으로 확정된 기준을 전제로서 비로써 판정할 수 있다. 따라서 「중」은 윤리적 선악에 관한 이차적 원리이며 본고에서는 지면의 제한도 있어 논구하지 않았다.

어떻게 생각하는지는 윤리학적인 입장에 의해 크고 다르다. 「공중의 안전」에 대한 배려가 왜 기술자에 있어 최우선 의무로 간주하고 있는가 하는 문제를 예를 들면서 대표적인 윤리학 이론을 개관해 보자.

윤리적 가치 판단의 기준으로서 오늘날 가장 넓게 받아들여지고 있는 것은 공리주의적인 「최대 다수의 최대 행복」이라는 원리일 것이다. 「공리주의」란 18세기 말에 영국의 벤담(Jeremy Bentham, 1748~1832)에 의해 제창되어 19세기 중반 J. S. 밀(John Stuart Mill, 1806~73)에 의한 수정을 거쳐 세련된 윤리학설이지만, 그 기본적인 생각은 (ⅰ) 인간이 행복을 추구하는 존재자인 것을 솔직하게 긍정하고(행복주의), (ⅱ) 개인 행복의 총계를 사회 전체의 행복으로 간주하고(총계 주의), (ⅲ) 사회 전체의 행복의 실현이라는 궁극 목적에의 공헌 정도에 따라, 개인의 행위로부터 정책이나 법체계에 및 인간의 모든 일의 윤리적 가치를 판정한다(결과주의)는 점에 있다. 벤담에 의하면 「공리성의 원리」란, 「그 이익이 문제가 되는 사람들의 행복을 증대시키는 것처럼 보이는지, 그렇지 않으면 감소시키는 것처럼 보이는지의 경향에 따라 모든 행위를 시인하고 또는 부인하는 원리」[9]를 의미한다. 또 밀에 의하면 「공리주의가 올바른 행위의 기준으로 하는 것은 행위자 자신의 행복이 아니고 관계자 전부의 행복이다.

자신의 행복이 타인의 행복인지를 선택할 때 공리주의가 행위자에게 요구하는 것은 이해관계를 가지지 않는 선의의 제삼자와 같이 엄정중립이라는 것이다」[10]. 여기에는 분명하게 이기주의를 넘은 보편적인 관점이 나타나고 있다.

「공리성의 원리」를 받아들인다면, 기술자 D는 기밀 정보를 묵비하는 것에 의해 얻을 수 있는 관계자의 이해와 조사 결과를 당국에 보고함

---

9) J. Bentham(山下重一譯) 「도덕 및 입법의 諸原理序說」, 「세계의 명저 38 Bentham / 밀」중앙공론사, 1967년, p.82.
10) J.S. 밀(伊原吉之助譯) 「공리주의론」 / 상게서, p.478.

으로 인해 얻을 수 있는 관계자의 이해를 비교 생각하여 어느 선택사항이 사회 전체의 행복을 보다 증대시킬까를 판단하지 않으면 안 된다. 이 경우 관계자란 X사 및 X사의 경영진, D자신, 혹은 폐액처리시설의 오염에 의해 영향을 받는 일반 시민이며 이것들을 고려해 넣는다면 당연히 후자의 선택사항이 선택될 것이다. 이러한 방법에 대해서 개개의 행위 시비가 직접 「공리성의 원리」에 비추어 판단되는 것으로, 이것을 요구하는 입장은 「행위 공리주의」라고 불리고 있다. 우리들도 실제로 이와 같이 생각해서 행위를 선택하는 것이 많이 있다.

2) 규칙 공리주의

이와 같이 사회 전체의 행복 총량은 어느 행위에 의해 영향을 받는 사람들의 이해득실을 합계함에 의해 얻을 수 있는 것이며 어느 행위 때문에 걸리는 「비용(cost)」과 거기로부터 가져오는 「이익(benefit)」이라는 비교 고려에 근거해 판정하는 것이 일반적이지만 그러나 그 「비용/이익 계산」을 개개의 행위에 대해 실시하는 것은 실제로는 극히 곤란하다. 그렇다고 해도 행위할 때에 그 행위가 미치는 영향을 모두 견적해서 항상 사회 전체의 행복 증대를 목표로 하지 않으면 안된다고 한다면 그것은 개개의 인간에 대한 요구로서는 너무나 과대하고, 또 특히 새로운 과학기술과 같이 인간에게 미치는 영향을 미리 아는 것이 거의 불가능한 경우도 적지 않기 때문이다.

그럼에도 불구하고 밀에 의하면 인류는 많은 경험을 쌓아 최대 다수의 최대 행복을 가져오는 가능성이 높은 행위의 형태를, 예를 들어 「성실하라」라는 것 같은 도덕규칙으로서 정식화해 왔다. 거기서 대부분의 경우는 행위를 경험의 축적에서 얻은 도덕규칙에 따르게 함으로써 행위가 사회 전체의 행복실현이라는 윤리적 요구를 채울 수 있다고 판단할 수가 있다. 이와 같이 도덕의 규칙은 공리성의 원리에 합치해야 하지만 행위는 도덕의 규칙에 합치하고 있으면 좋다고 생각하는 입장은 「규칙 공리주의」라고 불리고 있다.

규칙 공리주의의 입장으로부터 기술자 단체의 윤리 강령도 또 이러한 규칙의 일례라고 간주할 수가 있다. 기술의 성과가 보다 직접적으로 그리고 보다 광범위하게 공중의 안전이나 건강을 위협한다고 하는 사태가 생기는 것에 의해 기술자가 따라야 할 규범도 또 이 점을 고려해 개정되지 않으면 안 되지만 그것이 최대 다수의 최대 행복의 실현을 목표로 하는 한 개개 기술자는 그러한 윤리 강령에 따름에 따라 사회 전체의 행복이라는 목적의 달성에 도움이 되고 있다. 즉 윤리적으로 행위하고 있다고 판단할 수 있다. 첫머리에서 소개한 NSPE의 윤리심사위원회도 실제 이러한 방법으로 윤리적 판단을 내리고 있는 것이다.

3) 「비용 / 이익 계산」의 한계

그러나 「비용 / 이익 계산」에 근거해 사회 전체의 행복 총량을 증대시키는 행위를 시인한다는 공리주의적 수속에는 하나의 중대한 문제가 있다. 그것은 이러한 분석에 따라서 우리가 지금 문제 삼고 있는 「공중의 안전」에 대한 배려가 최우선 의무로 간주해진다고는 할 수 없다는 것이다. 이것 또한 유명한 「포드 핀토」사례를 들어 보자.

1960년대 후반에 설계된 포드사의 차 「핀토」에는 추돌할 때에 가솔린 탱크가 폭발할 가능성이 높다는 구조상의 결함이 있으며 기술자도 이것을 눈치 채고 있었다.

그러나 포드사는 설계를 변경하여 개선했을 경우 「이익」(즉 개선에 의해 막을 수가 있는 사고에 대해서 포드사가 지불하지 않으면 안 되는 배상액)과 개선에 걸리는 「비용」을 분석해 표 4-2와 같은 견적을 근거로 개선비용이 그 사회적 이익이 더 크다고 판단했다[11].

표 4-2 포드사의 비용 / 이익 계산

개선에 의해 얻을 수 있는 이익	개선비용
구제 건수 화재에 의한 사망자 180명 화재에 의한 부상자 180명 차량 화재 2,100건	판매 대수 승용차 11,000,000대 경트럭 1,500,000대
단위 비용 사망 사고 200,000 달러 / 건 부상 사고 67,000 달러 / 건 차량 화재 700 달러 / 건	단위 비용 승용차 11 달러 / 대 경트럭 11 달러 / 대
합계 이익 495,300,000 달러	합계 비용 137,500,000 달러

포드사는 후에 사고의 피해자에 대한 고액의 배상금 지불이나 이메이지 저하 등으로 괴로워하게 되었지만, 그러나 이러한 판단의 진정한 문제점은 「비용 / 이익 계산」을 잘못했다고 하는 점에 있는 것은 아니다. 「핀토」는 당시 미국의 안전기준을 채우고 있고 또 사고의 발생 확률의 계산이나 손해배상액의 산출도 그 나름대로 합리적인 근거가 있었다고 말해지고 있다. 그럼에도 불구하고 이 판단이 잘못되었다는 것은 인간의 <생명>을 배상금으로 바꾸어 「비용 / 이익 계산」안에 짜 넣은 것 그 자체에 있다고 해야 할 것이다.

여기에서 「공중의 안전」이 「회사의 이익」 등의 다른 여러 가치와 「트레이드 오프(trade off, 팔아버리다)」할 수 있는 하나의 조건으로 취급하고 있는 것으로 이것이 확실히 문제였던 것이다[12].

---

11) 이 사례의 것보다 상세한 소개는 「제2판 기술자의 윤리-그 생각과 사례」 p.374 이하를 참조.
12) 일반적으로 있는 것을 설계해 제조할 경우에는 다양한 조건을 고려하지 않으면 안된다. 승무원의 안전성을 최우선한 차는 현재의 기술로서는 아무래도 무

4

윤리적 고찰의 관점(2)
- 인간성의 존엄 -

1) 롤즈의 정의론

「공중의 안전」에 대한 배려를 최우선 의무로서 확립하기 위해서는 안전에 대한 권리를 인간의 기본적 권리로서 인정하고 비록 사회 전체의 행복 실현이라는 목적을 달성하기 위해서라고 해도 이 기본적 권리를 다른 제 조건과 트레이드 오프 할 수 있는 조건의 하나로 보면 안 되는 것을 인정할 필요가 있다. 이것을 「공정으로서의 정의」라고 하는 이념에 근거하여 주장하고 공리주의를 비판했던 것이 미국의 롤즈(John Rawls. 1921~2002)라는 법철학자이다. 그의 주요 저서 「정의론」의 첫머리에서 롤즈는 다음과 같이 말하고 있다.

「정의는 사회제도의 제일 덕목이며 이것은 진리가 사상체계의 제일 덕목인 것과 같다. 예를 들면 이론이 멋있고 헛되지 않아도 진리가 아니면 그 이론은 물리칠 것인가 고칠것인가 해야 한다. 이와 같이 법과 윤리는, 정의에 어긋나면 아무리 효율적이고 정연하더라도

겁고 튼튼하게 되어 그 결과적으로 고가로 되어 연비도 나쁘게 된다. 또 승무원에게 있어 안전한 차가 보행자에 대해서 안전하다고는 생각되지 않는다. 따라서 이러한 제 조건(가치)의 사이에 잘 「타협을 붙이는」일(트레이드 오프)은 어떠한 경우에도 불가피하며 기술의 산물에 「위험」은 따른다는 것이다. 그러나 「핀토」의 경우, 1대 당의 개선비용 11달러는 판매 가격의 0.5퍼센트 정도에 지나지 않았던 것이며 본문의 표에 나타낸 것 같은 계산에 근거해서 개선을 게을리 했던 것은 결코 「정당한」 트레이드 오프라고는 할 수 없다. 그 원칙적인 이유는 본문에서 말하는 대로이다.

개정하든지 폐지하든지 해야 한다. 각자에는 모두 정의에 기인하는
불가침성이 있어 사회 전체의 복지조차 이것을 침범할 수 없다.
……정의에 의해 보장될 권리는 정치적 교섭이라든지 사회적 손익계
산에는 따르지 않는다[13].

롤즈에 의하면 정의의 제일원리는 「각자에 대해서 타인의 동일한 자
유와 양립할 수 있는 한에서 최대한의 기본적 자유에 대한 평등한 권
리를 보장하는 것」이다[14].

정치적 자유, 양심과 사상의 자유, 그리고 신체의 자유라고 하는 기
본적 자유에 대한 권리는 모든 사람에게 평등하게 보장되지 않으면 안
된다. 인간의 <생명>을 사회적 「비용 / 이익계산」에 짜넣는 것은 본래평
등이어야 할 기본적 자유에 대한 각 개인의 권리를 거래 가능한 것으
로 간주하는 것을 의미한다. 우리가 포드사의 결정은 「공중의 안전」에
대한 배려를 빠뜨려, 그러므로 부정하다고 판단 한다고 하면 그 근저에
는 이 「공정으로서의 정의」라는 이념이 있다고 롤즈라면 말할 것이다.

2) 칸트의 형식적 의무론

인간의 <생명>이나 기본적 권리를 「비용 / 이익 계산」에 넣으면 안
된다고 하는 롤즈의 주장은 「인간의 가치」와 「물건의 가치」 등을 「존
엄」과 「가격」이라고 하는 개념에 의해 준별하는 칸트(Immanuel Kant,
1724~1804)의 사상을 계승하고 있다. 칸트도 또 벤담과 거의 동 시기
18세기 후반에 독일에서 활약한 철학자이지만 칸트는 먼저 말한 윤리
적 사고의 「보편성」이라는 특징을 공리주의자와 같이 「사회 전체의 행

---

13) J. 롤즈(失島鈞次 監譯) 「정의론」 紀伊國屋서점, 1979, p.3.
14) 상게서. P.47, p.232.

복」이라는 실질적인 측면에 있어서가 아니고 철저하게 형식적으로 파악하는 한편 윤리적 사고를 법적 사고와 구별하는 「자율」의 사상을 깊이 추구함으로써 공리주의와는 대조적인 윤리학설을 제창하게 되었다.

칸트에 의하면 윤리적 사고의 본질이 보편성을 요구하는 곳에 있는 한 「보편적일 수 있다」라는 것이 윤리의 형식적 제일의 요구이며 유명한 「정언명법」－그 기본 방식은 「너의 준칙이 보편적 법칙이 되는 것을 그 준칙을 통해서 동시에 너가 의욕할 수가 있는 것 같은, 그 같은 준칙에 따라서만 행위한다」라고 정식화된다－가 표현하고 있는 것도 이것이다[15]. 예를 들어 타인을 속이고서도 자신의 이익을 추구하려는 사람은 자신의 이익을 최우선한다는 이기적인 원칙(준칙)을 갖고 있다.

그러나 그러한 사람은 이 원칙을 가지는 한 타인도 또한 같은 원칙에 따라 행위 하는 것에 동의할 수 없다. 다른 사람들도 자신과 같이 자기 이익을 최우선 하는 원칙에 따라 행위한다면 그것은 그 사람의 이익은 되지 않기 때문이다. 이러한 의미에서 자신의 이익을 최우선한다고 하는 이기적인 원칙은 보편화할 수가 없다. 물론 경우에 따라서는 타인을 속이는 것으로부터 사회 전체의 행복 증대가 기대된다고 하는 일이 있을지도 모른다. 그러나 그럼에도 「보편적일 수 있다」라는 것이 윤리의 형식적인 제일의 요구, 즉 근원적인 윤리적 의무인 한 보편화 불가능한 원칙에 따르는 행위는 이 의무에 반한다는 점에 대해 이미 비윤리적으로 간주하지 않으면 안 되는 것이다.

이러한 칸트의 생각은 공리주의가 사회 전체의 행복이라는 목적의 실현에 도움이 되는 행위에 윤리적 가치를 인정한다는 의미로 「목적론」이라고 부르고 있음에 대해서 윤리적 의무의 수행 그 자체에 가치를 인정한다는 의미로 「의무론」이라고 불리고 있다.

---

15) Ⅰ. 칸트(宇都宮芳明 譯注) 「도덕 형이상학의 기초 쌓기」 以文社, 1989, p.104.
  덧붙여서, 「준칙」이란 행위의 주관적 원칙이다.

3) 자율의 존중

  그런데 타인을 속여 자신의 이익을 추구하려는 사람은 동시에 그 「속인다」는 것에 의해 타인이 스스로 행위를 선택하여 결단하는 일과 보편성과 대등한 또 하나의 본질적인 윤리적 가치인 「자율」을 근저로 부터 해치게 된다. 정확한 정보는 행위의 선택을 크게 좌우하기 때문 이며 타인을 속이는 것은 타인을 자신의 목적을 실현하기 위한 단순한 수단으로서 취급한다는 의미에서 폭력에 의해 타인을 강제하는 것과 같다. 속는 바로 그 사람은 결코 그러한 행위의 목적을 자신의 목적으로 할 수 없다. 그러므로 칸트는 행위에 있어 항상 동시에 인간의 자율을 존중하는 것도 윤리의 근원적인 요구의 하나로 인정하여 이것을 「너의 인격이나 다른 모든 사람의 인격 가운데 인간성을 항상 동시에 목적으로 취급하여 결코 단지 수단으로서만 취급하지 않게 행위하라」 라고 정식화하고 있다16). 칸트에 의하면 이 자율의 존중은 「인간 행위의 자유를 제한하는 최고의 조건」이다. 즉 어떠한 행위든 그 행위에 있어서 인간을 단지 수단으로 사용하지 않는다는 조건 아래에서만 윤리적으로 정당화될 수 있는 것이며, 바꾸어 말하면, 이 조건에 위반하는 행위는 비록 어떠한 결과를 가져온다고 해도 윤리적 가치가 미치지 않는 것이다.

  인간의 자율을 존중하는 것은 인간에게 다른 것과는 비교 불가능한 「존엄」을 인정함을 의미한다. 칸트는 「가격」과 「존엄」이라고 하는 말의 대비에 의해 이것을 설명하고 있다. 확실히 우리는 물건의 가치만이 아니고 인간의 가치도 그 「유용성」 「도움이 된다」고 말함에 따라 생각하고 있지만 대부분 「가격」을 갖고 있다. 그리고 가격을 가지는 것은 같은 가격을 가지는 다른 것과 교환할 수가 있다. 어떠한 목적을 위한

---

16) 상게서, p.129.

수단으로 다른 것과 바꿀 수가 있다는 것이 가격을 가지는 본질이다. 우리가 일을 해서 손에 넣는 「보수」나 「월급」도 우리의 「유용성」에 대해서 붙여진 「가격」의 일종이다. 그러므로 같은 일을 할 수 있는 사람이라면 같은 월급으로 고용할 수가 있지만, 그러나 이러한 「가격」(유능함)은 결코 그 사람의 윤리적 가치를 나타내는 것으로는 볼 수 없다. 윤리적 가치의 본질은 무엇인가를 위해서 좋다든가, 다른 것을 실현하는데 필요하다고 말하는 의미로 상대적인 가치(가격)에 의존하는 것이 아니고 <그 자체에서의 좋음>이라는 절대적인 가치에 있다는 것이 칸트의 기본적 통찰이었다.

여기서 우리에게 윤리적 가치를 실현하는 것, 즉 도덕적 행위의 수행이 가능하다면 이 세계에는 단순히 다른 것을 위해 도움이 된다든가 유용하다고 말하는 것에 가치가 없는 것, 그 자체에 있어서 가치를 가지는 것, 즉 절대적 가치와 그것을 담당할 사람이 없으면 안 된다는 것이다. 칸트에 의하면 이것이 우리 가운데 있는 「인간성」이며 그것을 담당하는 인격이며, 이 인간성이 가진 가치가 「존엄」이라고 이름 붙여진다. 바꾸어 말하면 개개의 인간이 제각기 1회적인 방법으로 실현하고 있는 「인간성」, 즉 「인간인 것」 그 자체에 불가침의 가치를 인정하는 것이 윤리적 사고의 제 일보인 것이며 「인간성의 존엄」 및 그중 핵을 이루는 「자율」이야말로 모든 윤리적 가치의 원천인 것이다.

이 관점에 따르면 포드사는 인간의 <생명>을 「비용 / 이익 계산」 가운데 집어넣음에 의해 인간을 문자 그대로 「가격」가진 대치 가능한 것으로만 취급한 것이며, 인간성의 존엄을 손해 보는 결정을 했다고 하는 점에 대해서 윤리의 근원적 요구에 반하는 것이 된다. 「공중의 안전」을 최우선한다고 하는 기술자의 책무도 또 궁극적으로는 이 「인간성의 존엄」의 존중이라고 하는 윤리적 의무에 근거하고 있다고 이해할 수가 있다[17].

5

마지막으로

- 시민공학이라는 과제 -

본장에서 다룬 공리주의나 칸트윤리학이 형성된 18세기 후반은 세계 사상 영국 산업혁명과 프랑스 혁명이라는 2중 혁명의 시대라고 불리고 있다. 즉 영국에 있어 산업혁명이 진행하여 자본주의와 공업화의 경향이 현저하게 되고, 또 미국의 독립선언이나 프랑스 혁명의 인권선언 등을 통해서 개인의 자유와 권리의 평등, 그리고 주권재민이라는 민주주의의 원칙이 밝혀져 근대적 시민사회가 성립해 가는 시대였다. 이 시대에 있어서 공리주의는 예부터 전해 내려오는 특권계급의 이익을 중시한 정책에서 시민 전체의 행복에 관심을 가진 체제로의 방향전환을 요구하는 칸트는 모든 것이 가격으로 환원되는 경향에 저항하여 윤리적 가치의 근원으로서 인간성의 존엄을 상기하도록 주장했던 것이다. 그것은 또 「행복」과 「자유」라는 모든 인간에게 있어 불가결한 가치를 추구하는 시도이기도 했다.

흥미로운 것은 이러한 시대에 호응하는 것 같이 공학에 있어서도 영국의 스미톤(1724~92) 등에 의해 「시민 공학」(civil engineering)이라고 하는 이념이 제창되었다는 것이다. 그것은 모든 군사에 적용되고 있던 기술(military engineering)을 시민 생활에 도움이 되는 기술로 전환하는 것을 의도한 것이었다. 덧붙여서, 이 「시빌 엔지니어링」이라고 하는 말은 일본에서는 「토목공학」이라고 번역되어 왔지만, 그것은 고대 중국에 있어서도 「토목」[18]이라는 말이 사람들의 생활을 보다 안전하게 보다

---

17) 윤리학설의 보다 상세한 해설에 대해서는, 新田孝彦 『입문강의 윤리학의 관점』 세계사상사, 2000.

쾌적하게 하기 위한 기술을 의미하고 있었다고 말해지고 있다.

현대는 전에 없는 방법으로 과학기술의 성과가 인간과 사회의 방식에 영향을 미치고 있는 시대이다. 기술을 실천하는 행위자인 기술자에는 지금 이상으로 인간의 「행복」과 「자유」에 대한 책임이 거론되고 있다고 말할 수 있을 것이다. 물론 사회 전체의 행복과 개개 인간의 자유라는 2개의 가치를 양립시키는 것은 극히 곤란한 과제이다.

실제로 생기는 문제의 해결을 위해서는 이 강의 전체를 통해 배우듯이 다양한 일을 고려에 넣지 않으면 안 된다. 한정된 조건 중에서는 경우에 따라서는 이상적 해결책을 발견할 수가 없다는 것도 적지 않을 것이다. 그러나 그런데도 「시민 공학」이라는 과제에 응하기 위해서는, 그리고 그 과제가 복잡하고 곤란하면 곤란한 만큼, 우리들이 본장에서 말한 것과 같은 원리적인 레벨로 되돌아 와서 생각할 필요가 있다.

---

18) 「토목」이라고 하는 말과 개념은, 고대 중국의 사상서 「淮南子」에 있는 다음과 같은 언급에서 유래한다고 말해지고 있다. 「옛날에 백성은 늪에서 살고 바위 동굴에 주거지가 있었다. 겨울은 서리나 눈, 안개나 이슬을 피하고, 여름에는 혹서와 모기나 뱀 등에게 골치를 썩였다. 거기서 성인이 나와 땅을 일구고 재목을 지어(築土構木) 집을 만들어 기둥을 높게 하고 마루를 낮게 하여 바람이나 비로부터 지켜 한서를 피했으므로 사람들은 안식할 수가 있었다」(戶川芳郎·木山英雄·澤谷昭次譯 「淮南子」, 중국 고전 문학 대계 6 「회남자 설원(초)」 平凡社, 1974, p.166). 확실히 「토목」은 여기에서도 「군사」와 구별된 개념이며, 「토목공학」은 본래 「시민을 위한 공학」인 것이다. 덧붙여 제2장에서 본 것처럼, civil engineering을 「民事技術」이라고 번역하는 경우도 있다.

● 참고문헌 ●

【윤리학의 고전】

Aristoteles(高田三郞譯), 「니코마코스 윤리학」, 岩波文庫, 1971.

加藤信朗譯, 「Aristoteles 전집」, 제13권, 岩波書店, 1973.

J.S. 밀, 「자유론」.

早坂忠譯 「세계의 명저 38 벤담 / 밀」 중앙공론사, 1967.

塩尻公明 · 木村健康譯, 岩波文庫, 1971.

J.S. 밀 「공리주의론」

伊原吉之助譯 「세계의 명저 38 벤담 / 밀」 중앙공론사, 1967.

칸트 「도덕 형이상학의 기초」

宇都宮芳明譯注, 以文社. 1989.

平田俊博譯, 「인륜의 형이상학의 기초」, 「칸트 전집」, 제7권, 岩波書店. 2000.

칸트 「인륜의 형이상학」

加藤新平 · 三島淑臣 · 森口美都男 · 佐藤全弘譯, 「세계의 명저 32 칸트」, 중앙
　　　공론사, 1972.

樽井正義 · 池尾恭一譯, 「칸트 전집」, 제11권, 岩波書店, 2002.

【윤리학을 생각하는 방식을 배우기 위한 입문서 · 개설서】

加藤尙武, 「현대 윤리학 입문」, 講談社학술문고. 1997.

A. 피파(越部良一 · 中山剛史 · 御子柴善之譯), 「윤리학 입문」, 文化書房博文社,
　　　1997.

新田孝彦, 「입문강의 윤리학의 관점」, 세계 사상사, 2000.

R. 노맨(塚崎智 · 石崎嘉彦 · 樫則章監譯), 「도덕의 철학자들」(제2판).

나카니시야 출판, 2001.

【과학기술과 인간 · 사회에 대해서 생각하기 위한 문헌】

加藤尙武, 「기술과 인간의 윤리」, NHK 출판, 1996.

加藤尙武·松山壽　一編, 「과학기술의　행방」총서, 「전환기의　philosophy」, 제3
　　　권, 미네르바서방, 1999.
加藤尙武 「가치관과　과학/기술」, 岩波書店, 2001.
金森修·中島秀人, 「과학론의　현재」, 勁草서방, 2002.

5. 기술자로서 어떻게 행동해야 할 것인가(2)

AN ENGINEER ETHICS
AN ENGINEER ETHICS
AN ENGINEER ETHICS
AN ENGINEER ETHICS
AN ENGINEER ETHICS
AN ENGINEER ETHICS

1

기술자가 중시해야 할 가치

이미 말한 것처럼 저자는 「기술자윤리」를 「기술자가 전문직업 집단의 일원으로서 연구·경험·실무를 통해 획득한 수학적·과학적 지식을 구사하여 인류의 이익을 위해서 자연의 힘을 경제적으로 활용하는 가운데 필요한 행위의 선악, 정부정, 그 외의 관련된 가치에 관한 판단을 내리기 위한 규범 체계의 총체 및 그 체계의 계속적·비판적 검토, 아울러 그 규범 체계에 근거해서 판단을 내릴 수 있는 능력」이라고 정의하고 싶다.

이 정의에 근거해 기술자윤리의 근본적 문제를 생각해 보면 우선 첫째로 기술자 자신이 프로페셔널로서 수행하는 행위의 목적에 있다고 명기하고 있는 「인류의 이익(the benefit of mankind)」이란 무엇인가라는 문제가 있다. 무엇 때문에 「인류의 이익」이라고 하는 것일까. 기술자만이 주관적으로, 독선적으로, 무엇이 「인류의 이익」일까를 결정해도 좋은 것인지 그렇지 않으면 공리주의적으로 「최대 다수의 최대 행복」이라고 하는가, 그렇지 않으면 이것들 이외의 것인가. 게다가 「인류의 이익」을 구성하는 요소인 「가치」에 관한 기본적인 문제가 있다. 통상, 기술계학협회가 제정한 윤리 강령에는 공중의 「안전(safety)」, 「건강 (health)」, 「복리(welfare)」가 최우선 되어야 한다(hold paramount)고 명기되어 있다. 더욱이,

- 스스로 프로페셔널로서 능력의 유지·향상
- 기만적 행위의 금지
- 고용주에 대한 충실 의무
- 객관성의 존중

등을 내걸 수 있다. 이러한 각각의 「가치」에 관해서 철학적 검토가 필요함은 말할 필요도 없다. 그러나 그것은 이 과목의 목적이 아니다

그것보다 현장의 기술자에게 「가치]란 무엇인가라는 시점에 서서 분석할 필요가 있다. 일반적으로 기술자는 가치에 대해 어떻게 생각하고 있는 것일까. 「가치」는 본질적인 의미에서 주관을 넘어 사물 그 자체 이외에 존재하는 것이라고 하는 객관주의적 가치론의 입장을 취할 것인지, 혹은 사물의 가치는 어디까지나 주관적인 것이라는 가치주관설의 입장을 취하는지 검토하는 것은 흥미로운 문제로 실증적인 조사가 필요할 것이다. 그러나 적어도 기술의 성과는 많은 경우 「시장」이라고 하는 장소에서 평가되기 때문에 완전한 가치 상대주의인 「강한 가치 주관설」은 아니고 기술자 자신은 「가치」에 어떠한 주관성을 자아내고 있다고 예상할 수 있다.1) 그러나 기술과 관련된 「가치」에는 기술의 특정 분야 전문가와 비전문가 사이에 그 인식에 큰 비대칭성이 있음은 가치 사이에 주관성을 보다 복잡하게 하고 있다. 게다가 「가치」에 관한 여러 가지 철학적인 문제뿐만 아니라 기술·기술자윤리 특유의 문제가 있다.

---

1) 가치의 주관성·객관성에 관한 논의에 대해서는, 예를 들어 龜山順生, 「인간과 가치」, 靑木서점. 1989 등을 참조.

그것은 이미 제3장에서 말한 것처럼 기술의 발전에 의해서 지금까지 불가능했던 행위가 가능하게 되어 새로운 「가치」가 창출되었다는 점이다2). 기술은 새로운 「가치」를 창출하고 혹은 기존의 가치를 증가시키거나 감소시키는 것이 가능하다.

예를 들어 이미 말한 것처럼 면역 억제제의 개발을 포함한 장기이식이라는 의료 기술이 개발되기 이전은 자신 이외의 인간 장기는 거의 가치가 없는 것이었다. 그러나 현재는 이식 가능한 장기, 장애를 가진 사람들에게는 자신의 신체에 적합한 이식 가능한 다른 사람의 장기는 큰 「가치」를 가진다. 또 게놈 정보가 해석되기 이전의 DNA는 학술적 연구 대상으로서 거의 가치가 없었지만 현재는 DNA에 있는 개인 정보가 중대한 가치를 가진다.

그러나 기술의 고도화·전문화·세분화로 전문가는 해당 기술의 전문가 일지라도 그 이외의 분야에 대해서는 비전문가이다. 예를 들어 제2차 세계대전 중 미국의 원자 폭탄의 개발 책임자였던 로버트 오펜하이머(J. Robert Oppenheimer, 1904~67)는 핵폭발의 물리적 파괴력에 대해서는 이해하고 있었지만 방사선의 생물학적 영향에 대해서는 일반적인 지식뿐이었다고 말하고 있다. 이러한 기술에 관련하는 「가치」에 관한 지식이나 이해의 「전문가-비전문가」문제나 「비대칭성」은 공중을 포함한 이해관계자들이 가치를 공유하는 것을 곤란해하고 있다. 가치 판단이 윤리적 판단의 기초라고 한다면 기술과 윤리에 관련하는 근본 문제의 하나는 기술에 관련하는 「가치」와 그 공유에 관한 문제이다.

예를 들어 기술자가 최우선해야 할 가치인 「안전」과 그와 밀접한 관계가 있는 부의 가치인 「리스크」란 무엇인가. 기술적 리스크는 이해관계자들 사이에서 공유할 수 있는 것일까3) 과학기술 사회론자들은 리스

---

2) 과학기술과 가치의 문제에 대해서는, 예를 들어 加藤尙武, 『가치관과 과학·기술』, 岩波서점, 2001.
3) 기술적 리스크가 중요한 또 다른 예로, 유럽의 기술윤리 연구의 거점중의 하나

크의 인지 문제에 관하여 이른바 「지식의 상황 의존성」이 논의되고 있다. 예를 들어 하야시 마리(林眞理)는 유전자 재조합 작물의 위험성에 관한 「버스 다이 사건」을 언급하면서 전문가가 인식하는 기술적 리스크와 공중이 인지하는 사회적 리스크의 차이에 대해 지적하고 있다(원자력을 포함한 많은 분야에서 이와 같은 지적이 되고 있다)4).

또 현대 기술의 거대화·복잡화로 인하여 행위자와 그 행위에 의해 영향을 받는 다른 사람과의 괴리가 있다. 고도 기술 사회에서는 개개의 기술자의 행위가 직접적으로 다른 사람에게 영향을 주는 것이 아니라 무수한 기술의 집적이 무수한 인공물을 낳아 그러한 인공물을 개입시켜 다른 사람에게 영향을 주게 된다.

그러므로 기술적 리스크의 책임 소재가 불명확하게 된다5). 개개의 전문 기술자가 스스로 직접 책임을 지는 범위 내에서 기술적 리스크를 인식하고 있다고 해도, 거대 기술 전체가 가지는 기술적 리스크에 대한 세부 모두를 인식하는 것은 곤란하다(나트륨용 온도계 관련의 설계 착오로 일어난 「몬주」사고 등은 그 전형적인 예이다). 게다가 예를 들어 거대 건축물의 건설과 같이 현재의 기술적 실천과 그 귀결이 장기간에 걸쳐 사회나 환경에 영향을 줄 경우, 기술적 리스크 및 그와 관련된 「가치」와의 균형을 현재와 미래의 세대가 공유할 수 있을지에 관한 이른

인 델프트공과대학의 철학과에서는, 동 학과의 연구 프로그램을 「기술적 리스크의 윤리 문제」라고 규정. (i) 기술적 설계에 있어서의 가치, (ii) 기술적 리스크에 관련하는 책임소재 문제 등을 연구과제로 하고 있다. Ethics and Technology Research Programme, Department of Philosophy, Faculty of Technology, Policy and Management, Delft University of Technology, Ethical Problems of Technological Risk, 2002.

4) 小林傳司 編著 「공공을 위한 과학기술」 다마가와 대학 출판부, 2002년에 수록되어 있는 藤垣裕子 「현장 과학의 가능성」, p.207 및 하야시 마리 「공공성으로부터 본 과학 연구와 리스크 정보」 pp.265-278.

5) 예를 들어 「일본 윤리학회(편), 「기술과 윤리」, 以文社, 1985.」에 수록되어 있는 심포지엄 「현재 기술의 근본 문제」에서 今道友信은, 「대면 윤리와 원격 윤리」로 표현하고, 기술자의 행위가 인공물을 개입시켜 가져오는 귀결의 문제에 언급하고 있다.

바 세대간 윤리 문제가 된다.

이와 같이 「가치」와 그 공유와 관련되는 여러 가지 문제는 한마디로 해결하기 어렵다. 그러므로 이 책에서는 이것을 염두에 두면서 현실적인 문제로 기술자가 중시하고, 기술자 사이에서 또 기술과 관련된 이해당사자(공중을 포함) 사이에서 공유해야 할 「가치」나 「행동 규범」은 다양한 기술계 학협회가 제정한 「윤리 강령(Code of Ethics)」에서 명확화되고 명문화되어야 한다는 입장을 취하고 싶다.

2
윤리 강령의 역사와 기능
- 미국에서의 상황을 중심으로 -

기술자가 중시해야 할 가치나 규범을 명시한 윤리 강령은 이미 제2장에서 논의한 서구에 있어서 "learned profession"으로 불리는 전문직능 집단의 개념과 밀접한 관계가 있다. 전통적으로 서구에서는 성직자·의사·법률가로 대표되는 고도의 전문 지식과 기술을 가지는 전문 직능 집단의 존재를 인정하고 그들을 양성해 왔다. 이러한 집단의 일원으로서 인정받기 위해서는 장기간에 걸쳐 전문적 교육과 훈련을 받아 객관적인 방법(예를 들어 국가시험 등)으로 스스로의 전문 능력을 증명해야 한다.

그러나 전문직능 집단에 가입이 인정되면 다른 직업에서는 얻을 수 없는 높은 보수와 특권이 주어진다. 이것은 전문 직능 집단과 일반 사회와의 사이에 일종의 계약이다. 즉 전문 직능 집단은 다른 사람이 대신할 수 없다. 한편 사회에 필수적인 서비스를 책임지고 실시하고 그 담보로서 사회는 높은 사회적 지위와 자치권을 그 집단의 구성원에게 부여한다. 서로 이익관계를 유지하고 일반 사회로부터의 존경을 받기 위해서 전문직능 집단은 엄격한 윤리 규정을 제정하고 있다6). 의사나 법률가의 윤리 강령이 그 예이다. 거기에 나타나있는 행동프로패셔널이 전문직능 집단의 일원으로서 스스로를 엄히 다스리는 규범이며, 기본적으로는 의뢰받은 일의 달성을 위해서 항상 최선을 다해 모범적인 서비스를 제공할 것을 맹세하는 일반 사회에 대한 공적인 선서이다. 특히 프로페셔널로서의 일은 단지 개인의 이해를 위해서가 아닌 사회 일반을 위해서 실시하는 것이다. 또한 자부심과 사명감을 강조한다. 전문적인 지식과 능력을 갖고 이 행동 규범을 공유할 수 있는 사람만이 전문직능 집단의 멤버로서 인정받는 것이다.

그렇지만 제2장에서 말한 것처럼 의학이나 법률에 비하면 기술은 미성숙한 전문 직업이다. 서구에 있어서 19세기 중순까지 엔지니어링은 도제제의 훈련에 의해 전승되는 직공적 기능이라고 생각되었다. 19세기 후반부터 미국의 엔지니어는 이 직공적 전통을 버리고 자신들의 직능 집단을 의학 등의 "learned profession"의 레벨로 끌어올리기 위해서 노력해 왔다. 예를 들어 고등교육 기관에 있어서 교육·훈련을 추진하여 전문 학회를 조직하고., 'Professional Engineer'의 라이센스 제도를 제정하며, 윤리 강령을 제정했기 때문이다.

미국에서는 1847년에 제정된 미국 의사회(American Medical Association)의 윤리 강령을 표본으로 미국의 기술계 기술자협회중에서 처음으로 1912년 미국전기기술자협회가 윤리 강령을 정하였으며, 이 강령은 오랫

---

6) 이 점에 대해서는 米本昌平, 「재건하자 과학자의 사회적 책임을」, 중앙공론, 平成 7년 7월호, pp.34-430. 특히 pp.36-37 을 참조. 또 이 절에서 말한 프로정신과 윤리 강령의 관계에 대해서는 Charles E. Harris. Jr., Michael S.Pritchard, and Michael J.Rabins, Engineering Ethics: Concepts and Cases Belmont CA: Wadsworth Publishing Company, 1995. pp.23-41을 참고.

동안 다른 엔지니어 협회 강령의 표본이 되었다.(다만 조금 성격은 다르
지만 컨설턴트·엔지니어 협회(the Institute of Consulting Engineers)는
1911년에 윤리 강령을 제정하였다).

그러나 이러한 강령의 발전은 의학이 가지는 높은 지위를 모두 공유
하려고 한다. 다시 말하면 명백한 사회적 지위 향상을 위한 시도이며,
따라서 의사의 윤리 강령에 있는 규범·가치관 등을 거의 그대로 반영
하고 있다. 즉 기술자는 어느 조직의 종업원·구성원으로서가 아니라
의사와 같이 독립하여 고객을 위해서 일을 하는 존재로서 다루어지고
있다. 이 강령은 또 다른 기술자와의 양호한 관계에 관한 서술이 많으
며 「충성」, 「순종」, 「전문 능력」이라고 하는 가치관으로 나타나고 있다.
게다가 이 초기의 강령에서는 기술자의 책임 대상은 고용자 혹은 의뢰
주에 대한 직무 이행임이 강조되어 공중이나 환경에 대한 책임에 관해
서는 거의 언급하지 않았다.

공중을 위해 봉사한다는 이념이 기술계 윤리 강령에서 전면에 나타날
때까지는 그 후 반세기가 지나서였다. 제2차 대전 후 기술계 학협회의
윤리 강령은 몇 번이나 개정되어 고용자나 의뢰주에 대한 책임과 동시
에 공중에 대한 책임도 배려하는 일이 강조되기 시작했다. 게다가 제4
장에서 이미 말한 것처럼 1974년에는 주요한 기술계학협회의 연합 조직
인 The Engineers' Council for Professional Development(이 단체는 현
재의 ABET의 전신이다)가 엔지니어의 대중에 대한 책임을 고용자나 의
뢰주로 대하는 것보다도 우선시하는 강령을 정했다. 이 강령은 기계기술
자협회나 토목기술자협회 등의 주요한 학협회에 의해 채용되어 현재 많
은 기술계 학협회가 가지는 윤리 강령의 원형이 되고 있다[7].

현재 윤리 강령의 상당수는 기본 원칙·기본 헌장, 그리고 기본 헌장
을 바탕으로 한 행동 지침의 3부로 구성되어 있다. 상세한 것에 대하여

---

7) Harris, 상게서, 초판, pp.23-41. 특히 p.32.

는 생략하지만 기본 원칙에서는 기술 전문직업의 「고결함」「명예」「존엄」이라는 가치를 명확화한다. 나아가 이러한 가치를 전문직의 내·외에서 장려하기 위해서 개개의 기술자가 완수해야 할 역할이 명시되어 있다. 여기에서 (i) 스스로의 전문 지식과 능력을 인류의 복리 증진을 위하여 사용할 것, (ii) 정직하고 공평하며, 공중, 고용자 및 의뢰주에 대해 충실히 봉사할 것, (iii) 기술 전문직업의 권능과 명성을 높이기 위해서 노력할 것이 요구되고 있다. 또 기본 헌장에서는 엔지니어로서의 행동 규범이 진술되어 있어 거의 모든 기술자 협회가 「엔지니어는 그 전문적 직무를 수행할 때 대중의 안전, 건강 및 복리를 최대한 배려하지 않으면 안 된다」라고 하는 조문을 기본 헌장으로 채용해 다른 어떠한 것에 대한 책임보다 일반 대중에로의 책임을 최우선시 할 것을 강조하고 있다. 행동 지침에서는 기본 헌장을 기본으로 하여 고용주나 의뢰인에 대한 책임, 비밀을 지킬 의무, 이해 대립의 회피, 프로페셔널로서 능력의 유지·개발의 필요성, 매너, 공평하고 정직한 판단, 정보의 공개 등 엔지니어가 직무를 수행하는 가운데 접하게 될 여러 가지 윤리상의 문제에 대해서 취해야 할 보다 구체적이고 상세한 지침이 나타나 있다.

아래에 ABET의 윤리 강령이 다루고 있는 중심적인 「가치」와 강령이 규정하는 규범을 예시한다[8].

공중의 안전·건강·복리:「엔지니어는, 그 전문 직업상의 직무를 수행함에 있어 공중의 안전, 건강, 복리에 최대의 배려를 하지 않으면 안된다(기본 헌장 1).

---

8) ABET의 윤리 강령 원문에 대해서는, 상게서. pp.401-402. 또 엔지니어링 이외 분야의 윤리 강령을 포함해 다양한 세계 각국의 학회·협회의 윤리 강령의 인터넷 상 데이터·베이스에 대해서는 일리노이공과대학(Illinois Institute of Technology)의 직업윤리 연구 센터(Center for the Study of Ethics in the Professions)가 진행하고 있는 "Online Ethics Code Project"를 참조할 것.

충성 : 「엔지니어는 그 고용자, 혹은 의뢰인에 대해서 전문가로서 충실한 대행자 또는 수탁자로서 행동하고 이해의 대립을 회피하지 않으면 안된다(기본 헌장 4).

신뢰성 : 「엔지니어는 스스로가 책임을 지는 설계, 제품, 시스템의 안전성과 신뢰도에 대해서 설계 계획을 승인하기 전에 재검토하지 않으면 안 된다(가이드라인 Ic2).

이해의 상반 : 「엔지니어는 그들의 고용주 혹은 의뢰주에 관한 모든 기존의 이해 대립을 피하지 않으면 안 된다. 또 그들의 판단 혹은 서비스 질에 영향을 주는 업무상의 관계, 이해, 상황에 대해서 그들의 고용주 혹은 의뢰 주에 즉시 통보하지 않으면 안 된다(가이드라인 4a).

비밀을 지킬 의무 : 「엔지니어는 자신의 직무를 수행하면서 파악한 정보는 모두 기밀로서 다루지 않으면 안 된다. 또 그러한 정보를 사용하는 것이 의뢰주, 고용주, 혹은 대중의 이해와 대립할 경우에 따라서, 그 정보를 개인적인 이익을 위해서 사용해서는 안 된다(가이드라인 4i).

내부고발(휘슬·브로잉) : 「엔지니어의 전문가로서 판단이 대중의 안전이나 건강을 위험에 처하는 것과 같은 상황하에 놓여질 경우 의뢰주나 고용주에게 예상될 가능성에 대해 보고하는 한편, 필요한 경우에는 다른 적절한 당국에 통보하지 않으면 안 된다(가이드라인 Ic).

이러한 윤리 강령을 정하는 것의 공죄(功罪)는 별문제로하고 기술자가 중시해야 할 가치는 이 윤리 강령안에 나타나고 있어 엔지니어가 「전문직능집단」의 멤버가 되기 위해서는 이 강령을 지키고 실천할 것이 요구되고 있다[9]. 즉 사회로부터 신탁을 받아 사회에 본질적 영향을 줄

---

9) 예를 들어 하인츠 류겐비르는 이전의 윤리 강령의 본연의 자세를 비판하고 있다. Heinz C.Luegenbieh "Codes of Ethics and the Moral Education of Engineers," in Deborah G.Tohnson(ed.). Ethical Issues in Engineering(Englewood Cliffs. New Jersey: Prentice Hall. 1991), pp.137-154.

가능성이 있는 의사결정을 실시하는 입장에 있는 기술 전문가로서 엄격한 윤리 규범에 따라 행동하고 있음을 알리기 위해서 기술자의 윤리 강령이 필요하다. 그리고 그 강령의 근간은 기술자로서 일을 하는데 다른 어떠한 일보다 「(환경에의 배려를 포함해) 공중의 안전, 건강, 복리를 최우선 한다」는 기본 자세이다. 최근 제정된 일본의 윤리 강령도 모두 이 기본적 헌장을 어떠한 형태로든 포함하고 있다.

3

윤리 강령의 기능

윤리 강령이 가지는 기능은, (i) 일반 사회와 전문직능 집단과의 「계약」에 관한 명확한 의사 표시, (ii) 전문직능 집단의 멤버가 지향하는 목표로 해야 할 이상의 표명, (iii) 윤리적 행동에 관한 실천적 가이드라인의 제시, (iv) 미래의 구성원을 교육하기 위한 툴(tool) 등이 생각된다. 그리고 가장 중요한 것으로, (v) 지금까지 여러 가지 문제 및 전문직능 집단 본연의 자세를 논의할 기회를 제공하기 위한 장소를 들 수가 있다.

우선 제1의 기능에 대해서는 이미 말한 「사회계약설」의 입장에서 전문직업으로서의 행동 규범을 명문화하여 전문직업 내외에 명시하는 것은 「계약」에 불가결의 요소이다. 즉 사회로부터 신탁을 받는 이상 전문직업의 구성원은 명확하게 공시된 규범에 준거해서 행동하고 직무를 완수해야 한다는 약속을 표명해야 한다.

제2의 기능은 전문직업으로서 향상 목표의 표방이다. 즉 전문직업의 구성원 한 사람 한 사람이 스스로의 능력을 계속적으로 개발시켜야 할 방향성의 제시와 전문직업 전체가 사회 안에서 그 지위를 한층 더 향상하기 위해서 추구하는 모습의 명확화가 행해진다.

　제3의 기능은 실제로 윤리적인 딜레마에 직면하고 있는 구성원이 윤리적 판단을 내림에 있어서 자율적으로 의사를 결정하기 위한 가이드라인을 제공하는 것이다. 여기서 주의해야 할 것은 윤리 강령은 어디까지나 가이드라인이며 법률과 같이 엄밀한 적용 조건이 정의되는 것은 아니라는 점이다. 전문가에게 요구하는「도덕적 자율성(moral autonomy)」이란 엄밀하게 명문화되고 규정 조항에 맹목적으로 따르는 것이 아니라, 스스로 정보를 수집·분석하고 관련된 일을 숙고한 가운데 자신이 속한 조직이나 다른 사람의 영향으로부터 독립해서 도덕적 의사결정을 하는 것이다. 또 그러한 의사결정에 따라 행동하고 그 결과에 도덕적 책임을 지는 것이 도덕적 자율성이다. 윤리 강령은 도덕적 자율성을 가지는 전문가가 딜레마에 빠졌을 때 행동의 지침을 준다는 기능을 가져야 한다.

　제4의 기능은 예를 들어 대학생 등과 같이 미래 공학분야의 전문가가 되려는 사람들에 대해서 전문적 지식이나 기능 외에 어떠한 인격적 자질이나 윤리적 덕목이 요구되는 것을 명시하는 것이다. 전문 교육을 받는 동안 윤리 강령을 접하면서 스스로가 가져야 할 자질이 명확하게 된다. 이와 같이 달성목표 혹은 향상 목표가 명문화되는 것으로 큰 교육적 효과가 기대된다. 또 실제로 기술자윤리 교육을 실시하는데 있어서 현재의 전문직 윤리 규범을 제시하는 것은 불가결하다.

　제5의 기능은 지금까지 열거한 여러 가지 점을 모두 종합하여 전문직능 집단의 본연의 자세 그 자체를 계속적으로 논의하는 장소를 제공하는 가장 중요한 기능이다. 전문직능 집단이 그 집단만이 할 수 있는 전문적 업무를 수행하는 이상 그 구성원이 전문 분야에 관한 흥미·관심을 공유하는 것은 당연하지만 스스로의 정체성에 대해 반성해야 한다. 그렇지만 현재 상태로서는 전문직능 집단이 그러한 고찰의 기회를 가지는 것은 적다. 그러나 계속적으로 윤리 강령을 검토함으로써 사회와의 계약 사항이나 스스로의 향상 목표, 또 구성원이 직면하고 있는 구체적인 윤리적 딜레마, 혹은 후계자 양성문제 등을 신중하게 검토할 수 있다. 게다가 자신의 존재 의의란 무엇인가라고 하는 본질적인 문제에 대해서도 숙고할 기회가 주어진다. 이러한 자성의 장소를 제공하는 일이야말로 윤리 강령의 가장 중요한 기능이다.

다음은 기술자윤리에 포함해야 할 기본적 개념에 대해 생각해 보자.

이 점에 대해서는 세계 최대의 기술계 협회인 전기전자기술자협회(IEEE)의 윤리 관련 활동에서 중심적 역할을 해 온 컬럼비아 대학의 스테픈 웅거(Stephen H. Unger)의 분석이 참고가 된다. 웅거는 미국의 다양한 학 협회의 윤리 강령을 분석한 결과, 엔지니어가 도덕적으로 책임을 져야 할 대상을,

① 일반 사회(후세대를 포함한다. 또 전제로서 인간 사회를 유지하기 위해서 불가결한 환경도 대상이 된다.)
② 고용주 및 의뢰주
③ 같이 일하는 동료(동료, 상사, 부하 등)
④ 엔지니어의 전문직능 집단(profession)

의 4가지로 정리하고 있다.

또한 윤리 강령이 포함해야 할 기본 개념을,

① 진실, 성실, 신뢰의 중시
② 후세대를 포함한 인류의 생명과 복리의 존중(환경보전의 중시)
③ 공정한 경쟁

④ 정보의 공개

⑤ 업무를 수행하는 전문 능력의 보증·유지·향상

의 5가지로 정리하고 있다[10].

표 5-1 미국에 있어서 윤리 강령의 역사[11]

1847년	미국 의사회(The American Medical Association: AMA)
1908년	미국변호사 협회(The American Bar Association: ABA)
	제1기 직업윤리의 강조 단계(The Professional-Conduct Phase)
1911년	컨설팅·엔지니어 협회(The American Institute of Consulting Engineers)
1912년	미국 전기 기술자 협회(The American Institute of Electrical Engineers: AIEE) 구 이 조직은 1963에 현재의 전기 전자 기술자 협회(the Institute of Electrical and Electronics Engineers; IEEE)
1914년	미국 기계 기술자 협회(The American Society of Mechanical Engineers: ASME)
	미국 토목 기술자 협회(The American Society of Civil Engineers: ASCE)
	제2기 공적 사명의 단계(The Public Mission Phase)
1947년	기술자 전문 능력개발 협의회(The Engineers' Council for Professional Development: ECPD) <현재의 기술자 교육 인정 기구> (the Accreditation Board for Engineering and Technology: ABET)의 전신 [이 윤리 강령에서 처음 기술자의 공적 사명, 즉 공중의 안전·건강·복리에 대한 책임이 명시되었다. 이 강령은, 그 후 1963년, 1974년, 1977년에 개정되었다. 마지막 개정에서 인류의 복리를 최우선해야 하는 것을 들 수 있다.

---

10) Stephen H.Unger, Controlling Technology: Ethics and the Responsible Engineer
11) Stephen H.Unger, Controlling Technology: Ethics and the Responsible Engineer; Heinz C.LuegenbiehL, "Codes of Ethics and the Moral Education of Engineers", in D.Johnson(ed), Ethical Issues in Engineering: The World Federation of Engineering Organizations(WFEO) Homepage; Charles E.Harris, Jr. et al., Engineering Ethics: Concepts and Cases.2nd ed. 등을 참조하여 작성.

제3기 환경에의 배려 단계(The Environmental Concern Phase)	
1977년	토목 기술자 협회(ASCE)가 환경에의 배려를 윤리 강령에 포함한다.
1983년	ASCE가 환경에 관한 보다 명확한 가이드라인을 포함할 것인가에 대해 논의하지만 보류된다.
1985년	세계 기술 조직 연맹(The World Federation of Engineering Organizations: WFEO)가 엔지니어를 위한 「환경 윤리 강령(Code of Environmental Ethics)」를 공표
1990년	전기 전자 기술자 협회(IEEE)가 강령을 개정해, 환경에의 배려를 포함한다.
1996년	토목 기술자 협회(ASCE)가 윤리 강령안의 기본 헌장 7을 개정하여 지속가능한 개발(sustainable development)」을 포함한다.
1998년	미국 기계 기술자 협회(ASME)는 환경에 관한 기본 헌장 8을 추가한다.

　1980년대 중순 이후 과학기술자의 지구 환경에 대한 책임이 강하게 부각되었다. 표 5-1과 같이 특히 1985년에 세계 80개국의 기술과 관련된 학·협회의 연합체인 세계 기술 조직연맹(The World Federation of Engineering Organizations: WFEO)이 인류문명의 지속가능성을 보수 유지하기 위해 과학기술자의 책임을 강조하는 환경윤리 강령(The WFEO Code of Environmental Ethics for Engineers)을 발표한 후 환경의 배려를 윤리 강령에 삽입하는 학·협회가 증가해 왔다. 예를 들어 미국의 토목기술자협회, IEEE, 일본기계 학회 등이 환경의 배려에 관한 관점도 생략할 수 없는 점일 것이다.

4

일본에의 윤리 강령

이미 말한 것처럼 윤리 강령이란 학·협회가 그 사명이나 중시하는 가치와 그 우선순위(이것들에 근거하는 구성원의 행동 규범), 또 그것들을 공유하려고 하는 이해관계자 등을 명확화한 것이다.

표 5-2 일본의 윤리 강령(학회 중심)

제정년	단체명	윤리 강령 명칭
1938	토목학회	토목기술자의 신조 및 실천 요강
1961	일본기술사회 기술사	윤리 요강
1996	정보처리 학회	윤리 강령
1997	전기학회	윤리 강령
1998	전자정보통신학회	윤리 강령
1999	토목학회	토목 기술자의 윤리 규정(개정)
	일본건축학회	윤리 강령 · 행동 규범
	일본기계학회	윤리 규정
2000	일본화학회	회원 행동 규범
2001	일본원자력학회	윤리 규정 행동의 안내
	영상정보미디어학회	윤리 강령
2002	화학공학회	윤리 규정 · 행동의 안내
	응용 물리학회	윤리 강령
	지반공학회	윤리 강령
2003	일본원자력학회	윤리 규정 행동의 안내(개정)

일본에서 가장 일찍 윤리 강령을 제정한 것은 1938년 「토목 기술자의 신조 및 실천 요강」을 제정한 토목 학회이다. 그 내용은 기술자의 긍지와 행동 규범을 선언한 것으로 제정의 선진성과 함께 높이 평가할 수 있다. 이 윤리 강령은 당시 일본을 대표하는 선구적인 토목 기술자

로 내무성 토목 기감이며 제23대 토목 학회장인 青山士(1878∼1963)가 주도해 기초 한 것이다. 內村鑑三으로부터 교육을 받은 아오야마(青山)는 대학졸업 후 혼자 미국에 건너가 그 후 7년 반 동안 파나마 운하의 개삭공사에 종사했다. 당시로서는 드문 국제적인 시야와 실천 경험을 가진 기술자이었다. 토목기술이 문화 발전에 불가결한 원동력이라고 생각했던 아오야마(青山)는 미국 토목학회 윤리 강령 등을 참고로 격조 높은 윤리 강령을 만들어 1933년에 토목학회에 제안했지만 정식으로 승인된 것은 1938년이다. 그러나 당시 일본은 중일 전쟁으로부터 태평양전쟁이 계속되는 군국주의 파시즘의 시대로, 「기술은 사람」이라고 생각한 아오야마(青山)의 인생철학이 강하게 반영된 문서가 받아들여질 소지는 없었다. 일본 최초의 훌륭한 윤리 강령은 토목학회에서도 최근까지 주목을 받지 못했다. 이 때문에 일본의 기술자 집단의 영향은 적었다[12].

1950년대 전후 부흥기에 미국의 컨설턴트·엔지니어를 범주로 일본에서도 우수한 민간 기술자를 공평한 입장에서 산업의 발전에 도움을 주려는 목적으로 기술자 자격제도의 기술사법이 1957년에 제정되었다. 당시 미국의 컨설턴트·엔지니어 제도와 프로페셔널·엔지니어 제도 및 영국의 치야타드·엔지니어 제도, 유럽 각국의 컨설턴트·엔지니어 제도를 참고로 하여 일본 독자적인 컨설턴트·엔지니어 자격을 법적으로 정하는 「기술사법」이 1957년에 제정되었다. 이에 따라 1961년에는 「기술사 윤리 요강」이 제정되었다. 그러나 이 윤리 강령도 그다지 주목받지 못했으며 또한 「기술사」의 자격을 가진 기술자의 수가 당시까지 총수로 약 4만명 정도이기 때문에 큰 영향력은 갖지 않았다.

오늘날과 같은 윤리 강령이 제정된 것은 미국보다 약 80년 이상 늦은 1996년이 되었다. 전세계에서 정보처리 관련학회가 윤리 강령을 갖

---

12) 토목학회의 윤리 규정이나 아오야마에 대해서는 토목 학회편 『토목기술자의 윤리』 토목학회, 2003년 등을 참조.

고 있지 않은 나라는 일본과 한국이라는 외압으로 서둘러 책정했던 것을 시작으로 그 후는 표 5-2와 같이 일본의 주요한 기술계학협회가 연달아 윤리 강령을 제정했다.

토목학회도 1999년 아오야마가 만든 윤리 요강의 정신을 유지하면서 이것을 개정하여 국제적으로도 손색이 없는 「토목 기술자의 윤리 규정」을 새롭게 제정했다. 이와 같이 1999년에는 일본건축학회, 일본기계학회라고 하는 일본을 대표하는 기술계학협회가 윤리 강령을 책정했다.

1990년대에 고속 증식로 「몬주」에 있어서의 사고나 그 후의 정보 은폐를 시작으로 하는 불상사를 경험한 일본원자력학회는 2001년에 상세한 「행동의 안내」를 수반하는 「윤리 규정」을 책정했다. 이 윤리 규정은 현재 일본의 윤리 강령 중에서도 가장 어려운 조항을 포함하고 있다 (원자력 학회가 윤리 규정의 책정 작업을 시작한 것은 1999년 9월 30일에 일어난 동해촌 임계사고 이전이다. 원자력학회는 이 규정을 계속적으로 검토하여 이미 2003년에 제1회차 개정을 실시하였다).

그러므로 실질적으로는 1996년에 정보처리 학회가 오늘날과 같은 윤리 강령을 제정할 때까지 일본의 학협회는 중시하는 가치나 행동 규범을 드러내지 못했다. 그러나 과학기술과 사회의 관계 변화에 따라 그 후 각 학협회에 있어서 윤리 강령 제정 혹은 개정이 활발하게 행해지고 있다.

2003년 8월 현재 공학회 소속학협회(2002년 현재 공학회를 포함해 102단체) 가운데 토목학회(1938년, 1999년 개정), 정보처리학회(1996년), 전기학회(1997년), 전자정보통신학회(1998년), 일본건축학회(1999년), 일본기계학회(1999년), 일본화학학회(2000년), 일본원자력학회(2001년, 2003년 개정), 영상정보미디어학회(2001년), 화학공학회(2002년), 응용물리학회(2002년), 지반공학회(2002년)의 총 12개 학협회가 윤리 강령을 제정하고 있다. 다만 각각 제정의 경위·내용·승인 수단·엄격함 등의 차이가 있다.

이들 12개 학협회 가운데 8개의 학협회가 개인 회원수로 공학회에 소속하는 학협회의 10위 이내에 들어가 있다. 즉 단체 수로 말하면 102 개 학협회 중 12개 학협회는 불과 1할에 지나지 않지만 실제로는 공학회 전체의 개인 회원수(2002년도 617,086명) 5할미만이 윤리 강령을 제정하고 있는 학협회의 회원이다. 일본의 과학기술자에 관한 윤리 강령이 가진 잠재적 영향력은 높이 평가할 수 있다(다만 복수의 학협회에 소속하고 있는 회원도 있어 실제의 비율과는 다름에 주의해야 한다).

그런데 이들 일본 학협회의 윤리 강령에 포함되는 가치나 규범에는 어떠한 것이 있을까. 또한 전문직의 개념은 윤리 강령에 포함되어 있는 것일까.

1996년의 정보처리학회 윤리 강령 이후의 것은 거의 미국이나 그 외 영어권의 윤리 강령을 책정의 단계에서 참조하고 있으므로 기본적인 가치군이나 규범은 미국의 윤리 강령과 같다. 즉 「공중의 안전, 건강, 복리」, 「전문가로서 능력 유지 및 향상」, 「객관성」 「공평성」, 「충실의무」 등이 포함되어 있다. 물론 각각의 학협회는 자신들이 놓여져 있는 상황이나 전통 등을 근거로 해서 특색있는 조항을 포함하고 있다. 예를 들어 토목 학회는 앞에서 말한 아오야마의 견해를 그대로 따르고 있을 뿐만 아니라 「아름다운 국토」, 「풍부한 사회」라는 가치관을 전면에 내세우고 있으며, 원자력 학회는 「원자력의 평화적 이용」이나 「안전·안심」이라는 가치를 중시하고 있다(독자에게는 이 책의 권말 자료에 현재 일본에서 제정되어 있는 주요한 학협회의 윤리 강령을 포함하고 있으므로 숙독해 주시길 바란다.)

다만 주의해야 할 점은 일본의 윤리 강령에는 미국의 윤리 강령과 공통되는 가치가 구가되고 있지만 그러한 가치의 우선순위가 반드시 명확하지는 않다는 점이다. 이미 말한 것처럼 미국에서는 1974년 이후 「공중의 안전·건강·복리」는 최우선 되어야 할 것으로 인식되고 있지만 일본의 윤리 강령에서는 그렇게 되어 있지 않다. 이것은 앞으로 각

학협회가 검토해야 할 과제라고 할 수 있다.

그런데 「전문직업」개념이지만 이것도 일본의 윤리 강령에 명시적으로 나타나 있지 않다. 예를 들어 토목학회가 「본회가 정하는 윤리 규정에 따라 행동하고 토목 기술자의 사회적 평가의 향상에 부단히 노력을 한다. (제15조)」라고 말하고 있지만 명확하게 기술 전문직능 집단(전문직업)의 확립을 목표로 하고 있다고 볼 수는 없다.

이와 같이 미국과 비교할 때 일본의 상황은 윤리 강령의 책정에 의한 가치나 행동 규범의 명확화라는 관점에서 꽤 늦었다고 볼 수 있지만 다른 지역, 예를 들어 유럽의 상황과 비교하면 늦은 것도 아니다. 프랑스에서는 1997년까지 기술자는 윤리 강령을 가지지 않았다. 1997년에 제정된 프랑스 첫 윤리 강령도 FEANI(유럽제국기술협회연맹)이 당시 검토하고 있던 유럽 전체를 위한 윤리 강령을 번역한 것 같다.

또한 FEANI의 강령(1998년 제정)도 미국이나 그 외의 영어권 나라의 윤리 강령을 참고로 해서 만든 것이며, 유럽 혹은 프랑스의 전통에 기인한 것은 아니다. 또 프랑스에 있어서 전통에 뿌리를 둔 것은 아니다. 또 프랑스에 있어서 기술 전문가의 개념은 미국이나 오스트레일리아 혹은 뉴질랜드 등의 영어권과 크게 다르다.

따라서 일본만 늦었다고는 할 수 없으며 영어권, 특히 미국(또 오스트레일리아나 뉴질랜드라고 하는 비교적 중진국 별로의 기술자를 위한 윤리 강령이 기술 전문직업을 확립시키려는 움직임과 함께 특수한 발전을 이루었다고 생각하는 것이 적절하다.

그렇지만 주의해야 할 것은 저자는 미국형이 모두가 아님을 나타내고 있는 것만으로 윤리 강령의 중요성을 부정하는 것은 아니라는 점이다. 기술자가 중시해야 할 「가치」나 「규범」을 명문화했다고 하는 점으로써 윤리 강령은 기술자윤리를 생각하는데 기본이 되는 것이다. 기술자의 역할과 책임 윤리를 생각할 때 윤리 강령은 중요한 도구가 되는 것이다. 프랑스에서 일찍이 기술자윤리의 교육과 연구에 임하고 있는

릴 가톨릭 대학의 크리스텔 데이데어(Christelle Didier)는 윤리 강령을 「a tool for reflection 반성을 위한 도구)」라고 불러 교육에서 활용하고 있다.

　다음 절에서는 구체적인 사례를 소개한다. 독자는 이 사례 중에서 어떤 「가치」가 문제가 되어 어떠한 의사결정이 이루어졌는지를 생각해 주었으면 한다. 또 부록자료에는 정보처리 학회의 윤리 강령이 소개되므로 사례에 포함되는 윤리적 문제를 윤리 강령에 나타나 있는 「가치」나 「규범」을 「반성을 위한 도구」로써 사용하면서 검토해 주었으면 한다.

5
사　례
– 컴퓨터 소프트웨어 제품의 품질 –

▶ 미니·케이스 4 —————————————————————

　A씨는 H사의 정보처리 기술자로서 컴퓨터의 소프트웨어 개발을 담당하고 있는 그룹장이다. 이번에 H사에서는 J대학과 협력하여 대학이 학생 수업의 출석 상황이나 일상의 과목 이해도·성적 등을 체크할 수 있고 또한 학생은 병으로 결석해도 그 수업의 내용을 알 수 있다고 했다. 교육 일원 관리 소프트를 개발하게 되었다. 이 소프트의 획기적인 내용은 개발 단계부터 기자회견은 물론 교육관계자의 심포지엄 등에서도 발표하고 있어 J대학과 H사의 연계, 그리고 J대학에서의 시스템 운

용 후의 결과는 교육관계자로부터 높은 관심을 모으고 있었다.

— Stage A —

이러한 시스템을 만들 때 어떤 점에 주의하지 않으면 안 될까? 당신이 A씨라면 어떻게 할까? 이 시스템의 관계자는 누구일까 생각해 보자.

J대학에 시스템을 납입하는 시기가 다가온 어느 날, A씨는 부하의 보고에서 해결을 할 수 없는 시큐러티·홀이 남아 있어 납입일까지 그것을 해결할 수 없다는 보고를 받았다. A씨가 곧바로 이 문제에 대해 조사 팀을 만들어 생각할 수 있는 문제를 재조사했는데,

① 이 보안을 발견하려면 꽤 고도의 지식이 필요하고 일반 학생이 문제를 발견할 가능성은 매우 낮다.
② 이 시스템은 학내의 것이므로 대학에 관계가 없는 사람이 와서 이 시큐러티·홀을 발견하는 것은 있을 수 없다.
③ 다만 만일 학생 중에서 이 시큐러티·홀에 대해서 발견한 사람이 있었다면, 그 학생은 다른 학생의 개인정보를 취득할 수 있다.
④ 이 시큐러티·홀을 해결하려면 아직 상당한 시간을 필요로 한다.
⑤ 대학은 이만한 규모의 대형 시스템을 연중에 바꾼다고는 생각하기 어렵다. 그 때문에 다음 주문까지는 이 시큐리티·홀을 해결할 여유가 충분히 있다.
⑥ 벌써 업계에서는 H사에 추종의 움직임이 있어 H사라고 해도 예정대로 J대학에 납품해 실적을 만들지 않으면 당초 이 프로젝트에서 전망하고 있는 이익을 얻을 수 없을 가능성이 있다.

일반적으로 이러한 소프트에 대해 시큐러티·홀이 있다는 것은 드물지 않다. 업계에서도 소프트는 항상 개정을 하고, 그것을 유저에 제공해 나가는 것이 중요하다고 생각을 공유하고 있다. A씨도 이번 소프트

에 납입한 단계에서 밝혀지지 않는 시큐러티·홀이 있을 수 있음을 각
오하고 있어 이미 J대학에 있어서 납품 후의 관리 체제는 이 문제에
관계없이 정리되고 있었다.

또 J대학에의 납품은 이번 시일을 지킬 수 없으면 1년 후가 이루어
질 가능성이 높고 개발을 실시해 온 A씨 자신이나 H사만이 아니라 시
스템의 도입을 목표로 해 온 J대학에도 영향이 미칠 것은 불가피하다.
그 때문에 A씨는 고민한 끝에 예정대로 J대학에 납품을 하여, 이 시큐
러티·홀에 대해서는 J대학에도 극비리에 사내 검토 팀을 만들어 시급
하게 해결하는 것을 목표로 했다.

– Stage B –

A씨의 판단은 정확했을까? A씨는 어떤 가치를 중시했는가? 당신이 J
대학의 학생이라면 어떻게 생각할까? 관련된 학회, 정보처리 학회의 윤
리 강령 등을 참고로 생각해 보자.

그러나 이 시큐러티·홀은 해결되기 전에 J대학의 정보처리에 밝은
학생이 찾아내 학생의 개인정보가 외부에 유출해 버리는 사건이 일어났
다. 이것에 의해 H사의 신뢰는 실추하였고 또 J대학으로부터 고액의 손
해배상 청구를 받았다. 게다가 납품 전부터 이 시큐리티·홀에 대해 알
고 있던 A씨는 그 책임으로 회사를 그만두게 되었다.

– Stage C –

다른 결말이라면 어떻게 생각할 수 있을까? 무엇을 예측할 수 있었
던 것일까? 생각해 보자.

▶미니·케이스 5

A씨는 Z사 Y공장의 X라인 책임자이다. X라인은 Z사의 이익을 창출하고 있는 주력 상품의 절반을 담당하고 있는 중요라인이다. 그러나 이 상품은 라이벌사가 많아 경쟁이 격렬하다. Z사도 한때는 그 경쟁에 허덕여 경영위기에 빠져 있었지만 수개월 전에 영업 담당자가 노력한 결과로 X라인에서 공급할 수 있는 상품 모든 것을 납품하는 O사와의 대형 거래가 성립하였다. 이 거래 성립에 의해 Z사는 다시 살아나 사원의 정리해고 없이 현재에 이르고 있다. 하지만 O사는 업계에서도 유명한 어려운 윤리·법령 준수 체제를 가지고 있어 ISO9000이나 ISO14000의 취득은 물론 거래처에도 자사가 가지고 있는 독자적인 어려운 규정 준수나 품질 검사를 실시하는 것을 강력히 추진했기 때문에 Y공장에서도 O사와의 거래 시작에 따라 점검 등을 중심으로 지금까지 하지 않았던 작업이 증가해 일부의 사원들은 불만을 토로하였다.

― Stage A ―

Z사에 있어서의 중요한 가치는 무엇인가? 관계자는 누군가? 생각해 보자.

어느 날 X라인으로 작은 불이 발생했다. 피해는 최소한에 그칠 수 있었다 해도 기계의 보수 및 점검을 위해서 며칠 라인을 멈추지 않으면 안 되었다. X라인의 제품은 라이벌사도 많아, 만약 Z사가 O사에의 납입을 끊어 버린다면 O사는 Z사와의 계약을 곧 중지하고 타사와 계약할 것이다. 그렇게 되면 겨우 소생한 Z사는 다시 경영의 위기에 빠져 다수의 사원이 정리해고는 면할 수 없다.

이러한 상황 아래 A씨가 서둘러 제품의 재고와 라인의 복귀에 대해 조사를 실시했는데,

① 제품의 재고는 4일분
② 수리·점검에 필요로 한 것은, 최단이라도 수리에 4일, 점검에 1
   일의 합계 5일

이라는 보고였다. 다행히도 작은 불이 일어난 것은 수요일이었기 때문
에 납품이 없는 주말을 포함한 6일간으로 라인을 복귀할 수 있으면 O
사에의 납입에는 문제없다는 것이다.

안심한 A씨는 조속히 예부터 교제가 있는 X라인에 대해 자세하게
H사에 수리를 의뢰하려고 했다. 그러나 W경리 담당으로부터 O회사의
규정에 의하면 어떤 사소한 수리든 특정의 업자에게 마음대로 발주하
는 것은 용서되지 않았다. 그 때문에 일반 입찰을 하지 않으면 안 되
어 마음대로 H사에 발주할 수 없다고 했다. 그러나 일반 입찰을 하면
거기서 1일 더 걸리지만 만약 H사 이외의 회사가 입찰할 경우 라인의
복잡한 구조를 이해하는데 시간이 걸려 수리에는 한층 더 반나절 이상
의 시간이 걸려, 결과적으로 O사에의 납품이 정체된다는 것이 A씨의
경험으로부터 제기되었다.

— Stage B —

보수 및 점검에 대해 중시해야 할 가치나 스테이크 홀더는 통상의
것과 차이가 있을까. A씨가 그 밖에 할 수 있었던 일에는 어떠한 것이
있을까 생각해 보자.

Y공장에서는 급거 경영 회의를 하여 A씨는 H사에의 발주의 필요성
을 설명했다. 그러나 Z사로서는 O사의 규정을 무시할 수 없다는 생각
으로부터 O사의 규정대로 입찰을 실시해 입찰에 1일, 수리에 4일, 점검
에 1일의 합계 6일의 일정을 엄수로 수리·점검 작업을 개시하게 되었
다. 그리고 입찰의 결과는 H사가 아니고 G업자의 낙찰이었다.

X라인에 대해 지식이 없는 G사는 계획에서는 4일에 수리를 완성하

였지만 역시 라인에 대한 지식 부족으로부터 작업 준비는 A씨의 예상대로 반나절을 초과해 버렸다.

아무래도 앞으로 반나절에 수리·점검을 끝내지 않으면 안 되게 된 A씨는 고민한 끝에 점검에 관해서 1일을 필요로 하는 O사의 규정을 지키지 않고 반나절에 끝나는 종래의 Z사의 방식으로 실시하기로 했다. 종래의 점검 방법은 O사의 규정을 지키지 않은 것이 문제로 관계하는 법률은 잘 지키고 있어 안전이나 품질상의 문제는 없다고 하는 자신을 A씨는 가지고 있었다.

이 A씨의 판단에 의해 X라인은 빠듯이 O사에의 납품을 정체 하는 일 없이 해결했다. 그러나 수개월 후 O사로부터 검사가 들어가 작은 불에 있어서 수리의 점검 시에 O사의 규정을 준수하고 있지 않았음이 발각되어 O사와의 계약은 중지되어 결국 A사는 경영위기에 직면하게 되었다.

― Stage C ―

권말에 있는 일본기계학회의 윤리 규정과 대조해 무엇이 문제인가 생각해 보자.

6. 기술자로서 어떻게 행동해야 할 것인가(3)

AN ENGINEER ETHICS
AN ENGINEER ETHICS
AN ENGINEER ETHICS
AN ENGINEER ETHICS
AN ENGINEER ETHICS
AN ENGINEER ETHICS

1

윤리적 문제에 「해답」은 있을까

윤리적인 문제에 직면하면 도대체 무엇을 하면 좋겠는가. 윤리적 문제에 「정답」은 있는 것일까.

지금까지 제시한 다양한 케이스(사례)를 생각하여 보자. 혹시 당신이 지금 현재 직면하고 있는 윤리 문제가 있을지도 모른다. 그 문제를 생각해 주었으면 한다.

다양한 가치 사이에서 기술자는 당사자로서 어떻게 의사결정을 내리면 좋은 것일까. 윤리적 문제를 적절히 분석하는 수법이나 의사결정의 방법은 있는 것일까.

제4장에서 고찰한 것처럼 소크라테스나 플라톤의 시대부터 많은 윤리 이론이 제창되고 논의되어 왔다. 그렇지만 윤리의 이론은 과학적인 이론이나 법칙과 같이 보편성을 갖지 않고 있다. 뉴턴의 운동법칙이나 열역학의 법칙과 같이 세계 중 어디에 가도 누구라도 똑같이 사용할 수 있는 종류의 것은 아니다. 목적론적 이론(공리주의 등)과 의무론적 이론(칸트의 이론)과는, 예를 들어 거짓말하기와 같은 「행위」에 대해서

개개의 「행위」에 관해서 평가가 다를 수가 있다.

유감스럽지만 윤리 문제에 수학 해법과 같이 명확한 해결 방법은 없다. 뛰어난 윤리 규범 이론을 구축할 수 있었다고 해도 그것은 어느 행위의 선악에 관한 판정에는 도움이 되지만 실제로 윤리 문제에 직면하고 있는 사람에게는 도움이 안 된다. 왜냐하면 문제 해결을 위해서는 어떠한 행위를 고안하지 않으면 안되기 때문이다.

윤리 이론은 이미 행해진 행위의 선악을 판정함에는 도움이 되지만 행위의 고안에는 효력을 갖지 않는다. 또 윤리 이론은 문제 해결을 위한 알고리즘을 윤리 문제에 관해서 제시하는 것은 아니된다. 왜냐하면 윤리적 의사결정을 위해서는 놓여 있는 상황을 윤리적으로 분석하는 단순한 분석능력만이 아니고 취할 수 있는 행동을 고안하는 창조력·구상력이 요구되기 때문이다. 또 고안한 행위를 실천할 의사와 힘도 필요하다. 다만 행위자(문제에 직면하고 있는 사람)는 어떻게 행동해야 할 것인가라고 하는 해결책 몇 개를 생각해 낸 뒤에 그러한 선택사항을 어떠한 기준을 사용하여 비교 검토하여 판정을 내리는 능력을 가지지 않으면 안 되기 때문에 이 점에 대해서 규범윤리 이론은 유효할 것이다. 이러한 점에 대해 캐롤라인 위트백(Caroline Whitbeck)은 「행위자 (즉 문제에 직면하고 있는 사람)는 해야 할 행동 몇 개를 생각해 낸 뒤, 그러한 선택사항을 비교 검토하는 판정의 능력을 필요로 한다. 그러나 그 판정의 능력은 행위자가 윤리 문제에 대처하기 위한 아주 일부에 지나지 않는다. 중요한 것은 후보가 되는 대응책을 고안하여 개량한다는 건설적 능력, 혹은 종합적 능력이다」라고 말하고 있다.[1]

---

1) 캬로라인 위트벡 「기술 윤리 1」 미스즈 書房. 2000년. p.67.

2

윤리 문제와 기술적인 설계 문제의 유추

위트백을 포함하여 많은 윤리학자가 주장하듯이 윤리적 문제에 유일절대적인 「정답」은 없다. 보다 좋은 행위, 보다 나쁜 의사결정은 있을 수 있지만, 「이것밖에 없다」라고 하는 절대적인 정답은 없는 것이다. 이미 말한 것처럼 윤리적인 문제의 해결과는 다양한 가치 사이의 적절한 밸런스를 취하는 것이다. 그리고 그 밸런스를 취하는 방법은 상황이나 사람에 따라 다르다. 예를 들어 자동차는 안전성·성능·코스트·내구성·디자인·환경 부하·부품의 리사이클·연비 등 여러 가지 가치의 밸런스를 취해 만들어지고 있다.

그러나 시장에 무수한 차종이 나오고 있다는 것은 누구나가 인정하는 완벽하고 유일 절대적인 차는 없다는 증거이다. 윤리적 문제의 해결에 대해서도 같다. 이러한 의미에서 위트백이 주장하듯이 윤리 문제와 엔지니어가 일상적으로 행하는 문제는 비슷하다[2].

예를 들어 당신이 기술자로서 안전성에 문제가 있다고 판단한 제품을 회사가 제조를 계속한다고 결정했을 경우 어떻게 행동하는가 하는 케이스와 적당한 설계 문제(예를 들어 새로운 타입의 휠체어의 설계)를 대비하여 생각해 주었으면 한다. 제1의 유사점은 어느 쪽이나 모든 관련 정보를 알 수 있는 것은 없고 한정된 혹은 애매한 정보를 기본으로 하여 의사결정을 하지 않으면 안 된다는 점이다. 제2점은 문제의 해결책이나 대응책이 다만 1개, 혹은 다중선택(multiple-choice) 문제와 같이 한정될 수밖에 없다는 상황은 거의 있을 수 없다는 사실이다. 제3의 유사점은 유일 절대적인 해법은 없지만, 해결 사이에 우열은 있을 수

2) 이 유추에 관한 보다 상세한 논의에 대해서는 상게서, 제1장을 참조.

있고 분명하게 틀린 해는 존재한다는 점이다. 윤리 문제와 설계 문제가 비슷한 제4의 점은 어느 쪽이나 주어진 제약 조건 중에서 복수의 「가치」를 동시에 만족시키도록 문제를 해결해야 한다는 것이다. 다만 윤리 문제와 설계 문제의 크게 다른 곳은, 우리가 직면하는 윤리 문제는 항상 시간 축을 포함해 동적이라고 말하는 점이다. 문제 해결을 위해서 일련의 행동을 고안하여 그것을 실행으로 옮겼다고 하자. 최초의 행위를 한 단계에서, 그 행위는 스테이크홀더에 영향을 줘 당신을 둘러싸는 상황을 변화시킨다. 그렇다면 다음에 해야 할 행위를 둘러싼 문맥이 영향을 받게 된다.

귀결주의의 입장에서, 1개의 행위가 선택사항에 있던 다른 행위보다도 좋은 「결과」를 가져왔는지 어떠했는지를 판단하는 것은, 타임·머신이 발명되지 않는 한 불가능하다.

이러한 의미에서도 현실 사회에서 사람이 직면해 어떠한 대응을 해야 하는 실천 문제로서의 윤리 문제에는 유일한 정답은 없다. 이 점은 윤리 문제를 생각하는데 결코 잊어서는 안 되는 포인트이다.

위트백도 기술적인 설계는 기술자들이 일상적으로 실시하는 일의 일부이므로 이러한 비교에 의해 윤리 문제를 가까이에서 느끼는 일이 생길 것이라고 지적하고 있다. 저자는 이 유추를 더욱 진행해 윤리 문제를 해결한다고 하는 것은 복수의 가치를 만족시킬 수 있도록 자신이 취해야 할 행동을 「설계」하는 것이라고 생각하고 있다. 예를 들어 본 절에서 말한 것처럼 안전성에 문제가 있는 휠체어를 회사가 기술자의 충고에도 불구하고 판매를 계속했다는 케이스에서 공익을 위해서 자신이 속하는 조직을 고발한다는 의사결정을 했다고 하자. 「고발」이라고 하는 행위의 선악에 관한 평가도 상황에 따라서 다를 뿐만이 아니고 실제로 고발을 한다고 해도 편지를 쓰는지, E메일로 하는지, 직접 만나 이야기를 하는지 등 어떤 형태로 고발하는지를 생각할 필요가 있다.

3

「윤리·테스트」

윤리적 문제에 유일 절대적인 정답을 요구하기 위한 방법은 유감스럽지만 없다. 그러나 윤리적 문제의 존재를 분명히 해서 올바르지 않은 행위를 찾아내기 위한 테스트는 고안 되어 있다. 또 보다 좋은 해결책을 찾아내기 위한 방법도 제안되고 있다. 게다가 무엇이 윤리적인 의사결정을 촉진하거나 반대로 방해하거나 하는지를 알아 두는 것은 유효하다. 여기서, 아래에서는 이러한 현실적인 윤리적 문제를 생각한 가운데 「도구」에 대해 소개한다.

그런데 우리는 어떠한 윤리적 문제나 딜레마와 만났을 때 처음에 생각난 행동을 실시하거나 지금까지의 습관이나 관례에 따르거나 또는 상사나 다른 사람으로부터의 지시를 무비판으로 받아들이는 경향이 있다. 그럴 때 자신이 하려는 「행위」에 대해 다음과 같은 윤리 테스트를 실시해 볼 것을 권한다.

1) 보편화 가능성 테스트(Universalizability Test)

이것은 칸트의 생각에 유래한 것이지만, 칸트의 의무론적 윤리학의 문맥으로부터 멀어져도 유용하다고 생각된다. 칸트는, 「자신의 격률(格率)이 보편적인 입법의 원리가 되도록 행위하라」로서, 이 의무에 따르는 행위는 도덕적 행위라고 했다. 「보편적인 입법의 원리」란 당신 이외의 다른 모든 사람이 당신 격률을 지켜 같은 행위를 했다고 해도 모순을 일으키지 않는다고 하는 것이다. 예를 들어 「거짓말을 하지 않는다.」라

고 하는 행위를 당신 이외의 모든 사람이 해도 사회는 완성되어서 모순
을 일으키지 않는다. 그러므로 「거짓말해서는 안 된다」라고 하는 것은
칸트류로 말하면 보편적인 도덕 법칙인 것이다.

이러한 생각을 기본으로 하고 있는 것이 보편화 가능성 테스트이다.
즉 이것은 당신이 지금 하려는 행위를 만일 다른 사람 모두가 한다면
어떻게 될 것인가를 생각해 보는 테스트이다. 만약 당신 이외의 사람들
도 당신이 하려는 행위를 했을 경우, 분명하게 사회가 성립되지 않는다
고 생각되어 모순이 일어난다고 예상되는 경우 그것은 윤리적으로 부
적절한 행위라고 생각된다. 간단한 예는, 먼저의 역으로 「거짓말한다」
나 「약속을 깬다」라고 하는 행위이다. 당신이 어떠한 이유로써 친구와
의 약속을 지키지 않는다는 의사결정을 했다고 하자. 만약 당신 이외의
모든 사람들도 약속을 깨게 되면 사회는 성립하지 않는다. 따라서 약속
을 깬다고 하는 행위는 윤리적으로 올바르지 않은 행위인 것이다. 그럼
기술자윤리에 관련하는 미니·케이스를 생각해 보자.

▶미니·케이스 6

당신은 공장에 납품된 재료가 나라가 정한 기준에 적합하고 있는지
아닌지를 검사하는 부서의 책임자이다. 납품된 물건에는 모두 납입 업
자에 의한 제품 데이터가 첨부되어 있지만 당신의 부서에서는 재차 납
입 물건에 대해 자사의 기준에 따른 안전을 확인함과 동시에 첨부된
데이터와 제품이 일치하고 있는지를 조사하여 검사를 실시하고 있다.
어느 날 납품 물건을 검사하고 있던 부하가 납품 물건이 나라가 정한
기준 등 안전성은 지켜져 있는 것 같지만 아무래도 자신이 측정한 제
품 데이터와 첨부된 제품 데이터가 일치하지 않고 첨부된 제품 데이터
가 잘못되어 있을 가능성이 있다는 보고를 해 왔다.

조속히 납입 업자에게 문의했는데 이번은 제조 공정에서 예상외의

문제가 발생했기 때문에 시간이 불필요하게 걸려서 검사 데이터를 뽑을 시간이 없어져 어쩔 수 없이 이전의 납품 물건 데이터를 그대로 첨부했다고 고백하였다. 그러나 공정 자체는 전혀 대충 하지 않았기 때문에 안전성에는 문제가 없다고 역설하고 있다.

이러한 데이터의 날조는 기술자의 기본적 교육 중에서 절대로 해서는 안 된다고 배웠으며 당신도 이것을 그냥 넘길 수는 없다고 생각하고 있다. 그러나 재차 자사에서 뽑은 데이터에서도 안전성이 지켜질 수 있음은 확인되고 있다. 또 제조의 공정 스케줄은 여유가 없는 상태가 계속되고 있기 때문에 여기서 납품에 대해서 부적당함을 제출하면 자사로서도 대폭적인 스케줄의 지연이 생겨 코스트도 늘어난다고 생각된다. 당신이라면 어떻게 이 문제를 해결할까.

이러한 상황에 놓였을 때 업자가 가져온 데이터를 그대로 사용해 버리려는 유혹에 빠지는 것은 자연스러운 것이다. 그러나 그럴 때에는, 멈추고 보편화 가능성 테스트를 사용해 보자. 만약 기술자가 모두 스스로 측정한 데이터를 사용하지 않고 적당한 데이터를 사용하게 되면 어떻게 될까. 공중은 기술자를 신뢰할 것인가. 다른 기술자가 발표한 데이터를 신용할 수 없다고 하면 기술자인 당신은 모든 데이터를 스스로 얻지 않으면 안 될 것이다. 안전성에 관련되는 데이터가 날조되고 있었다고 하면 공중의 안전은 지킬 수 있을까.

어쨌든 데이터의 날조나 개찬이라고 하는 행위가 만연하면 기술자에 대한 신뢰는 없어져 기술에 관련하는 업무에 심대한 장해가 된다는 것은 분명하다. 따라서 이러한 행위는 윤리적으로 부적절한 행위인 것을 알 수 있다.

2) 가역성 테스트(황금률 테스트)

가역성 테스트라고 하는 것은 만약 자신이 지금 하려고 하는 행위에 따라 직접 영향을 받는 이해관계자(스테이크홀더)의 입장이라도 같은 의사결정을 할지 어떨지를 생각해 보는 테스트이다. 예를 들어 그 행위의 결과가 자기 자신의 안전이나 건강에 영향을 준다면 그러한 의사결정은 하지 않을 것이라고 생각된다면, 그 행위는 윤리적으로는 적절하지 않는 행위라는 것이 된다.

이 테스트는 「자신이 싫다고 생각하는 것은 다른 사람에게도 하지 말라」라고 하는 황금률에 근거하기 때문에 황금률 테스트라고도 불린다.

황금률이라고 하는 것은 세계의 주요한 종교나 사상 체계가 공통으로 가지고 있는 도덕률이다. 여러 가지 버전이 있으며 예를 들어 기독교에서는 「자신이 했으면 좋겠다고 생각하는 것을 다른 사람에게도 해 주라」, 유교에서는 「자신이 당해 싫은 일은 다른 사람에게도 하지 말라」라고 하는 형태로 표현되고 있다. 스페이스 셔틀·챌린지 사고에 관계한 기술자인 보죠레이(Roger Boisioly)도 말하고 있듯이 기술자윤리를 생각하는데도 이 황금률은 중요하다.

그런데 황금률 테스트에 대해서는, 다음과 같은 상황을 생각해 보자.

당신은 환경 분야를 전문으로 하여 대학원을 갓 졸업한 후, 평소부터 취직하려고 희망했던 현지의 유력 기업에 다행히도 입사한 신입사원이라고 가정하자. 당신은 부모님에게 있어서는 한 사람의 자식이며 부모님은 당신이나 현지에 남아 취직한 것을 정말로 기뻐해 주고 있다. 당신 자신도 만족하고 있다. 어느 날, 상사인 과장으로부터 잔업명령을 지시받아 지시한 창고에 가 보니 내용물을 알 수 없는 모르는 드럼통이 놓여 있었다. 과장은 그 드럼통의 내용을 회사의 옆을 흐르는 강에 버리는 것을 도우라고 명령한다. 내용에 대해서는 일절 묻지 말라고 말했지만 아무리 생각해도 환경에 악영향을 주는 물질과 같이 생각된다. 여기서 과장의 명령에 거역하면 앞으로 과장에게 감시받는 것은 불가피하다. 어렵게 취직할 수 있었으니까 그러한 상황에 빠지는 것은 피하고 싶다고 해서 그대로 지시에 따르는 일도 기술자로서 주저한다. 그러나 과장이 엄하게 명령하기 때문에 따르기로 생각하고 있다.

만약 당신이 이 기술자의 입장이라면 어떻게 할까. 황금률테스트를 한다고 하면 어떻게 생각하면 좋은 것일까.

예를 들어 만약 자신의 조부모가 그 강의 하류에서 농업을 영위하고 있었다고 한다면 자신은 과장의 지시에 따랐을 것인가라고 생각해 본다. 혹은 자신의 부모님 집이 하류에 있었다고 하면 어떻게 할까 하고 생각해 본다. 그렇다면 적어도 과장의 명령에 맹목적으로 따를 수 없게 된다.

이와 같이 자신이 어떠한 형태로 영향을 받는 입장에 있어도 자신의 의사결정을 지지할지 어떨지를 생각해 보는 것이, 가역성 테스트 혹은 황금률 테스트라고 한다.

● 황금률(The Golden Rule)

세계 대부분의 종교가 가지는 규범인 것으로부터, 인류에게 공통한 도덕률이라고 생각되고 있다. 그러므로 황금률로 불린다. 여기에서는 기독교와 유교의 것을 소개한다.

기독교 버전
「사람으로부터 해 주었으면 하고 생각한 것을, 그대로 사람에게도 해 주세요. 이것이 모세 법률의 요약입니다.」(『신약 성서』 마테복음 7.12)
유교 버전
「자신이 싫다고 생각하는 것은 다른 사람에게도 하지 말아라.」(『논어』, 안회편 2)

Column

3) 그 외의 테스트

글로벌 기업인 텍사스 인스트루먼트사에서는 제9장에서 자세하게 말하듯이, 세계 11개 국어로 「TI의 가치와 윤리」라고 하는 윤리 강령을 책정하고 있다. 또 1961년의 회사 설립 시부터 길러진 행동 규범을 「TI의 비즈니스에 있어서 윤리」로서 성문화하였으며. 1987년에는 전임의 스프를 배치한 윤리·프로그램을 구축해 운영하고 있다.

그 일환으로서 모든 사원은 윤리 강령 등이 명기된 카드를 항상 휴대하는 것이 의무로 지워지고 있다. 만약 사원이 업무를 수행하는 가운데 윤리적 문제에 직면해 판단이 애매하면 다음과 같은 「윤리·테스트」를 실시해 보게 되어 있다.

<텍사스 인스트루먼트사 윤리·테스트>

「그것」은 법률에 저촉되지 않을까.

「그것」은 TI의 가치 기준에 적합하고 있을까

「그것」을 하면 좋지 않다고 느끼지 않을까.

「그것」이 신문에 오르면 어떻게 비칠까.

「그것」이 맞지 않다고 알고 있는데 하지 않을까.

확신이 서지 않을 때는 질문을 해 주세요. 납득이 가는 대답을 얻을 때까지 질문을 해 주세요.

또 1977년부터 미국에서 기업윤리의 관련 활동을 전개하고 있는 윤리정보센터(the Ethics Resource Center)에서는, 머리글자를 취해 PLUS로 불리는 윤리적 의사결정을 위한 필터를 추장하고 있다. 이것은

P =Policy   (방침)
L =Legal   (법률·규칙)
U =Universal (포괄적 원칙 가치)
S =Self   (자기의 가치관)

의 4점에 대해 자신이 하려고 하고 있는 행위를 테스트에 걸쳐 보는 것이다. 즉 이하와 같은 관점으로부터 스스로의 행위를 사전에 검토하는 것을 요청한다.

P =Policy(방침): 그 행위는 조직의 방침이나 순서, 가이드라인과 모순되지 않는가.

L =Legal(법률·규칙): 그 행위는 관련하는 법률이나 규칙에 저촉하지 않는가.

U =Universal(포괄적 원칙 / 가치): 그 행위는 조직이 정한 포괄적인 원칙 / 가치에 합치하고 있을까.

S =Self(자기의 가치관): 그 행위는 자신의 가치관(정, 선, 공평 등)에 맞는지.

영국에 있어 미국의 윤리정보센터와 닮은 기업윤리 추진 활동을 전개하고 있는 기업윤리 연구소(the Institute of Business Ethics)는 다음과 같은 테스트를 제창하고 있다

Simple ethical tests for a business decision
(비즈니스상의 의사결정을 위한 윤리 테스트)

Transparency(투명성): 자신이 결정한 것을 다른 사람에게 알려도 신경이 쓰이지 않는가.(Do I mind others knowing what I have decided?)

Effect(영향): 나의 결정에 의해 누가 이익(혹은 해)을 얻을까.(Who

does my decision effect or hurt?)

　　Fairness(공평): 나의 결정은 영향을 받는 사람들로부터 공평하다고 생각될까.(Would my decision be considered fair by those affected?)

4

윤리적 문제의 해결 방법

　　이러한 테스트에 걸쳐 보고, 자신의 착상이나 습관으로 하려고 하는 행위가 윤리적일지 어떨지를 조사할 수 있지만, 그럼 만약 윤리적이 아니라고 하는 것이 밝혀졌을 때에 어떻게 자신이 해야 할 일을 생각하면 좋은 것일까. 응용 윤리학의 세계에서는 아리스토텔레스의 창조적 중용이나 중세에 탄생한 결의법, 혹은 선긋기법 등이 제창되고 있지만, 이것들에 대해서는 참고도서를 보길 바란다. 여기에서는 일리노이공과대학의 마이클 데이비스 교수가 정리한 「7 단계법(Seven-step Guide)」을 소개한다.[3]

Seven-step Guide to Ethical Decision Making
(윤리적 의사결정을 위한 7 단계법)
1. State problem(윤리적 문제를 명확하게 말하자).
2. Check facts(사실 관계를 검토해라).
3. Identify relevant factors(관련하는 요인, 조건 등을 확인하라).
4. Develop list of options(취할 수 있는 행동을 고안해 열거).

3) Michael Davis. Ethics and the University(New York: Routledge. 1999). pp.166-167.

5. Test options(대체안을 다음과 같은 관점으로부터 검토해라).

　① 위해 테스트(harm test): 이 행동은 다른 것보다 가져오는 위
　　 해가 적을까.
　② 공표 테스트(publicity test): 내가 이 행동을 취했던 것이 신문
　　 으로 보도되면 어떻게 될까.
　③ 자기방위 가능성 테스트(defensibility test): 자신의 의사결정을
　　 공청회나 공적 위원회에서 변명할 수 있을까.
　④ 가역성 테스트(reversibility test): 자신이 그 행위에 의해 악
　　 영향을 받는 입장에 있다고 해도 자신은 그 결정을 지지할
　　 까(이미 말한 것처럼, 「황금률 테스트」라고도 불린다).
　⑤ 「동료에 의한 평가」 테스트(colleague test): 그 행위를 해결
　　 책에 있다고 어느 동료에게 설명했을 경우 동료는 어떻게
　　 생각할까.
　⑥ 「전문가 집단에 의한 평가」 테스트(professional test): 자신이
　　 소속하는 전문가 협회의 이사회 혹은 윤리 담당 부문은 그
　　 행위를 어떻게 생각할까.
　⑦ 「소속 조직에 의한 평가」 테스트(organization test): 회사의 윤
　　 리담당 부서 혹은 고문변호사는 그 행위를 어떻게 생각할까.

6. Make a choice based on steps 1-5(1에서 5의 검토 결과를 기본으
　 로 취해야 할 행위를 결정하라).
7. Review steps 1-6(그러한 윤리적 문제에 다시 **빠지지** 않기 위해
　 어떠한 방책을 채택해야 할 것인가, 혹은 문제점의 개선방법을 생
　 각하면서, 1에서 6의 스텝을 재검토하라).

물론 모든 윤리 문제가 이 「7 단계법」에 따라 해결되는 것은 아니

다. 이 지침은 어디까지나 스스로가 해야 할 행위를 결정하는 데 있어서 주의 깊은 분석과 숙고를 행하기 위한 이치를 제시해 주는 데 지나지 않는다. 그러나 스스로가 복잡한 윤리적 상황에 놓여졌을 때에 감정적이며 단락적인 행동에 치우치는 것을 경고해 냉정히 대처 방법을 깊이 생각하기 위한 가이드라인으로서는 유효하다. 이 이정표를 휴대해 다양한 사례를 「당사자」로서 유사 체험해, 자신 나름의 의사결정을 내려 보는 것은 도덕적 자율성의 개발에는 유효한 수단일 것이다.

5
윤리적 의사결정을 방해하는 여러 요인

윤리적 의사결정을 행하기 위한 단계를 명확하게 인식하고 있는 것은 프로페셔널로서의 도덕적 자율성을 보혼 유지해서 보다 좋은 해결책을 발견하기 위해서는 불가결하다. 동시에 비윤리적 행동을 취한다고 하는 잘못을 피하기 위해서 윤리적 의사결정을 방해하는 요인에 대해 이해를 넓히고, 사람은 그러한 윤리적 함정에 빠지기 쉽다는 현실을 자각할 필요가 있다. 하리스(Charles Harris.Tr.) 등은 이러한 요인을 다음과 같이 정리하고 있다[4].

사리사욕(self-interest): 스스로의 이해를 프로페셔널로서의 책임보다 중시하는 것.

---

4) Charles E. Harris. Michael S. Pritchard, and Michael J.Rabins, Engineering Ethics: Concepts and Cases, 2nd ed.(New York: Wadsworth Publishing Company, 2000), Ch.5.

우려(fear): 프로페셔널로서 책임을 완수한 결과에 대한 우려(예를 들어 스스로의 실수를 인정하는 것, 일자리를 잃을 가능성, 인간관계를 악화시키는 것 등에 대한 우려).

자기기만(self-deception): 「다른 사람을 위해서 하고 있기 때문에 이것을 하고 있는 것은 자신 만이 아닌 것이니까」, 「이번만으로 다음부터는 절대하지 않을 것이니까」 등의 변명을 하거나 의도적으로 현실로부터 도피하거나 하는 경향.

무지(ignorance): 적절한 의사결정을 실시하기 위해서 불가결한 정보에 대한 지식을 갖지 않는 것.

자기중심적 지향(egocentric tendencies): 자신에게 놓여 있는 상황을 자기 자신의 입장으로만 판단해 객관적인 상황 분석이 안 되는 것.

미시적 시야(microscopic vision): 한정된 범위에서 상세하게 얽매이는 경향.(「나무를 보고 숲을 보지 않고」)

권위의 무비판인 수락(uncritical acceptance of authority): 지도자나 상사의 의향이나 지시를 무비판적으로 받아들이는 것(예를 들어 S. 밀 그램 등의 고전적인 아이히맨 실험 등에서 얻어진 사회심리학적인 지견에 의하면 인간은 상상 이상으로 권위를 받아들이기 쉬운 경향이 있다).

집단사고(group think): 그룹이 충분한 비판적 고찰을 실시함이 없이 결론에 이르러 버리는 경향.

이상의 제 요인에서 스스로가 처한 상황에 특유의 요인, 또는 자기 자신이 가지는 특별한 사정 등을 분석해, 그것들을 자각하는 것은 윤리적 판단의 잘못을 피하기 위해서는 중요하다.

게다가 이러한 저해 요인만이 아니고 윤리적 행동을 재촉하는 촉진 요인에 대해서도 생각하는 것이 필요하다.

표 6-1 윤리적인 행동을 촉진하는 요인의 리스트

촉진 요인	저해요인
이타주의	사리사욕(이기주의)
희망 · 용기	우려
정직 · 성실	자기기만
지식 · 전문 능력	무지
자기 상대화(공공성)	자기중심적 지향
거시적 시야	미시적 시야
권위에 대한 비판 정신	권위의 무비판적 수용
자율적 사고	집단 사고
그 외	그 외

전술의 저해 요인에 대응해 표 6-1에 있는 것 같은 촉진요인이 있다고 생각된다. 이러한 촉진 요인이 기술자윤리 강령 중에서 강조되는 중요한 「가치」라고 말할 수 있다. 이기주의에 대한 이타주의는 「공중의 안전·건강·복리」를 최우선 하는 것에 연결되어 「무지」에 대응하는 것은 「전문 지식의 유지 향상」이라고 생각된다.

여기서 한 번 더 강조해 두고 싶은 것은 이 과목의 목적은 기술자의 행위를 비판하는 것이 아니고 기술자들이 이미 가지고 있는 윤리적 판단 능력·행동력을 한층 더 늘리는 것이다. 즉 윤리적 문제에 직면한 기술자들이 자신있게 의사결정을 실시해서 한층 더 기술자로서의 긍지를 가지고 의사결정에 따른 행동을 취하는 것을 지원하는 것이다. 즉 수강자가 스스로 해야 할 일을 인식하고 「힘이 나는」 과목으로 여기기를 바라고 있다.

이 과목에서 배울 것은 불상사를 일으키지 않기 위한다든가, 기술자의 신용을 실추하지 않기 위해 「~하지 말 것」이라고 하는 것이 아니다. 기술자로서의 명예와 긍지를 가지고 의사결정을 할 수 있는 능력, 「힘이 나는 기술자윤리」를 몸에 익히는 기초를 배우고자 하는 것이다.

7. 기술자에 있어 법률이란 무엇인가

AN ENGINEER ETHICS
AN ENGINEER ETHICS
AN ENGINEER ETHICS
AN ENGINEER ETHICS
AN ENGINEER ETHICS
AN ENGINEER ETHICS

1

사회의 조직(기업) 활동과 법률

법률은 사회 활동의 기본 룰이며 조직(기업) 활동도 이 룰을 지켜나가야 한다는 것으로부터 이야기를 시작하고자 한다.

자본주의의 경제에서 기업이나 경영자는 자칫하면 자본의 논리에 따라 탐욕을 가져서 반사회적 행동을 취하기 십상이기 때문에 상법·증권거래법·독점금지법과 같이 많은 법률로 그러한 기업 활동을 억제하고 단속하는 노력이 있어 왔다. 또 이러한 법률을 지키지 않았던 많은 기업이 법률위반으로 고소되거나 불상사를 일으켜서 사회적으로 규탄을 받아 왔다.

최근에는 법인의 대표자 또는 그 종업원 등이 그 업무로 법률에 위반행의를 한 경우에는 그 행위자뿐만 아니라, 법인이나 법인의 대표자도 처벌할 수 있는 양벌규정이라고 하는 조항이 많은 법률에 추가되게 되어 있으므로 더욱더 그러하다.

따라서 기업의 활동은 법률을 지킨다고 하는 준법(compliance)의 원칙으로부터 빗나갈 수는 없다. 법률을 위반하는 행위는 예를 들어 원자력 등 규제법위반의 JCO의 사고, 상법이나 증권거래법 등 많은 법률에 위반하는 불량채권 은폐나 분식결산, 독점 금지법 위반의 담합이나 수질오탁법위반의 오염물질의 배출과 같이 반사회적 낙인이 찍혀 기업의 존속도 위협 같은 큰 데미지를 받는 사회 정세로 되어 있다.

그러나 기업에 따라서는 모르고 법률을 범하고 있는 경우, 알고 있지만 어디에서도 하고 있으니까 나도 그렇게 해도 되는 경우, 알고 있으면서 감추고 있는 경우가 없다고는 할 수 없다. 이것들은 모두 외부에 알려진다면 기업에 있어 큰 타격이 된다. 즉 법률위반은 기업에 있어 큰 리스크를 안고 있게 된다. 따라서 기술자는 위법행위를 하지 않는 것은 당연하며 찾아냈을 경우에는 문제를 지적하여 시정대책을 진언할 필요가 있다.

이 과목은 「기술자윤리」를 다루고 있어 기술자가 판단할 때는 기술자 개인이 자율적으로 의사결정 해야 한다고 하고 있지만, 이 법률[1])에 있어서는 유무를 말하지 않고 지키는 것이 절대 조건이 된다.

실제로 기업이 관여하고 있는 사회 문제와 법률의 입법·시행과의 사이에는 시간적인 갭이 있다. 사회적 문제가 발생하고 나서 법률이 시행될 때까지는 대상이 되는 사실의 확인과 조사, 관계자의 의견 청취나 입법의 과정에서 많은 시간을 필요로 하는 것이 보통이다. 따라서 기업은 이미 시행하고 있는 법률에 위반하지 않는 것은 당연하다고 해도 장기간의 영향이 생각되는 문제로 기업으로서 결정을 하는 경우에는 장래 시행될 것이라는 법률의 앞을 읽고 대응을 하는 것이 결과적으로 기업에 있어서도 가장 좋은 선택이 되는 경우가 많아지고 있다. 예를 들어 다이옥신이 문제로 되어 있었을 경우가 많아지고 있다. 소각로를 설계 건설하는 경우에는 그때의 배출 규제 기준을 통과할 뿐만 아니라 장래의 규제를 충분히 통과할 수 있는 설계로 할 필요가 있다.

---

1) 일본기계학회회편 「법공학 기계공학편람 디자인편(β9편)」 丸善, 2003년.

2

조직(기업)에서 일할 때의 법률

조직이나 기업에서 일할 때 기본 법률로서는 노동기준법이나 노동안전위생법[2]이, 공무원에 관해서는 국가(지방)공무원법이 있다. 이러한 법률은 기술자를 지켜 주는 반면 기술자는 하청을 포함, 현장에서 사람을 이용하고 있으므로 그 관리자로서 또 법률상의 주임 관리자로서 고용자 측의 대리인으로서 어려운 문제에 직면하는 일도 많다.

나아가 기술자가 실제 일을 하는 가운데 필요한 법률은 다 셀 수 없을 정도로 많다. 예를 들어 화학물질을 취급하는 경우에는 화학물질심사규제법, 소방법과 그속에 포함되는 위험물 취급에 관한 관계 법령, 노동안전위생법시행령, 독물 및 연극물 단속법, 수질오탁 방지법 등이 많은 규제를 받으며 그 내용도 사회의 요구와 함께 변해가므로 법령과 그 수정 상황을 알고 그것을 지켜 가는 것이 요구된다.

여기에서는 기술자가 알고 있어야 하는 제조물책임법·독점금지법·특허법·저작권법·부정경쟁 방지법 등의 골자에 대해 설명한다.

---

2) 井上 浩,『최신노동안전 위생법, 제5판』, 중앙경제사, 2003년

3

제조물 책임(PL: Product Liability)법

제조물에 의해 사용자가 피해를 받았을 경우 제조물에 결함이 있으면 제조업자에게 고의·과실이 없어도 책임을 져야 한다(무과실 책임)는 법률로 일본에서는 1995년부터 시행되고 있다. 이 법률은 결함 상품으로부터 피해자를 보호하기 위해서 기업에 사용자에 해를 줄 가능성이 있는 결함 상품은 출하해서는 안 된다는 것을 명시하고 있다. 기술자윤리의 면으로부터는 공중의 안전·건강·복리를 최우선해야 한다는 윤리 강령에 대응하고 있다.

과거에 제조물 책임에 관련한 사고로서는 다음과 같은 것이 있다.

- 福岡 카네미유증사건: 가열용 PCB의 식용유에의 혼입(1968년)
- 北陸 스몬병: 정장제 키노포름의 부작용(1970년)
- L-트리프트판 사건: 쇼와전공이 미국 회사에 수출(1993년)

발효 제조 방법의 일부 변경에 의한 불순물에 의한 약해로 미국에서 사망자 35명, 환자 1200명이 발생하였다. 자동차나 가전품 등의 설계 미스에 의한 트러블 대책으로서 회수하거나 가전기기 등에 부속되어 배포되는 상세한 사용 설명서도 제조물 책임에의 배려의 하나로 보는 수가 있다.

제조물책임법은 짧은 법률이지만 그 골자는 다음과 같다.

(목적) 제1조

제조물의 결함에 의해 사람의 생명, 신체 또는 재산과 관련된 피해가 생겼을 경우 제조업자 등의 손해 배상 책임에 대해 정한다.

(정의) 제2조

① 「제조물」이란, 제조 또는 가공된 동산이다.

② 「결함」이란 해당 제조물이 통상 가져야 하는 안전성을 빠뜨리고 있는 것이다.

③ 「제조자 등」이란, 다음의 어느 쪽인가에 해당하는 사람이다.

　　i) 해당 제조물을 업으로서 제조, 가공 또는 수입한 사람.

　　ii) 스스로 해당 제조물에 그 이름, 상호, 상표 그 외의 표시를 한 사람 또는 해당 제조물에 그 제조업자라고 오인되는 것 같은 이름 등의 표시를 한 사람.

(제조물 책임) 제3조

제조업자 등은 그들이 인도한 제조물의 결함에 의해 타인의 생명, 신체 또는 재산을 침해했을 때는, 이것에 의해 생긴 손해를 배상하는 책임자로 임명한다. 다만 그 손해가 해당 제조물에 대해서만 생겼을 때는 예외로 한다.

(면책사유) 제4조

① 제조물을 인도한 때의 과학기술적 지견에서 전혀 몰랐던 때.

② 결함 제조물이 다른 제조물의 부품 또는 원재료에 의해 일어났을 경우에는 결함 부품 또는 원재료의 설계 측에 책임이 있다.

(기간의 제한) 제5조

① 시효는 손해 및 배상 의무자를 알고 나서 3년간으로 인도 후 10년에 소멸한다.

② 일정한 잠복 기간이 경과한 후에 증상이 나타나는 손해에 대해서는 손해가 생겼을 때로부터 기산한다.

4

독점 금지법(독금법)3)

1) 독점 금지법의 목적

이상적인 자본주의에서 상품의 가격은 수요와 공급의 관계로 시장에서 적절히 결정할 수 있게 되어 있다. 그러나 기업이 있는 특정의 상품·서비서에 대해 공급을 독점함으로 인해 가격·공급을 지배하고 소비자의 이익에 반해 이윤을 올리는 것이 가능하다. 독점 금지법은 이러한 기업이 인위적으로 가격을 좌우해 시장을 지배하는 힘을 금지하고 「시장에서 공정하고 자유로운 경쟁을 촉진하고 사업자의 창의를 발휘시켜 사업 활동을 활발히 해 일반 소비자의 이익을 확보하는 것」에 있다.

2) 독점 금지법의 기본

① 사적 독점의 금지
② 부당한 거래 제한의 금지
③ 불공정한 거래 방법의 금지
④ 사업 지배력의 과도한 집중 방지에 있다.

---

3) 공정거래 위원회편 「독점 금지법」의 대강, 하청법, 경품 표시법을 포함한 공정 거래 위원회, 2003년.

3) 사적 독점의 금지

사적 독점이란 기업이 단독 또는 그 외와 공모하여 일정한 거래 분야에서 다른 사업자를 시장에서 배제하여 경쟁을 실질적으로 제한하는 것이다.

시장의 리더가 임원의 파견이나 주식의 구입에 의해 하위 메이커를 지배하거나 다른 사람의 영업활동을 방해하는 것도 사적 독점이지만, 품질·가격 등에 의한 공정한 경쟁에서 시장을 독점하는 것은 해당하지 않는다.

4) 부당한 거래 제한의 금지

① 카르텔: 복수의 동업자가 가격, 수량, 규격, 거래처를 제한하여 시장 전체를 지배하려고 하는 동 행위
② 담합: 동업자의 공존을 위해로 칭하여 사업자가 다른 사업자와 공동으로 대가를 결정·유지하여 수주 예정자를 결정·제한하는 등에 의해 공공의 이익에 반해 경쟁을 실질적으로 제한하는 위법 행위
③ 염가판매 업자에 대한 공급 업자의 공동 거래 거절
④ 업자의 공동에 의한 독점 판매
⑤ 시장의 분할 등 일정한 거래 분야에 있어서 경쟁을 실질적으로 제한하는 일이 문제가 된다. 대부분의 경우 위반을 의식하고 있으므로 서류는 만들 수 없지만 실태가 문제로 되는 경우가 많다.
　변호사·의사·건축가 등의 자유업에 대해서도, 최근에는 병원 개설, 진료과목의 추가, 보수 기준의 설정, 설계 경기에의 참가제한 등은

경쟁의 제한이라고 하는 것으로 독금법이 적용되고 있다.

5) 불공정한 거래 방법의 금지

다음과 같은 상행위가 이것에 상당한다.

① 공동의 거래 거절: 염가 판매업자에 대한 불매 운동 등
② 배타 조건부 거래: 자사 제품만의 판매를 조건으로 상품 공급
③ 재판가격 유지: 메이커의 지정 가격에서의 판매를 조건으로 상품 공급
④ 구속 조건부: 거래 상대의 제한, 병행 수입의 금지 등
⑤ 부당한 가격 차별: 지역이나 상대에 의한 부당한 가격차
⑥ 사업자 단체에 의한 차별 취급: 회원 또는 비회원의 차별 등
⑦ 부당 염가 판매: 다른 사업자를 배제할 목적의 원가 분열 판매 등
⑧ 기만에 의한 고객 유인: 과대 광고, 멀티 상법 등
⑨ 부당한 이익에 의한 고객 유인: 과대한 경품 등
⑩ 서로 껴안게 한 판매: 팔리는 것과 팔리지 않는 물건을 서로 껴
   안게 한 판매
⑪ 거래 방해: 상대의 계약, 판매 등에 대한 방해
⑫ 우월적 지위의 이용: 백화점의 납입 업자에로의 판매 등

6) 사업 지배력의 과도의 집중화 방지

① 회사 합병의 규제: 합병의 사전 신고에 의한 조정
② 시장쉐어 집중의 규제: 쉐어가 과도하게 되지 않도록 하는 것

③ 주식 소유, 임원 겸임의 규제: 실질적 독점 금지를 막는 대책
④ 독점적 상태의 규제: 기업 분할(NTT의 분할과 같은 예)

7) 독점 금지법의 적용 제외 제도

시장 메카니즘을 기능시키지 않는 것이 좋다고 말해진 아래와 같은 분야에서 독금법의 적용이 제외되고 있다.

① 전력 사업·전기 통신사업
② 특허권 등의 지적 소유권의 정당한 행사
③ 불황 대책, 과당 경쟁 대책, 무역 대책의 행정 지도 등
④ 재판제도: 신문, 잡지, 서적, 화장품 등

그러나 ②의 지적 소유권 관련을 제외하고 그 필요성은 희미해져 가고 있다.

8) 공정거래 위원회의 역할

공정거래 위원회는 독점금지법의 목적을 달성하기 위한 나라의 행정 기관이다. 신고·탐지·통지 등에 의해 입수한 문제에 대해 심사·심판·심리 판결의 과정을 거쳐 위반 행위의 배제 조치를 명한다.

9) 해외 활동시의 타국의 독점 금지법에의 주의

각국에서도 일본의 독금법과 같이 광범위하게 걸치는 독금법상의 규제가 있다. 일본과 다른 규제나 관행이 있으므로 특히 주의가 필요하다.

따라서 해외의 기업과 업무를 실시할 때는 상대국의 독금법상의 문제의 이해가 필수로, 비용이 드는 상대국의 변호사를 고용하는 일도 일상 다반사이다.

5

산업재산권(특허4)·실용신안·의장·상표)

− 특히 특허에 대해 −

1) 특허제도의 목적과 특허권

발명의 보호 및 이용을 꾀하는 것으로 발명을 장려하고 산업의 발전에 기여시키는 것에 있다. 특허권은 독점 금지법의 예외 조치로서 제조·판매의 독점권을 발명자에게 준다.

특허 실시권은 특허권자 이외의 제삼자가 합법적으로 실시할 수 있는 권리인 영역에서 특허권을 독점할 수 있는 전용 실시권과 불특정의 기업이 그 권리를 입수할 수 있는 통상 실시권이 있다.

---

4) 久木元彰·昭嶋美智子「기술자를 위한 지적 재산권 강좌」발명협회, 2002년.

2) 특허의 요건

① 출원의 시점에서 진보, 신규성이 있을 것
② 산업상 이용할 수 있는 발명일 것
③ 특허출원 전에 국내에서 공공연하게 알려지지 않은 것(공지)
④ 특허출원 전에 국내에서 공공연하게 실시되어 있지 않은 것(공용)
⑤ 내외의 간행물에 기재되지 않은 것
⑥ 출원 전에 그 기술 분야에서 통상의 지식을 가지는 사람이 용이하게 발명할 수 없는 것

3) 발명의 종류

일본에서 특허는 다음의 2 종류 특허가 인정되고 있다.

① 물건의 발명: 기계, 기구, 구축물, 일용 잡화, 합금, 화학물질, 식물, 물건, 기호품 등
② 방법의 발명: 약품이나 원재료를 만들어 내는 공정, 순서나 측정, 검사의 방법, 열·광·전기 등 무형의 물건을 발생시키는 방법 등

그러나 최근에는 컴퓨터소프트,. LSI의 패턴, 수익을 올리기 위해 비즈니스 구조의 아이디어(비즈니스 특허)도 특허화되고 있다.

4) 특허권의 발생

특허를 입수할 때까지의 프로세스를 그림7-1에 나타낸다. 기본은 출원하는 일, 심사청구 하는 것, 특허료를 지불하는 것이지만, 특허권자에게는 독점적 제조 판매권이 주어지므로 출원 후에 방식 심사(서류가 올바르게 쓰여 있는지 등)를 해서 심사 청구 후에 심사관에 의한 실체 심사(특허 요건과 내용의 특허성 심사 등)를 한다. 이것들에 패스하면 특허 사정 되어 특허료를 지불하면 특허청의 특허 원부에 등록되어 특허권이 발생한다.

5) 특허권의 효력

특허권은 발명자에게 일정 기간, 일정 조건 아래에 독점적인 권리를 주어 발명의 보호를 꾀하는 한편 그 발명을 공개해서 특허의 이용을 꾀해서, 기술의 촉진을 꾀한다는 것이다.

따라서 영업을 목적으로 하지 않는 경우나 연구나 시험을 위해서 실시하는 경우 등에는 특허권은 미치지 않기 때문에 특허가 주장하는 효과의 확인 테스트는 가능하다.

특허의 유효 기간은 20년이다.

일본은 종래 특허권에 관한 인식이 약했기 때문에 앞으로 특허·지적 재산의 보호·강화를 하는 계획이 진행되고 있다.

특허 공보의 예를 그림 7-2에 나타낸다.

[발명의 명칭] 알기 쉬운 명칭을 붙인다.

[발명자] 실제로 발명한 개인명을 쓴다.

[특허 청구의 범위] 특허의 권리 내용은 이 범위에 한정되므로 발명의 범위를 명확히 정의할 필요가 있다. 特許係爭時보다 곳곳도 기본적으로는 이 내용에 의한 것이므로 중요하다. 청구 항은 수십 항에 미칠 경우도 있다.

[발명의 상세한 설명] 다음과 같은 항목을 설명한다.

- 산업상의 이용 분야
- 종래의 기술
- 작용
- 발명이 해결하려고 하는 과제
- 과제를 해결하기 위한 수단
- 발명의 효과
- 도면의 간단한 설명
- 실시 예: 통상의 기술 지식을 가진 제3자가 이 발명을 추가 시험 확인할 수 있도록 구체적으로 설명

그러나 이러한 항에 들어 있어도 특허의 청구 범위의 항에 정의하여 명확히 기재하고 있지 않으면 그 권리는 주장할 수 없다.

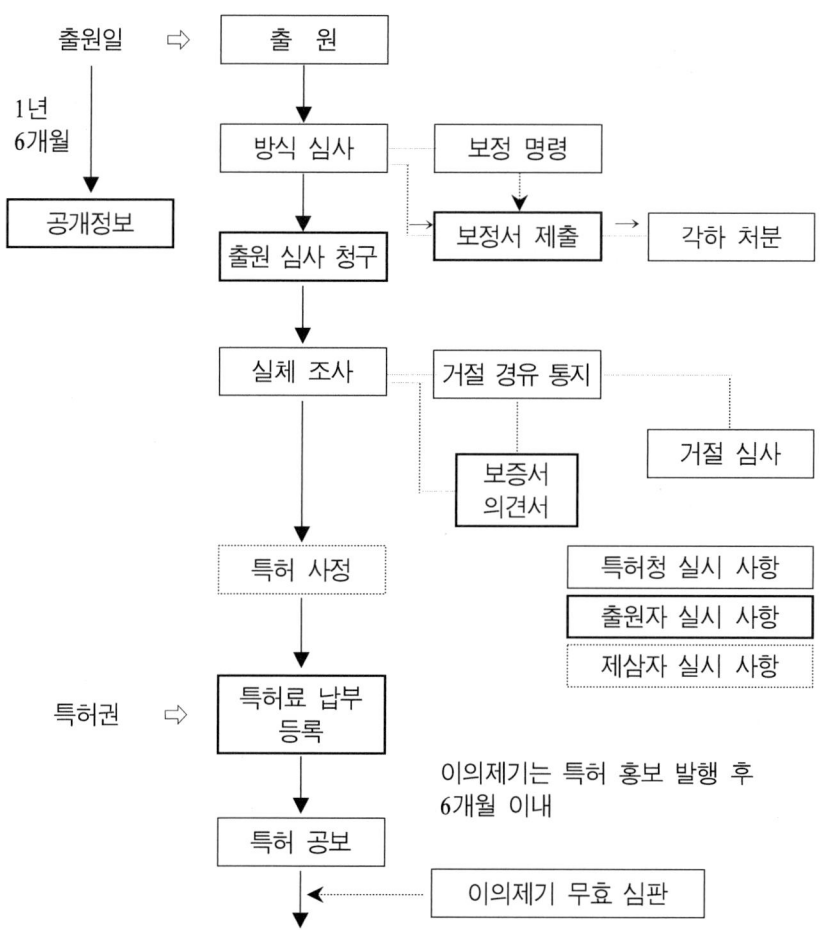

출원일 ⇨ 출 원

1년
6개월

공개정보

방식 심사 ── 보정 명령

출원 심사 청구 → 보정서 제출 → 각하 처분

실체 조사 ── 거절 경유 통지

보증서
의견서

거절 심사

특허 사정

특허청 실시 사항
출원자 실시 사항
제삼자 실시 사항

특허권 ⇨ 특허료 납부
등록

이의제기는 특허 홍보 발행 후
6개월 이내

특허 공보

이의제기 무효 심판

(19)日本国特許庁（JP）　　　(12) **特 許 公 報**（B2）　　　(11)特許番号

第2507837号

(45)発行日　平成8年(1996)6月19日　　　(24)登録日　平成8年(1996)4月16日

(51)Int.CL⁶　　　　　　識別記号　庁内整理番号　　　PI　　　　　　　　　　技術表示箇所
D06M 13/46　　　　　　　　　　　　　　　D06M 13/46
A61L 2/16　　　　　　　　　　　　　　　A61L 2/16　　　　　Z
D06M 13/402　　　　　　　　　　　　　　D06M 13/46
　　　　　　　　　　　　　　　　　　　　　　　　13/40

請求項の数2(全 6 頁)

(21)出願番号　特願平3-121810

(22)出願日　平成3年(1991)4月25日

(65)公開番号　特開平4-327269

(43)公開日　平成4年(1992)11月16日

(73)特許権者　000109185
ダウ コーニング アジア株式会社
東京都港区西新橋一丁目15番1号

(72)発明者　谷口 裕朗
神奈川県秦野市萩ガ丘8-8マンション
萩ガ丘1-1

(72)発明者　丸山 照仁
神奈川県足柄上郡大井町金子1673-1潤
沢ハイツ208号

(74)代理人　弁理士 大井 正彦

審査官　猟師 留香

(56)参考文献　特開 昭58-13776（JP，A）
特開 平1-97276（JP，A）
特開 昭59-71480（JP，A）

(54)【発明の名称】　抗菌性繊維および繊維の抗菌処理方法

(57)【特許請求の範囲】

1

【請求項1】　第4アンモニウム化合物よりなる抗菌剤
で処理された抗菌性繊維であって、
前記第4アンモニウム化合物のカチオン基が、下記化1
で表されるN-アシルアミノ酸塩よりなるアミノ酸系界
面活性剤化合物によって、少なくとも部分的に封鎖され
ていることを特徴とする抗菌性繊維。

【化1】

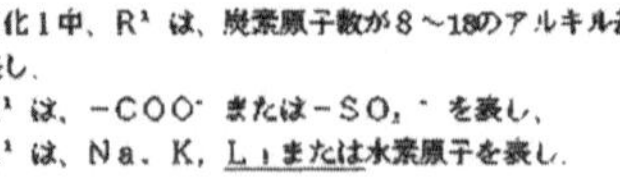

$$R^1-\overset{\overset{\displaystyle O}{\|}}{C}-\overset{\overset{\displaystyle CH_3}{|}}{N}\text{-}(CH_3)_n-X^1\ominus\cdot A^1\oplus$$

【化1中、R¹は、炭素原子数が8〜18のアルキル基を
表し、
X¹は、-COO⁻または-SO₂⁻を表し、
A¹は、Na、K、Lₐまたは水素原子を表し、

2

nは1または2である。】

【請求項2】　第4アンモニウム化合物および下記化2
で表されるN-アシルアミノ酸塩よりなるアミノ酸系界
面活性剤化合物を含有してなる処理液で繊維を処理する
ことを特徴とする繊維の抗菌処理方法。

【化2】

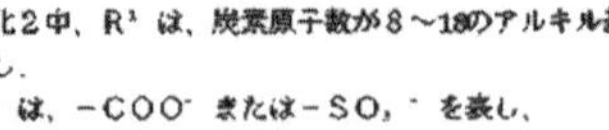

$$R^1-\overset{\overset{\displaystyle O}{\|}}{C}-\overset{\overset{\displaystyle CH_3}{|}}{N}\text{-}(CH_3)_n-X^1\ominus\cdot A^1\oplus$$

【化2中、R¹は、炭素原子数が8〜18のアルキル基を
表し、
X¹は、-COO⁻または-SO₂⁻を表し、
A¹は、Na、K、Lₐまたは水素原子を表し、
nは1または2である。】

【発明の詳細な説明】

그림 7-1 특허 공보의 예

6) 특허 분쟁

특허권은 독점성이기 때문에 사업을 실시하는 사람에게 있어서는 특허의 유무는 사업의 존립에도 관계되는 문제로, 특허 분쟁은 ① 특허성과 ② 특허권 침해의 영역에서 일어나고 있다.

① 특허성

출원후의 특허청에 의한 실체 검사와 특허 공보 발행 후 6개월 이내의 제3자에 의한 이의 신청 이외에, 특허 성립 후의 무효 심판 등에서 경쟁한다.

② 특허권의 침해

타인에 의해 자신의 특허권이 침범되었을 때는 특허 침해로서 배제할 수 있는(멈추게 할) 권리가 있다.

또 자신의 특허 침해에 의한 손해를 상대에게 손해 배상을 청구할 수 있다. 통상은 침해자에 대해서 경고를 발표하는 것으로부터 시작되지만, 다른 사람의 특허를 침해해 경고가 없는 것으로 안심하고 있으면, 나중에 고액의 청구서를 들이댈 수 있게 된다. 그 때문에 기업에서는 적절한 출원을 하여 장래 문제가 일어나지 않게 출원 시부터 특허 분쟁에 이를 때까지의 준비·대책을 위해 변리사라고 하는 전문가를 활용하는 곳이 증가하고 있다.

7) 직무 발명[5])

종업원으로서 과거 또는 현재의 직무에 속하는 발명을 직무 발명이라고 하며 계약이나 근무 기간 등에 의해 특허권은 회사가(예약) 승인하는 것이 보통이다.

종업원은 직무 발명에 대한 특허권을 기업에 승계시키거나 전용 실시권을 설정시키거나 할 때는 상응하는 대가의 지불을 받을 권리를 가지고 있다.

이 종업원에 대한 상응하는 대가는 고용자가 얻은 이익과 고용자의 공헌도(급여, 개발비 등)을 고려해 결정할 수 있게 되어 있다. 종래는

출원 보장금－특허를 출원했을 때
등록 보장금－출원한 특허가 등록 되었을 때
실시 보장금－등록된 특허를 실시할 때

에 지급되어 사내에서의 처우 등인 정도로 처리되고 있었다.

문제가 되고 있는 것은 기업이 그 특허를 실시해 큰 경제적 이익을 올렸을 때의 실시 보장금이다. 니치아(日亞)화학과 캘리포니아 대학교수의 나카무라 슈우이치(中村 修一)의 청색 발광 다이오드의 개발 특허에 관한 소송이 그 전형적인 예이다. 실시 보수 금액에 대한 연구자의 불만을 해소한다, 또 종업원의 발명·발견을 장려 하는 목적도 있어 최근 발명자 개인에게로의 실시 보장금을 증가하는 기업이 많아지고 있다.

---

5) 竹田和彦 「특허는 누구의 것인가, 직무 발명의 귀속과 대가」 다이아몬드사, 2002년.

8) 특허의 선원(先願)주의

이유는 여하튼 빨리 정식으로 출원한 사람이 승리로 특허권을 신청할 수 있다. 이것이 특허의 선원주의라고 하는 것이다.

9) 외국 출원과 우선권 주장

외국에서 물건을 판매하거나 또는 생산하는 경우에는 판매하는 것만으로도 반드시 나라에 특허를 출원해 둘 필요가 있다.

다른 회사가 그 특허를 사용해 만든 것을 외국에서 판매하는 것을 막기 위해서도 그 나라에 출원해 둘 필요가 있다. 외국에 출원하려면 번역·수속 등에 시간이 걸리는 것을 구제하기 위한 특례로서 출원을 본국에서의 출원일부터 1년간 이내라면 본국에서의 출원일을 인정하는 우선권 주장이란 제도가 있다.

10) 선사용권

특허가 된 발명의 출원 이전에 독자적으로 발명하여 실시를 위해 상당한 준비를 하고 있는(증거가 필요) 사람에 대해서는 통상 실시권이 예외적으로 주어지는 권리

11) 페이퍼레스 출원 시스템 외

통상 플로피 디스크 등에 기록해 출원하고 있다.

6
저작권법

1) 저작권이란

광의의 지적 재산 중에서 산업 목적으로 기여하는 것이 산업 재산권으로 문화 목적으로 기여하는 것이 저작권으로 모두 인간의 정신적 창작 활동의 소산에 대한 것이다.

2) 저작물

저작권에 대응하는 저작물은 문예·학술·미술·음악에 관한 사상·감정을 창작적으로 외부에 표현한 것이지만, 컴퓨터·프로그램과 일부의 데이터·베이스도 저작물에 추가되었다. 그러나 컴퓨터·소프트용의 언어는 저작물이 아니라고 여겨지고 있다.

일반적으로 관청의 출판물이나 신문의 보도 등은 제외되고 있지만, 이러한 중의 논문 등은 저작물로 되어 있다.

3) 저작권의 등록

산업 소유권과 달리 저작권은 등록의 필요는 없다.
저작자는 변함없지만 저작권은 양도할 수 있다.

4) 저작권의 종류

① 복제권(카피권)
② 상연권(연극), 연주권(음악), 공중 송신권(방송, 유선 방송), 구술권
   (강연), 전시권(회화, 사진), 상영권, 반포권(영화) 등
③ 대여권(CD나 비디오의 렌탈)
④ 번역권

등이 있다.

5) 저작권의 효력

창작일부터 저자의 사후 50년까지 보호된다.
특허와 달리 보호되는 것은 표현의 부분 만이므로, 문장·도면·음악 등
을 전부 카피하는 것은 금지되지만, 안의 아이디어의 보호는 받지 못한
다. 따라서 프로그램·소프트의 아이디어는 특허로 신청하는 것이 좋다.

6) 자주 있는 트러블

① 표절: 타인의 시가, 문장 등의 문구 또는 설을 훔쳐 취해 자신의 것으로서 발표하는 것(『코우지엔(廣辭苑)』)
② 음악 CD의 해적판 등: CD 등에 들어가 있는 음악을 카피해 판매하는 일
③ CD-ROM 등의 컴퓨터·소프트의 복제

CD-ROM 등에 들어가 있는 컴퓨터 소프트웨어류는 통상, 구입자의 컴퓨터에 대한 것임에도 불구하고, 다른 컴퓨터에 카피해 사용(기업 또는 단체에서 복수의 컴퓨터로 공동 사용하는 장소는 별도 계약이 필요) 또는 판매하는 일

7

부정 경쟁 방지법

1) 영업 비밀의 누설과 부정 경쟁 방지법

기업에 있어 영업 비밀의 누설은 상황에 따라서는 기업의 존립을 위협하게 된다. 기업에 의한 영업 비밀의 부정 입수는 종래는 민법으로 처리되고 있었지만 1990년부터 부정 경쟁 방지법으로 처리되게 되었다. 부정 경쟁 방지법은 영업 비밀을 ① 비밀로서 관리되고 있는 것, ② 사업 활동에 유용한 것, ③ 공공연하게 알려지지 않은 요건을 채우는

것으로 정의해 영업 비밀을 부정하게 취득하거나 이용하거나 하는 행위에 대해서 위법 행위의 금지 청구 손해액의 추정, 손해 배상을 청구할 수 있도록 했다.

2) 영업 비밀의 소유권과 종업원에 의한 누설에의 대책

NSPE의 윤리 강령에서는 일을 하기 위해서 기술자에 공여된 정보나 기술자가 한 일의 내용 소유권은 고용자 또는 위탁자에 있어 기술자에게 타목적에의 사용이나 외부에의 누설은 금지함과 동시에 고용자에 영업 비밀의 누설을 적극적으로 막도록 시사하고 있다.

통상 기업은 영업 정보의 정의에 대응한 정보 관리 체제 등의 정비에 노력해 종업원에 의한 비밀의 누설 대책으로서 취업 규칙에서 특별한 경우는 개개의 종업원과 개별적으로 비밀을 지킬 의무에 관한 계약을 체결하고 있다. 그러나 본건에 대해서는 기술자로서 구미 수준으로 엄격한 「일본 IBM의 기업 행동 규범」6)을 참고로 하는 것이 좋다. 이러한 영업 비밀은 본래 기업의 것이므로 그것들을 훔치면 절도죄, 업무상 횡령죄나 직위가 높으면 배임죄로도 된다.

3) 퇴직 사원에 의한 비밀의 누설 문제

퇴직하는 일부의 사원에 대해서는 일정 기간의 정보 누설 금지에 관

---

6) 「일본 IBM의 기업 행동 규범(일본 IBM의 비즈니스·컨덕트·가이드라인)」, 특히 「IBM 자산의 보호」의 항목, 인터넷으로부터 용이하게 입수할 수 있다.

한 서약서를 작성시키는 일이 있다. 퇴직 후의 취업 개시 등의 우려가 있을 때는 경합 금지 의무의 연장이라든지, 경업 회사에의 일정 기간의 취업 금지라든지 조건을 붙이는 일도 있지만 헌법으로 보장하는 직업 선택의 자유의 문제가 걸려 있다.

8
본 장의 결론

① 기술자와 관련한 5개의 법률에 대해 개설했다.
② 기술자는 어떤 일이 있어도 법령을 지키지 않으면 안 된다.
③ 기술자의 일의 수행에는 관계하는 법령은 많다.
④ 일에 관계하는 법령을 아는 것이 중요하다.
⑤ 법령은 개정되므로 그 동향을 알 필요가 있다.
⑥ 법령의 변경이나 시대를 선취한 일, 설계나 대응이 바람직하다.
⑦ 법령의 내용을 모를 때에는 전문가에게 상담하는 것이 좋다.
⑧ 영업 비밀은 고용자의 것이므로 기술자는 그 취급에는 특히 주의가 필요하다.

8. 기업에서 기술자의 책임과 권리란 무엇인가

AN ENGINEER ETHICS
AN ENGINEER ETHICS
AN ENGINEER ETHICS
AN ENGINEER ETHICS
AN ENGINEER ETHICS
AN ENGINEER ETHICS

1

일본에서 기술자의 역사

에도시대에 일본에는 직공을 중심으로 하는 기술자 집단은 존재했지만, 외국의 요구에 대항해 독립을 지키는 군사력은 없었으며 1877년에 메이지 정부는 급히 공부대학교를 설립하였으며 1886년에 도쿄 제국대학 공학부로 재편했다. 그 후도 많은 대학에 공학부나 이학부를 설립하여 구미의 기술 도입과 기술자를 양성했다. 그 결과 일본은 외국의 식민지가 되는 일없이 생활 레벨의 향상을 달성할 수가 있었다.

그러나 군사 대국이 되어 제2차 세계대전에서의 패전으로 국민들이 먹고 살아가기가 어렵게 되었었다. 전후 국민 생활의 향상을 목표로 한 정부·기업 등의 노력에 의해 고도 성장기를 거쳐 현재의 높은 생활 레벨을 달성할 수 있었다.

전쟁전까지는 세계의 과학기술 진보는 군사 기술을 중심으로 행해져 그 흐름을 민생 기술에 활용한다는 것이 많았지만 일본의 전후 기술개발은 민생 기술만의 개발에 집중해 그것을 완수했다는 점에서 세계적 쾌거였다고 말할 수 있다. 그 사이 기술자는 문명 사회의 배후자 또는 당사자의 역할을 이루어 왔다. 새로운 기술의 개발 실용화에 따라 생활 레벨은 현저하게 향상했지만 현대 문명은 기술 없이는 성립되지 않는 것 같은 상황이 되어, 최근 많은 사회적 문제는 기술의 이해 없이는 해결할 수 없는 상황이 되었다. 그 의미로 사회에 있어서 기술자의 역할은 더욱 더 커지고 있다.

2
기업이념·기업윤리와 기술자가 일하는 환경

다음에 기술자의 직장 환경으로서 기업에 대해 생각해 보고자 한다. 통상, 기업은 존립의 기초가 되는 사항을 기업 이념과 같은 이름을 붙여 사내외에 공개해 활동하고 있다. 그 내용은 기업에 따라 다르지만 보통은 기업의 높은 이상을 내걸고 있다.

그 이념에 따라 기업으로서의 윤리관을 기업 활동 속에 넣어 가기 위해 만들어진 것이 기업 윤리이지만 쓴 것이 어떤 회사도 없는 회사가 있다. 기업 윤리도 기업 이념과 같이 거의 미사여구로 줄지어 있다.

그러나 실제로는 불상사가 일어나고 있다. 이것은 공으로 하고 있는 기업 이념이나 기업 윤리와 실제로 최고 경영자에서 일반 종업원까지의 생각이나 행해지고 있는 행동이 차이가 나기 때문에 있다.

미국에서는 기업 윤리 면에서 훌륭하게 평가되고 있는 회사는 기업 윤리에 관한 서류가 잘 정비되어 있고 실행되고 있는 회사이다. 다음은 서류가 정비되어 있지 않은 회사이고, 최악인 것은 자료가 정비되어 있어도 실행되지 않고 있는 회사라고 말해지고 있다. 말로만 말하는 것과 실시하고 있는 일이 다르다고 종업원이 생각해 버리므로 특히 최고 경영자의 솔선수범에 의한 윤리적 행동이 중요해지고 있다.

이와 같이 기업 윤리에 관한 실제의 환경은 회사에 따라 크게 달라 기술자 자신이 행동하는데 큰 영향을 받는다. 올바른 행동을 하기 위해 여분의 일이 증가하거나, 하기 좋은 일을 하기 위해서는 기업이념·기업윤리에 관해서 확실히 하고 있는 회사를 선택하는 것도 기술자에 있어서 중요한 요소이다.

구체적으로 기술자가 일하는 직장 환경의 차이로서 들고 있는 것은, 상사의 판단 기준이 이상하다든가, 기술적 문제의 결정에 기술자가 어느 정도 관여하고 있는지 직장 안에서 기술자가 적절히 배치되고 있는지, 또 기술자의 권한이 명확히 되고 있는지와 같은 문제이다

기업윤리 강령 중에는 「성실을 취지로서 업무를 실시하도록」라고 하는 기술자윤리 강령과 중복하는 부분이 많이 있고 기술자의 윤리 강령 중에는 「납입 업자로부터 특정의 목적을 가진 금품이나 서비스를 받지 않는다」라는 것 같은 기업 윤리와 공통의 것이 있다. 그 점 기업에서 기업윤리의 처리법이 확실히 하고 있으면 기술자의 의식도 높아져 개인으로서의 윤리적 행동 수행에 좀 더 주력할 수 있을 것이다

다음으로 중요한 것은 기업에서 어떤 문제에 판단이라든지 결정을 할 때의 기준 또는 이유는 기술적 이유나 윤리적 이유만이 아닌 것이다. 다른 조직에서도 본래 그렇지만 기업의 경우, 경제적 이유라든지 경영적 이유를 제외한 중요한 판단은 먼저 생각할 수 없다. 기업 안에서는 금전계산을 모르는 기술자는 단순한 기술의 하청의 역할에 지나지 않고 경리나 재무가 기술 문제와 동시에 모르면 큰 기술적 판단이나 경영적 판단은 할 수 없을 것이다. 최근 특히 MOT(Management of Technology) 등 「경영을 아는 기술자」 양성의 요구가 높아지고 있는 것도 그 때문이라고 생각해도 좋다. 챌린저 사고 때에 기술자의 모자를 벗고 경영자의 모자를 쓰라고 하여 나쁜 결정을 한 것은, 기술·경영의 문제가 아니고 기술

문제를 무시해 단지 나쁜 경영적 판단을 했다고 하는 것으로 경영과 경영자의 판단이라는 것은 그만큼 무거운 것이라고 생각해야 한다.

기술자의 책임과 그 범위

먼저 처음 생각하지 않으면 안 되는 것은, 조직이나 기업의 내외에서 발생하는 여러 문제의 책임은 누구에게 있는가 하는 것이다. 일본에서는 합의 형성에 의한 결정이나 판단이라고 칭해 책임의 행방을 명확하게 하지 않는 경향이 있지만 책임은 그 결정을 하는 권한을 가지는 사람에게 있는 것이 원칙이다.

그러한 입장에서 기술자의 책임의 문제를 생각해 보고자 한다. 기술자가 져야 할 책임에는 다음의 4개 단계가 있다고 생각된다.

1) 제1단계의 책임

제1단계의 책임은 기술자가 자신에게 주어진 비교적 좁은 기술적 과제에 대해서 설계나 실무적 판단을 실시할 때의 이야기이다. 기술자가 일의 검토 결과를 상사에게 보고할 때 이 단계에서 중요하고도 필요한 문제점을 보고하지 않으면 그 문제는 누구에게도 알려지지 않은 채로 진행되므로 이 경우에는 100% 그 기술자에 책임이 있다고 생각된다. 보고해야 할 것을 보고하지 않는 것은, (본인의 능력이 없어 적절한 일을 할 수 없는 경우를 제외) 상사가 듣고 싶지 않겠지요, 곤혹할 것이라고 추측된다든지, 상사에게 폐를 끼친다든가, 자신이 여분의 일을 하지 않으면 안 된다든가, 등의 이유라고 생각되지만, 이것은 먼저 말한 직장 환경과도 관계가 있다. 이전에는 스스로 처리해서 책임은 자신이 져 상사에게 배려를 하는 것이 유능한 부하라고 생각되었던 시기도 있었지만, 이제는 그러한 시대가 아니다.

2) 제2단계의 책임

제2단계의 책임은 기술자의 보고를 받은 상사 또는 그 위의 관리자가 부하의 보고를 참고로 자신의 판단으로 결정하는 경우이다. 일의 현장에서는 실제로 이러한 케이스가 많을지도 모른다. 이러한 상황에서는 그 기술자에게는 일단 책임은 없다고 생각해도 좋다.

3) 제3단계의 책임

그러나 상사에게 기술적 문제를 충분히 이해시킬 수가 없거나, 무시되거나 충분히 설득할 수 없었던 것에 대해 기술자로서 제3단계의 책임이 있을지도 모르고 느낄지도 모른다. 이것이 챌린저 사고로 로저 보죠레이가 모튼·사이아콜사나 NASA의 최고 경영자를 설득하지 못하고 느낀 책임에 상당하는 것일 것이다.

4) 제4단계의 책임

기술자는 과학기술의 배후자 또는 흑자로서 그 역할을 완수해 왔다고 말했지만 앞으로 기술자는 그 완수한 성과를 실행하는 판단을 사람에게 맡기지 말고 기업을 통해서 사회에 영향을 미치는 결정에 직접 참가하는 동시에 그 책임을 져야 하는 것이 기술자의 제4단계의 책임의 지는 방법이다.

미국의 기술자교육 인증기구인 ABET나 일본의 기술자교육 인증기구의 JABEE가 목표로 하고 있는 기술자상도 이 문제를 의식한 후의 이야기라고 생각된다. 그러나 유감스럽지만 기술자는 관리자나 경영자가 되었을 경우를 제외, 기업 중에서도 결정에 그다지 참가하고 있지 않고, 사회적 결정에는 정부 등의 위원회에 참가하고 있는 이외, 실질적으로 관여하고 있지 않는 것이 실정이다. 이것은 과학기술의 사회적 책임과도 관련하는 문제이다.

4
미국에서의 기업 윤리[7]

다음으로 사회 속에서 기업이라고 하는 문제를 생각해 보자. 지금까지 양의 동서를 불문하고 기업의 불상사는 끊이지 않았다. 미국에서는 1970년대 방위 산업의 과잉 청구, 저축 대출 조합의 예금의 부정 유용,

---

7) 飯野弘之 「신·기술자가 된다고 하는 것 Ver.4」 有松堂 출판, 2004년.

인사이더 거래 등의 불상사가 빈발했지만 유효한 윤리 강령의 문서화, 방위 산업 이니시야티브라고 하는 방위 산업의 자주적 개선이 이루어져 에틱스 오피스(ethics office)라고 하는 윤리담당 임원의 임명, 오피스라고 하는 윤리담당 부서의 설치, 종업원 행동 규범의 명확화, 계속적 계몽교육 등을 실시한다는 필요한 대책이 세워졌다.

그 대표라고도 할 수 있는 미국의 텍사스 인스트루먼트사(TI)는 「TI의 가치와 윤리」8)라고 하는 책자를 세계 11개 국어로 번역 발행하고 있지만 그 일부를 표 8-1에 나타낸다.

표 8-1 「행동 규범 - TI의 가치와 윤리」의 일부 발췌

- 성실
  우리는 서로를 존중하고 서로 인정한다. / 우리는 언제나 정직하다.
- 혁신
  우리는 배우고 그리고 창조한다. / 우리는 과감하게 행동한다.
- 코미트먼트(commitment)
  우리는 책임을 완수한다. / 우리는 경쟁에 이길 것을 맹세한다.
- 올바른 일을 하자. / 올바른 일을 존중하자 / 올바른 일을 하자.
- 만약 판단에 헤매면(에딕스 · 테스트)
  에틱스 테스트
    「그것」은 법률에 저촉되지 않을까.
    「그것」은 TI의 가치 기준에 맞고 있을까.
    「그것」을 하면 좋지 않다고 느끼지 않을까.
    「그것」이 신문에 실리면 어떻게 비칠까.
    「그것」이 올바르지 않다고 알고 있는데, 하지 않을까.

불명한 점이 있으면, 납득이 갈 때까지 상사 그 외 관계자에게 확인하시기 바랍니다.

이 단계에서 미국의 대기업에서는 기업 윤리 대책이 마련되어 미국

---

8) 「TI의 가치와 윤리」는 인터넷으로부터도 액세스할 수 있다. 전문 참조..

기업은 기업 윤리의 우등생이라고 하였다. 그러나 20~30년 후의 2002
년에는 대기업의 에너지 회사 엔론, 통신 회사 월드컴과 대기업 안다센
회계 사무소와의 공모에 의한 회계 조작에 의한 증권 사기가 발각되어
미국 기업의 신용을 실추시키게 되었다. 미국은 중대한 문제라고 하여
기업 개혁법을 성립시키고 「기업경영자에게 연차 보고서와 4분기 보고
서의 적절성 선서를 시킨다」 등의 어려운 조치를 취해 이 문제는 일단
락되었다. 전체적으로 좋은 방향으로 향하고 있다고 말하면서 세대가
바뀌면 또 같은 것을 반복하는 자본이나 인간의 탐욕인 행동에는 계속
주의나 경계가 필요한 것은 틀림없다.

5

사회 속에서의 기업

일본에서는 유키지루시(雪印)식품의 육질 사칭사건, 미츠비시 자동차
의 결함차 회수 은폐나 기업의 불량 자산 은폐 등의 불상사는 끊이지
않았다. 이러한 기업은 사회적인 제재를 받아 기업의 존립에도 영향을
주는 사태가 되어 있다.

이러한 상황을 생각하는 데 있어서 조직이란 무엇인가, 기업이란 무
엇인가, 그의 목적이나 이념은 무엇인가, 라고 하는 기본 문제로 되돌
아가서 생각할 필요가 있다.

이것은 최근 기업의 사회적 책임(Corporate Social Responsibility. 생
략해 CSR)이라는 문제로서 논의되어 「기업 행동 지침」과 같은 모습으
로 제안되고 있다. 국내에서는 2002년 10월의 기업경영자의 단체인 일

본 경제단체연합회(약칭 「일본경영자단체연맹」)의 「기업 행동 헌장」9)이
나, 2003년 3월에 발행한 경제 동우회의 기업 백서 「시장의 진화와 사회
적 책임 경영」10) 중에서 상세히 진술되고 있다. 또 세계적으로는 1986
년부터 스위스의 코에서 열린 경제인 코 원탁회의의 기업행동지침, 2002
년에 유엔이 지속 가능한 개발을 위해 설립한 The Global Compact 등
에서 토의되고 있다. 또 국제표준화 기구의 ISO에서는 기업의 행동 기
준의 규격화를 검토 중이다.

이러한 상황 속에서 최근에는 기업뿐만이 아니라 "조직(정부·지방자
치체·대학·각종 법인·NGO 등)의 사회적 책임"이라는 생각도 강해져
조직의 사회적 책임으로서 Corporate의 C를 뽑아 SR(Social Responsi-
bility)로서 논의가 되게 되었다.

그 관점으로부터 보면 지금까지 기업의 목적에 대해 잘못 생각한 많
은 사람들이 믿을 수 있어, 그것이 불상사의 하나의 큰 원인이 되고
있는 것을 알 수 있다. 예를 들어 기업의 목적은 이익의 최대화에 있
다는 생각이다. 확실히 이익이 오르지 않는 기업은 존립할 수 없다.

미국의 경영학자로 사회학자의 피터 드라커는 1954년에 「현대의 경
영」을 써, 지금부터 약 50년 전 기업경영자의 교과서가 되었지만, 2000
년 이후 많은 저작11)에서는 다음과 같이 말하고 있다.

이익을 내는 일은 기업으로서 필요조건이지만 충분조건은 아니다. 기
업의 목적은 사회 안에서 요구를 찾아내 사회가 요구하는 것이나 서비
스를 공급해 고객을 창출하는 것.

고객을 창출할 수 없어서 매상이나 수익이 안 올라 사회적으로 기업으

---

9) 일본경제단체연합회 「기업 행동 헌장-사회의 신뢰와 공감을 얻기 위해서-」2002
   년, 인터넷으로부터도 액세스할 수 있다. 「기업 행동 헌장 실행의 안내서」도 참
   고가 된다.
10) 경제동우회 「제15회 기업백서 「시장의 진화」와 사회적 책임 경영-기업의 신뢰
    구축과 지속적인 가치 창조를 향해-」인터넷으로부터도 액세스할 수 있다.
11) 피터 드락카 「체인지 리더의 조건」다이아몬드사 외, 1997년.

로서의 존재 가치가 위험해지고 있음에도 불구하고, 수익을 올리기 위한 고육책으로서 법률이라고 하는 룰을 침범해 불상사를 일으키고 있는 기업을 보면 기업이라는 것에 대한 생각이 얼마나 중요한가를 알 수 있다.

다음은 비교적 최근 나온 「기업 가치의 최대화」라고 하는 생각이다. 기업에는 주주·경영자·종업원·채권자·관련기업·거래처·고객·경쟁상대·지역사회 등 많은 이해관계자인 스테이크 홀더가 있다. 「기업 가치의 최대화」는 이러한 이해관계자 중의 「주주밖에 생각하지 않는」 것이라고 잘못 생각해도 좋다.

종래 기업의 사회적 책임이라고 하면 예술 문화 사업에 돈을 내는 「메세나(mecenat)」라고 하는 생각이 강했지만, 최근 말하는 기업의 사회적 책임이란 지금까지 말해 온 것처럼 기업 행동의 전반을 가리키고 있는 것에 주의가 필요하다.

구경단련은 산하 기업의 불상사를 억제하기 위해서 「기업 행동 헌장」2)을 1991년에 책정했지만 불상사는 들어가지 않고 1996년에 개정했다. 구경단련과 구일본경영자단체연맹이 2002년 5월에 통합되어 새로운 일본 경영자 단체연맹은, 기업 행동에 대한 사회적 책임의 요구에 따라, 2002년 10월에 「기업 행동 헌장」을 발표하여, 2004년 5월에 재개정하였다. 이러한 「기업행동헌장」을 전문에 있는 내용을 표 8-2에 나타낸다.

표 8-2 기업 행동 헌장의 신구 비교

일본 경영자 단체연맹 (2004)	일본경영자 단체연맹 (2002년구)	구경단련 (1996년)
기업은 공정한 경쟁을 통해 이윤을 추구한다고 하는 경제적인 주체임과 동시에, 넓게 사회에 있어 유용한 존재가 아니면 안 된다.	기업은 단지 공정한 경쟁을 통해서 이윤을 추구한다고 하는 경제적인 주체는 아니고, 넓게 사회에 있어 유용한 존재가 아니면 안 된다.	기업은 공정한 경쟁을 통해서 이윤을 추구한다고 하는 경제적인 주체인 것과 동시에, 넓게 사회에 있어 유용한 존재인 것이 요구되고 있다.

1996년판에서는 기업을 「이윤을 추구한다고 하는 경제적인 주체다」라고 하고 있던 것을, 2002년판에서는 「단지 이윤을 추구한다고 하는 경제적인 주체는 아니고」라고 한 부정했지만, 2004년판에서는 원래로 돌아왔다. 그러나 말미에서는 「있는 것이 요구되고 있다」로부터 「없으면 안 된다」라고 강조하고 있다. 이것들은 눈에 겉치레를 늘어놓고 있는 듯으로도 보이지만, 최근 기업의 사회적 책임에 대한 사회 요구의 변화로부터 생각하면 통상의 기업 행동 그 자체가 기업의 사회적 책임에 대응하는 것임을 알 수 있다.

6
기업윤리의 실제

이러한 생각의 변화는 경영 관리자에게 있어 어떤 의미를 가질까를 생각해 보면 우선 경영관리자는 경영을 실시하는데 기업의 내외에서 일어나는 문제, 이것은 굳이 기업 윤리나 기술자윤리에 관한 일 만이 아니지만 하부조직으로부터 제기시킬 필요가 있다.

그러나 거기에 문제가 있으면 제기된 문제에 대해서 진행 방식을 판단하여 지시해야 한다. 최근에는 책임자가 몰랐다 만으로 끝나지 않는 일이 많기 때문에 단지 문제를 묵살할 수는 없다. 이 단계에서 문제를 일으키는 것 같은 판단을 하는 원인에는 다음 일이 생각된다.

기업의 이익 또는 개인이나 그룹의 성적을 잘 보이기 위해 개인 이익을 위해 라고 하는 이유이다. 일본의 경우는 개인 또는 그룹의 성적을 경영 관리자에게 잘 보이기 위해라는 이유가 많을지도 모른다.

다음은 적절한 해결책이 눈에 띄지 않는, 매우 큰돈이 드는 긴 시간이 걸리기 때문에 그 사이의 영업 활동을 막을 수 없는 등의 이유이다. 이것은 2002년에 문제를 일으켜 2003년에 많은 원자로를 정지하게 된 도쿄전력이나 챌린저의 발사 시의 사정은 이 범주에 든다고 생각된다.

마지막에는 알려지지 않을 것이다, 다른 사람도 하고 있기 때문에 괜찮을 것이라는 생각이다.

경영관리자는 그 판단에 설명 책임이 요구되어 문제가 있으면 경영자는 주주로부터도 주주대 소송에 의해 개인으로서의 책임을 추궁 받게 되었다. 경영관리자는 종래보다 어려운 선택이나 결단을 재촉 당하게 되었다.

종래는 형편이 나쁜 것은 은폐를 할 수 있던 것이 최근 밀고나 내부고발에 의해 다 숨길 수 없게 되어 있다. 내부고발은 기업에 있어서도 본인에게 있어서도 최악의 사태가 되므로 반드시 좋은 선택이라고는 할 수 없다.

이러한 상황에서 기업 측에서 종업원 또는 기술자에 대해서 생각하는 것은 간단하지 않다. 우선 기본은 제7장에서 설명한 것처럼 법률을 지키는 것이다. 그 때문에 일과 관련하는 법률을 아는 것이 중요하다. 한층 더 그것을 말단까지 철저히 알려서 실행시킬 필요가 있다.

다음에 성실한 것이면 자신의 실패나 일에서의 염려를 경영자 또는 상사에게 목을 신경 쓰지 않고 이야기할 수 있는 분위기를 만드는 것이다. 이것이 안 되어 있으면 다음에 후회하는 결과를 가져오게 된다. 또 문제가 있으면 가능한 한 염려를 서면에 써 처리시키도록 하여 좋지 않은 정보를 어느 새인가 잊어 버렸다고 하는 일이 없게 할 필요가 있다. 모르는 것이 형편이 좋다고 생각하는 상사도 현실에는 있지만 이것은 자신의 책임을 부하에게 강요하고 있는 비겁한 파워 하라스먼트(power harassment)라고 생각해도 좋다.

또 상사가 반대하면 그 위의 상사 또는 윤리실 등에서 보복을 받는 일 없이 어드바이스를 받을 수가 있도록 하는 것이 중요하다. 동시에 기업 윤리 교육은 모든 층에 철저히 실시해 계속적으로 기업 윤리의 계몽을 반복하여 실시하는 것이 중요하다.

이상 말했던 것이 효과적으로 행해지기 위해서는 기업 운영의 기본인 고용자와 피고용자 사이의 신뢰감이 중요하며 경영자가 기업 윤리에 관해서 종업원에게 말하기를 솔선수범해 실행하고 있는지가 가장 중요한 요소이다.

7
기술자의 의무와 권리

1) 기술자의 의무

기술자의 윤리 강령에 있듯이 기술자는 전문직으로서 공중의 안전이나 복리를 지킬 의무가 부과되어 있지만, 한편에서는 기업 또는 다른 조직에 고용되어 있기가 많기 때문에 당연히 전문직으로서 조직에 대한 의무도 있다. 이 양자는 자주 상반되므로 기술자는 자신의 생각에 근거하여 스스로 판단하여 결정한다, 즉 자율이 요구된다. 그러나 조직·기업의 권위에 대해서 개개 기술자의 자주적 판단은 굽힐 수 있으므로 의연히 자아의 확립과 전문직으로서의 자각이 중요하다.

이것들을 포함하여 기술자 일의 특징에 대해 생각하면 기술자는 품질·코스트·납기 등이라고 하는 어려운 제약 중에서 항상 새로운 과제에 도전해 해결하지 않으면 안 된다는 리스크에 노출되어 있다. 그런만큼 일에 있어서 어려운 윤리관을 가질 필요가 있다.

　다른 전문직의 직업, 예를 들어 의사·변호사 등은 국가 자격화에 의한 업무 독점에 의한 비싼 보수를 얻고 있다. 유감스럽지만 기술자에게는 현상 그러한 특전이 없다고 하는 사회적 불리는 있지만, 전문직으로서 윤리 강령의 기본 부분은 의사·변호사 등의 전문직의 윤리 강령과 현저하게 다른 것은 없다. 기술자의 조직에 대한 의무로서 반드시 기술자에 한정이 아닌 것으로서 자신이 실시하는 일에 대한 의무, 부하의 일에 대한 감독 의무, 또 자신의 직무 및 그 주변 정보의 보고, 특히 좋지 않은 정보를 빨리 보고할 의무가 있다.

　기술자에 요구되는 것으로서는 기술자에 상당하는 가치 있는 일을 한다든가, 일의 질·기한을 지키는 등이 요구된다.

　또 기술자는 자신의 일의 주변에서 일어나는 리스크의 가능성이나 그 회피책을 알릴 의무가 있다. 또 전문직이므로 평생 학습의 일환으로서 자기 연구를 실시하는 것과 동시에 부하의 지도 육성을 실시하지 않으면 안 된다.

　영업 정보의 트레이드·비밀, 이것에는 기술 정보가 큰 웨이트를 차지하지만, 회사의 리스크 정보를 포함해서 외부에 흘리지 않는다고 하는 묵비의무가 있는 것은 제7장의 「기술자에 있어 법률이란 무엇인가」에서 설명한 그대로이다.

2) 기술자의 권리

　지금까지 기술자의 의무에 대해 말해 왔지만, 기술자의 권리로서는

① 자신에게 맡겨진 일을 전문가로서 최종적으로 인증할 권리

② 그 능력·경험·일의 내용·책임에 응한 보수를 받을 권리
③ 그 사회적 공헌·능력·견식이 사회적으로 평가될 권리
④ 전문직에 알맞은 일을 수탁해 그 수행을 통해 스스로의 능력, 경험, 명성을 높여 갈 수가 있을 권리
⑤ 타인에 고용되지 않을 때에도 개인적으로 계약해 일을 실시할 권리
⑥ 품행이 없거나 무능함이 증명되지 않는 한 종신의 면허나 자격 등을 얻을 권리가 있다.

예를 들어 기술사나 APEC 엔지니어나 미국의 프로페셔널·엔지니어로 대표되는 고도의 자격 외, 관리 책임자나 기능에 관한 자격까지 많이 있다. 또. APEC 엔지니어나 프로페셔널·엔지니어와 같이 국제적으로 능력을 인정받고 편견 없이 개별적으로 또는 공동작업에 참가할 수 있을 권리도 있지만, 이상의 권리 대부분은 다른 전문직도 공통의 전문직 의무에 대응하는 기본적인 권리에 상당한다.

그러나 이러한 그 밖에 기술자로서 다음과 같은 특별한 만족감을 얻을 수 있는 특권이 있다. 자신에게 맡겨진 일에 관해서 최신의 정보를 입수하여 다른 전문 능력을 가지는 기술자의 지혜를 빌려 자신의 능력을 사용하여,

① 자신의 생각을 넣으면서 사회에 도움이 되는 일을 할 수 있는 것
② 거기에 따라 자신의 힘을 늘려 갈 수 있는 것이나 자신의 일을 고생하여 완수했을 때의 달성감
③ 자신이 개발한 것, 즉 자신의 생각이 들어간 것이 실제로 시장에서 도움이 되어 사용되고 있을 때의 충실감을 입수할 수 있는 것
④ 자신의 호기심을 채우면서 일을 할 수 있을 것

이 있으며, 이 특별한 만족감을 위해서 때때로 자신의 좁은 일 범위에 몰입하기 십상이라고 하는 기술자 특유의 문제도 있다.

8

기술자가 일을 하는 데 특히 주의해야 할 것

기술자의 윤리적 실패의 사례도 참고로 하여 기술자가 일을 하는 데 특히 주의해야 할 것을 정리해 보면,

① 기업 윤리가 실제로 제대로 행해지고 있는 회사를 선택하는 것은, 무엇 때문에 일을 하는가 하는 기본 문제와 일을 하는 직장 환경을 선택하는 의미에서 앞으로 더욱 더 중요하게 된다.

② 설계는 설계도가 완성되었을 때 마지막이 아니고 책임은 시공이나 그 후의 보수 작업까지를 포함하고 있다고 생각할 필요가 있다. 산요오(山陽) 신간선의 터널 내 폭락 사고가 그 좋은 예이다. 물건이나 서비스의 사용자나 공사를 하청 받는 하청, 보수를 하는 사람들 등에 주의·배려하는 일은 고객의 신뢰를 얻어 가는 매우 중요한 요소이기도 하다

③ 시간이 걸렸다든가, 비용을 들였다든가, 최신예이라든가, 편리일 것이라는 것보다는, 위탁자나 사용하는 고객에게 충분히 배려하여 만들어지고 있는 것이 중요하며 그것이 좋은 상품이다.

④ 일 중에서 적극적으로 문제점을 찾아내 보고 공표하는 것이 중요하다. 그 때문에 기술자로서의 지식·능력·경험 외에 그것이 어떠한 영향을 외부에 미칠까를 생각하는 통찰력을 연마해 가는 것이 중요하다.

⑤ 데이터에 충실하고 절대로 개찬하지 않는다. 개찬은 양·불량의 경계선의 상태로 일어나 점점 데이터의 감수성이 없어져 큰 문제로 발전 하는 경향이 있다.

⑥ 일시적으로 거짓말을 하거나 속이거나 고치지 않는다. 기술은 속일 수 없기 때문에 반드시 다음에 좀 더 큰 문제가 발생한다.

⑦ 다른 곳을 포함 과거의 실패에 정통하여 사고가 없었으니까 라고 하는 것으로 자만심을 갖지 않는 것도 중요하다. 1995년의 몬주 사고, 1997년의 동연(動然)의 핵연료 개발 사업단의 토카이무라(東海村)에서의 화재 폭발 사고는 그 전형적인 예이다.

⑧ 진실은 항상 현장에 있으므로 현장을 모르면 진정한 기술자라 말할 수 없다.

⑨ 최신의 사회적 기술적 정보에 정통하여 사회 정세와 기술의 흐름을 스스로의 일에 활용해 나가는 것이 중요하다.

⑩ 사내에서 문제점을 고발하기 전에 주장의 올바름을 확실히 확인해 잘못된 고발로 신용을 실추하지 않게 할 필요가 있다. 내부고발을 할 때에는 사전에 사내 처리를 충분히 할 필요가 있다. 내부 고발은 회사도 본인에게도 대단히 불행한 일이다.

⑪ 일에 관계하는 법령을 아는 것이 우선 필요하며 법령을 위반하지 않게 일을 진행시키는 것이 중요하다.

⑫ 어려운 결단 국면에는 스스로 설명 책임을 완수할 수 있을까를 생각한다.

9

기술자의 일의 특징과 포텐셜

일반적으로 기술자가 실시하는 설계에는 보통 많은 제약이 있다. 설

계 단계에서는 많은 선택사항이 나오지만, 그러한 최적화와 선택을 실
시하지 않으면 안 된다.

설계 작업은 아직 없는 것이라든지, 난문을 해결하는 유효한 수법이
다. 따라서 설계와 그 실시의 경험은 매우 귀중하다. 문제의 해결에는
본래 이러한 방법으로 처리하는 것이 가장 좋은 방법이지만, 일본에서
는 지금까지 전례 주의를 취하는 것이 많아 이 방식은 막혀 폐색감이
보인다. 좀 더 기술자 또는 기술자가 사용하는 수법을 활용하는 것이
좋지 않은가. 기술자는 자신을 가지고 보다 폭넓게 활약하는 여지가 있
는 것이 아닌가.

9. 기업윤리와 기술자윤리

AN ENGINEER ETHICS
AN ENGINEER ETHICS
AN ENGINEER ETHICS
AN ENGINEER ETHICS
AN ENGINEER ETHICS
AN ENGINEER ETHICS

1

내부고발에 의해 밝혀진 기업 불상사

제7장 및 제8장에서 기업에서 일하는 기술자의 법률에 관한 생각의 책임과 권리 등에 대해서 배웠지만, 본장에서는 기업 윤리와 기술자윤리에 대해 더욱 깊게 배운다. 왜냐하면 일본이나 해외에서도 기술자의 대부분은 기업을 무대로 활약하고 있기 때문이다. 본장에서는 특히 기술자윤리와 기업 윤리의 관계, 최근 다양한 형태로 주목을 끌고 있는 공익통보(혹은 내부고발), 기업 윤리 프로그램의 실제에 대해 논의한다.

우선 최초로 강조해야 할 것은 기술 / 기술자윤리에 관련하는 사건·사고·불상사는 기업에 막대한 손해를 준다고 하는 사실이다. 이것들의 손해에는 우선 자사가 제조하는 제품에 대한 제조물 책임이라는 일차적 책임에서 생기는 것이 있다. 예를 들어 장기에 걸쳐 안정된 재료로서 사용되고 있던 아스베스토(asbestos) (석면)의 인체에 끼치는 영향이 밝혀져 최대 기업의 맨 빌딩사가 소송을 접수 1992년에 도산했다. 일본에서도 어떤 회사가 필수 아미노산 L－트리프트판을 유전자 재조합에 의해 개조한 세균을 사용해 제조했지만, 그 과정에서 2 종류의 불순물이 발생했다. 그 결과 미국에서 이 불순물이 원인이 되어 38명의 사망자와 1500명 이상의 피해자를 냈다. 1990년에 제조물 책임에 관한 소송을 접수 1995년까지 1914억 엔의 누적 손실을 계상하고 있다.

제조물 책임에 의한 직접적인 피해가 나오지 않는다고 해도 비윤리적인 행위가 발각되면 기업이 그동안 쌓아 올려 온 신용·세평·브랜드 이미지 등이 일순간에 무너지고 없어진다.

최악의 경우는 도산·폐업 등 시장으로부터의 퇴장을 피할 수 없게 되는 경우도 있다. 예를 들어 후술하는 설인식품은 식육의 라벨을 새로 바름이라고 하는 비윤리적 행위가 발각되었기 때문에 회사의 해산이라고 하는 최악의 사태를 부르고 있다.

최근 이와 같이 기업이 규칙이나 사회 통념에 반하는 행위를 행하는 불상사가 잇따르고 있다. 이러한 상황 속에서 특히 주목받고 있는 것이 불상사가 표면화하는 계기의 하나인 내부고발(내부 정보를 외부에 고발·통보)이다. 그만둔 종업원 등에 의한 내부 고발은 최근 몇 년간 급격하게 증가하고 있어 2000년 이후의 기업 불상사는 그 9할 이상이 내부고발에 의해 발각되었다고 한다. 여기서 독자의 주의를 환기시키기 위해서 최근 일본에서 일어난 기술 윤리에 관련하는 기업의 불상사로 내부고발에 의해 밝혀진 것을 소개하자.

● 내부고발 사례

한마디로「내부고발」이라고 해도 그 내용이나 고발에 이를 때까지의 경위나 고발 처벌 등은 다양하다. 거기서 기술자와 관계하는 고발 사례를 3건 채택했다. 각각의 사례로 고발자가 중시한 가치와 고발된 기업이 중시하고 있던 가치가 어디에 있었는지를 고찰해서 비교한다.

사례 1: 리콜 은폐 사건(미츠비시 자동차, 2000년)[1]

---

1) 산케이신문 취재반「브랜드는 왜 타락했는지」角川서점, 2001년,「제3부 미츠비

미츠비시 자동차 공업 주식회사(이하, 미츠비시 자동차)가 30년 이상에 걸쳐 본래는 운수성(현재의 국토교통성)에 보고해야할 유저로부터의 크레임 정보를 조직적으로 은폐하고 있었다. 미츠비시 자동차는 약 80만 대에 상당하는 크레임 정보를 숨겨, 신고를 하지 않고 은밀하게 무상 회수·수리를 실시하는 「리콜 은폐」를 계속하고 있었던 것이 이전 사원으로 생각되는 인물로부터 운수성 자동차 교통국 유저 업무실(리콜 담당)에의 전화에 의한 고발에 의해 발각되었다.

미츠비시 자동차는 리콜에 관한 정보를 개시할 수 있는 것과 할 수 없는 것의 2개로 나누고 있으며 또 운수성 감사 때는 비개시 정보에 액세스할 수 없게 하는 조직적 대응이 매뉴얼화되고 있었다. 그러나 고발자에 의해 제공된 정보의 내용이 상세했기 때문에 운수성의 조사에 의해 오랜 세월에 걸치는 일련의 조직적 은폐가 밝혀졌다. 그 후의 조사에서 이 회사가 적절한 대응을 게을리 했기 때문에 인신사고 등이 일어난 것으로도 판명되어 2000년 9월에 운수성은 형사 고발하게 되었는데 당시의 사장은 책임을 지고 사임했다.

이 사건에 의해 미츠비시 자동차는 주가가 폭락해 당시 진행되고 있던 다임라·크라이슬러사와의 자본 제휴 교섭의 조건이 악화되어 결국은 다임라·크라이슬러의 산하가 되었다.

사례 2: 쇠고기 위장 사건(유키지루시(雪印)식품 주식회사. 2002년)

유키지루시 식품 주식회사(이하, 유키지루시 식품)가 농림 수산성이 광우병 대책의 일환으로 실시한 쇠고기 수매 사업을 악용해 수매 대상 외인 염가의 수입 쇠고기를 일부 국산 쇠고기라고 속여 신청을 하여 약 2억 엔의 신청액의 일부를 받고 있었던 것이 위장 공작을 강요당한 창고의 경영자에 의해 매스컴의 통보에 의해 발각되었다.

유키지루시 식품은 모회사의 유키지루시 유업 주식회사의 식중독 사

시 자동차-유저 무시의 조직 이완」 pp.211-266.

건(2000년)에 영향을 받고 아울러 광우병 소동에 의해 실적이 악화되고 있었기 때문에 타사에서 행해지고 있다는 소문이 있던 농림 수산성의 수매 사업에서 검사의 엉성함에 주목하여 쇠고기의 라벨 위장을 실시했다. 유키지루시 식품은 통보자에 대해 서류에서의 협력 요청이나 라벨 위장에 따른 서류 개찬을 강요했지만 실제 라벨을 새로 바르는 작업 및 원래 케이스의 소각은 통보자의 창고에서 유키지루시 식품 사원이 했다.

이러한 행위가 통보되기 이전에 유키지루시 식품의 실행범인 사원에게 충고를 했지만 무시했기 때문에 매스컴의 통보에 이르렀다.

이 사건으로 유키지루시 유업은 파산에 몰린 뒤 이전 전무 7명이 사기죄로 기소되었다. 또 통보자가 경영하는 창고 회사도 허위 전표의 작성에 가담한 것으로 7일간의 영업정지라는 행정 처분을 받은 뒤에 차례차례로 식품 업계로부터 거래가 중지되어 도산에 몰렸다.

사례 3: 원자력 발전소에서 기록 개찬(도쿄전력 주식회사, 2002년)

도쿄전력주식회사(이하 도쿄전력)의 후쿠시마 제일 원자력 발전소, 후쿠시마 제2 원자력 발전소, 카시와자키 카리와 원자력 발전소에 대해 합계 29건의 트러블을 은폐하고 있었던 것이 은폐 개소의 검사를 하청 받고 있던 기업의 전 사원에 의해 통상 산업성(현재의 경제산업성)의 내부고발로 지적되어 이 중 16건에 대해 부적절한 점이 인정되었다. 그러나 실제의 내부고발은 2000년에 행해져서 사회에 사건으로 표면화된 것은 하청을 주고 있던 기업이 상세한 보고서를 제출한 것에 의하는 곳이 많으며 이러한 고발 후의 경과나 행정 당국의 대응, 또 내부고발에 의한 고발자 보호의 문제가 표면화하는 계기로도 되었다.

도쿄전력은 1980년대부터 90년대에 걸쳐 이 회사 원자력 발전소의 경미한 균열 등을 중심으로 안전 검사 기록을 의도적으로 개찬해 문제가 없는 것으로 조업을 계속해 높은 가동률을 자랑하고 있었다.

이 사건으로 다른 전력회사를 포함하여 국내의 모든 원자력 발전소가 발전소의 점검 검사 데이터의 점검을 실시했다. 도쿄전력은 모든 원자력발전소를 정지했기 때문에 관할구역 내에는 2003년의 여름에 정전의 위기에 이르기까지 도달했다(냉하와 에너지 절약 운동에 의해 정전은 일어나지 않음). 덧붙여 도쿄전력에 대한 가장 무거운 처분은 후쿠시마 제일 원자력 발전소에서 행해진 원자로격납 용기의 밀폐성 시험에서의 데이터의 부정 조작에 대한 전기사업법 제106조에 근거하는 보고 징수 명령(현시점까지의 조사 상황에 대해 시급하게 보고를 실시하는 명령) 및 1년간(과거 최장)의 운전 정지 명령이다.

그 후 미츠비시자동차나 도쿄전력 혹은 유키지루시 식품의 신회사인 유끼지루시유업은 불상사 발생 후, 원인 구명을 포함해 열심히 자기 점검 활동에 임해, 거기서 얻을 수 있던 교훈을 기본으로 윤리 컴플라이언스(compliance) 프로그램을 구축하여 불상사의 재발을 막기 위해서 진지한 노력을 계속하고 있다.

이러한 불행한 사건은 많은 경우 해당 기업이 가지고 있는 풍토·문화, 가치관, 조직 윤리 등과 종업원이 가지고 있는 가치관이나 규범의식이 충돌하여 일어나는 경우가 많다.

공익 통보 혹은 내부 고발에 대해 특별히 주의하지 않으면 안 되는 것은 내부고발이라고 하는 형태로 문제가 폭로되면 필요 이상으로 미디어 등에서 다루어져 사회 문제에까지 발전해 버리는 경향이 일본에는 아직도 있다는 점이다. 내부 고발의 시비에 대해서는 논의해야 할 것도 많지만 위의 사례와 같은 문제가 일어난 덕분에 기업 윤리의 중요성이 넓게 인식되게 되었던 점은 평가할 수 있다.

2

기업윤리란

　　그런데 기업의 윤리(혹은 비즈니스 윤리, 경영 윤리로 불리는 것)이
란 무엇일까. 일본 경단련은 「기업에 요구되는 윤리관」을 다음과 같이
정리하고 있다.

　　원래 윤리란 「스스로의 행동에 대하여 선악을 확실하게 하는」것이다.
기업윤리는 기업은 「법인」으로서, 경영자는 「경영 책임자」로서, 종업원
은 각자가 「개인」으로서 스스로의 행동에 절도를 유지하는 것이다.

　　기업이 법을 준수하는 것은 당연하지만 윤리는 법률을 지키기만 하면
좋은 것이 아니다. 「법을 지키면 무엇을 해도 좋다」라고 하는 것은 용서
되지 않을뿐더러, 「법에 따라 윤리를 규정한다」는 일도 불가능하다. 즉
기업이 사회의 건전한 발전을 전제로 사회적인 양식을 가지고 행동하는
것, 바꾸어 말하면 도덕률을 지키는 것 그 자체가 윤리이다[2].

　　케이오우기쥬꾸(慶應義塾)대학의 梅津光弘는, 「비즈니스의 윤리학이
란」이라는 물음에 「비즈니스란 꽉 찬 곳의 돈벌이다」라고 한 일반적으
로 믿을 수 있는 비즈니스의 가치 기준(이것은 이윤이나 실적의 높낮
이로 꾀해지는 가치 기준이라고 해도 괜찮다)과 「인간의 행위에 있어
서의 선악」을 취급하는 윤리의 가치기준을 서로 맞춘 것에서 성립하는
분야」라고 말해 윤리적으로 한편 높은 실적을 올리는 비즈니스를 만들
어 내기 위한 학문 영역이라고 하고 있다. 또 「요컨대 윤리적인 비즈니
스는 가능하며 비록 그것이 곤란하여도 21세기 기업이 다양한 이해관
계자의 요구에 응해 가기 위해서도 비즈니스의 윤리는 불가결이다」라

---

2) 사단법인 일본경제단체연합회 「기업 행동 헌장 실행의 안내(제3판)」사단법인 일
　본경제 단체연합회, 2002년, p.47.

고 말하고 있다[3]).

어쨌든 기술자윤리와 같이 기업윤리를 명확하게 정의하기는 용이하지 않다. 그러나 현실 문제로서 기술자의 대부분이 기업에서 일하는 이상, 기업윤리에 대해 충분한 이해를 가지는 것은 필요할 것이다. 거기서 우선 최초로 미국에서의 기업윤리의 역사를 간단하게 되돌아보자.

윤리적인 사상이나 이론을 기업의 경영에 반영시키려고 하는 시도는 오래전부터 행해지고 있었지만, 학술적인 조사·연구의 대상이 되어 비즈니스 스쿨 등으로 기업윤리가 가르칠 수 있게 된 것은 비교적 최근의 일이다. 1960년대부터 1970년대에 걸쳐, 환경 문제에 대한 관심의 증대나 공민권 문제, 또 베트남 전쟁이나 인권문제 등을 배경으로 미국 사회의 가치관이 크게 흔들리기 시작해 환경윤리·생명윤리·의료윤리 등 다양한 분야에서 「가치」에 관한 재검토와 윤리의 중요성에 관한 재인식이 시작되었다. 1980년대 중순, 국방산업을 중심으로 과잉 청구나 뇌물, 정보의 은폐, 인사이더 거래 등 기업 불상사가 급증했다. 거기서 1985년 7월에 당시의 대통령 로날드 레이건이 특히 국방 산업의 부정 방지책의 검토를 자문하는 특별 위원회를 설치했다.

이 위원회는 각 기업이 국방을 위한 물자 조달에 특유의 문제점을 보고 윤리 강령을 책정하여 그것을 기본으로 감사 기능을 포함한 윤리 프로그램을 운용해야 할 것을 답신했다.

이 답신을 받아 국방산업 대기업의 연맹인 「국방산업이니시아티브」(the Defense Industry Initiative on Business Ethics and Conduct: DII)가 1986년에 설립되었다. DII는 부정 재발 방지책으로서 회원 기업이 가져야 할 윤리 컴플라이언스(compliance)·프로그램의 모델을 만들어 냈다.(같은 시기에 하버드 대학 비즈니스 스쿨이 기업윤리를 가르치기 시작했다) 그러나 기업윤리 프로그램에 관한 연구는 1980년대를 통해서 주로

---

3) 梅津光弘「비즈니스의 윤리학」마루젠, 2002년, pp.3-4.

국방산업 관련 기업에 한정되어 있었다.

그러나 1991년에 「연방 양형 가이드라인」이 제정되자 국방산업 이외의 기업도 기업윤리의 확립에 임하기 시작했다. 이 가이드라인은 기업에 있어서의 지능범죄 등의 불상사에 대한 벌금 액수를 증액시키는 한편 그 기업이 부정을 미리 막는 효과적인 기업윤리 프로그램을 가지는 경우는 큰 폭으로 벌금액을 줄일 수가 있는 시스템을 도입했다. 이 제도의 영향으로 미국의 주요한 기업이 윤리 담당 책임자(ethics officer)를 두어 윤리 프로그램을 구축해 운용을 시작했다. 1992년에는 10명 정도의 윤리 담당자들이 정보 교환 및 서로 절차탁마(切磋琢磨)하기 위한 장을 마련하여 윤리 담당자 협회(the Ethics Officer Association: EOA)를 설립했다(2003년 10월 현재 회원 단체 수는 975로. Fortune잡지가 선택하는 탑 기업 100회사 중, 반 이상이 소속해 있다).

EOA의 공헌도 있어 1990년대에 미국 기업의 윤리 프로그램의 연구는 급속히 진행되어 세계 기업의 모델이 되었다. 그러나 2002년에는 에너지, IT라고 하는 인기 업계에서 급성장을 계속하고 있던 기업이 분식결제 등의 충격적인 불상사를 일으켜 도산하기에 이르렀다.

거기서 미국정부는 주식 공개 기업의 사회적 신뢰를 담보하기 위해 더 서베인스 오크스레이법(the Sarbanes-Oxley Act)을 정해 회계감사·내부 감사를 강화했다(이 법률이 기업윤리 프로그램이나 기술윤리에 어떠한 영향을 줄까는 주목할 만하다). 또 기업의 사회적 책임(Corporate Social Responsibility)이 주목받게 되었다[4].

---

4) The Ethics Resource Center, "Business Ethics Timeline.,"
   URL: http://www.ethics.ore/be timeline.html (2004년 1월 18일) 등을 참조.

3

기업윤리와 기술자윤리와의 정합성

일본에서도 기업윤리의 확립을 향해 노력을 계속하는 기업의 수는 확실히 증가하고 있다. 제8장에서 말한 것처럼. 2002년에 경제단체연합회(경단련)와 일본경영자단체 연맹이 통합하여 발족한 일본경제단체연합회도 2002년 10월에는 경단련이 정하고 있던 「기업 행동 헌장」을 개정함과 동시에 포괄적인 기업 불상사 방지 강화책을 발표했다. 그렇지만 여전히 모든 기업이 종업원의 윤리적 행동을 재촉하기 위해서 충분한 배려를 하고 있다는 것은 아니다. 한편 제1장에서 말한 것처럼 JABEE의 설립에 따라 일본의 대학에서는 기술자윤리의 교육을 시작하고 있어 기술사회나 그 외의 학협회도 기술자윤리의 중요성을 강조하고 있다. 그렇다면 경우에 따라서는 개개 기술자가 가지는 「가치(기술자로서의 직능윤리나 개인적인 도덕적 가치)」와 기업이 가지는 이전의 경제 원리(효율성 원리와 경쟁원리와 조직의 논리) 등의 「가치」와 대립하게 된다.

하나의 전형적인 예는 2002년에 발각된 도쿄전력－히타치 문제이다 즉 양 회사가 후쿠시마 제일 원자력 발전소 1호기의 제15회 정기 검사(1991년)및 제16회 정기 검사(1992년)에 대해 실시된 원자로 격납용기 누설률 검사에 관해서 부정을 실시한 사건이다. 2002년 12월에 공표된 동 회사의 사외 조사단 조사 결과에 의하면, 이러한 부정을 한 이유는 보수와 관련되는 법률을 지킨다는 「가치」(이 경우, 준법)와 「전력의 안정공급」이라는 전력회사가 중시하는 「가치」 등이 대립하여 후자가 우선 되었다고 생각된다(그 이외의 이유로서는 검사 준비 재시도를 회피하려는 의도 「안전」에 관한 독선적 판단, 제일 보수과의 업무량 증대에 따른 번망감 등을 들 수 있다).

이러한 「가치」의 대립에 직면한 기술자는 어떻게 행동해야 하는 것일까. 기술자는 그 직무를 실시하는데 전문성이 요구되기 때문에 또 과학기술이 계속해서 새로운 「가치」를 창출하기 시작하고 있기 때문에 「자신만큼」 그 진가를 인식할 수 있는 정보를 알 기회가 있다. 예를 들어 그 정보가 「공중의 안전·건강·복리」에 관련되는 것임에도 불구하고 소속하는 조직으로부터 은폐를 지시받았을 경우, 기술자는 어떻게 행동해야 할 것일까.

이러한 경우 기술자가 옆에서 말한 내부고발을 단행할 가능성은 높아진다. 일본에서 내부고발이 일어나는 이유를 레이타쿠(麗澤)대학의 高嚴은 다음과 같이 정리하고 있다.

표 9-1 일본에서도 내부고발이 증가하는 이유[5]

- 비정규직사원의 증가(1990년대 후반에 약26%)
- 이직율의 증가(98-99년 젊은 층에서 10%)
- 정리해고 등에 의한 본의가 아닌 해고
- 새로운 세대의 가치관 변화(IT에 의한 조직을 벗어난 네트워크)
- 사원(특히 애사 정신이 강한)으로부터의 호소를 들어주는 사내 시스템의 결여

또 경영윤리 실천연구센터의 松本邦明는 큰 시대 배경을 고려하여 일본인을 전전의 교육을 받은 국가 이익을 우선하는 세대, 전후의 고도 성장을 지지한 개인기업의 이익을 우선하는 세대, 사회·환경·인간 등 공익을 존중하는 세대로 나누어, 내부고발이 앞으로도 증가할 것이라고 예측하고 있다.

---

5) 高嚴·國廣正·稻津耕 『잘 아는 컴플라이언스(compliance) 경영』 일본실업출판사, 2001년, pp.22-23.

표 9-2 현재의 일본을 구성하는 가치관에 영향을 주고 있는 요인6)

	제1세대	제2세대	제3세대
시대구분	메이지 유신~종전 군국·재벌 경제	전후~1990 부흥~경제성장	1990~현재 경제 정체
시대의 이념	국익 (국가이익우선)	사익 (사기업이익우선)	공익 (사회·인간중시)
사회적인 목표	부국·강병 (낳으라·늘리라)	경쟁·효율 (쫓아가고·앞지르라)	안전·건강·환경 (여유와 풍부함)
개인의 행동규범	국가에 로열티 耐乏(내핍)·我慢(아만)	조직의 로열티 滅私奉公(멸사봉공)	인간성·사회성 중시 自己實現(자기실현)
사회적 내부고발	隣組制度(인조제도)의 聯想(연상) 밀고, 배신감	소속조직의 이익 우선 조직에의 꺼림칙함	옴부즈맨, NGO, NPO 정당한 사회악의 고발
영향세대 (인구비)	70세 이상 15%	70-35세 이상 45%	35세 이하 40%

　기술자윤리의 관점으로부터 윤리 강령 등에서 휘슬블로우(whistle-blow), 즉 공익통보 혹은 내부고발(공익이 위협받는 경우 조직 내부에서 외부에의 정보개시)이 어떻게 다루어지고 있는지 보자. 이미 말한 것처럼 「공중의 안전·건강·복리를 최우선한다」는 퍼블릭 미션에도 직접 관계하지만, 기업 등의 조직에 소속해서 일을 하는 많은 기술자에 있어서 고용자나 의뢰주에 대한 충실의무와 퍼블릭 미션이 대립하는 것 같은 상황에 놓여졌을 경우 어떻게 행동해야 할 것인가는 절실한 문제이다.

　미국이나 오스트레일리아와 같이 퍼블릭 미션이 모두에 우선하는 것이 명확하게 나타나고 있는 나라의 윤리 강령에서는 행동 지침 중에 엔지니어의 프로페셔널적 판단이 뒤집어져 공중의 안전·건강·복리가 위협해질 가능성이 있는 경우에는(적어도 최종수단으로서는) 엔지니어는 whistle-blow를 하는 것을 윤리적으로 요청되고 있는 것이 진술되고

---

6) 경영윤리실천연구센터 『컴플라이언스(compliance) 규정·실천 실례집: 34사의 선진취조사례』 일본능률협회 매니지먼트 센터, 2003년, p.37.

있다.

예를 들어 전술의 ABET 윤리 강령 중의 가이드라인에서는 아래와 같이 진술되고 있다.

가이드라인 1c

「엔지니어의 전문가로서 판단이 공중의 안전이나 건강을 위험에 처하는 것 같은 상황으로 뒤집어졌을 경우, 의뢰주나 고용주에게 예상되는 가능성에 대해 보고하고 한편, 필요한 경우는 다른 적절한 공적 기관에 통보해야 한다.」

동시에 이러한 나라에서는 공익을 위해서 내부고발을 실시한 사람들이 조직으로부터 보복 등의 불이익을 입지 않게 보호하는 법적인 정비도 진행되고 있다. 예를 들어 미국에서는 1978년에 제정된 공무원의 내부고발자를 보호하는 법률(Civil Service Reform Act)로 시작해 1989년에는 내부고발자보호법(Whistleblower Protection Act)이 제정되었다. 이 법률에 의해 고발자 보호의 내용은 확대되어 보복에 의해 받은 피해의 보상도 개선되었다. 오스트레일리아에서는 미국의 움직임을 본받아 1989년 이후 퀸즈랜드 주나 남오스트레일리아 주를 시작으로 해당 주 레벨로 법적 정비를 진행시키고 있다[7].

영국에서도 「회원은 스스로의 전문적 능력과 판단에 근거하는 조언이 받아들여지지 않을 경우, 그 조언을 뒤집거나 무시하는 상대에게 생길 가능성이 있는 모든 위험에 대해 알리도록, 가능한 한계의 방책을 취하지 않으면 안 된다」(the Institute of Mechanical Engineers 부수 정관 30.7)고 하는 규정은 있지만, 미국이나 오스트레일리아에 외부의 공적인 기관에의 고발을 시사하고 있는 것은 아니다. 그러나 법적 정비의

---

7) 森下 忠 「해외 형법 편(114) 휘파람을 부는 사람의 보호」, 「판례 시보」 판례시보 간행회, No.1499, 1994년, pp.26-27.

면에서는 1988년의 열차 이중 충돌사고나 1993년의 버밍햄왕립 병원에
서의 암오진 사건 등에 따라 1998년에 공익개시법(Public Interest
Disclosure Act)이 제정되었다. 이 법률은 공무원뿐만 아니고 민간에게
도 적용되어 국외에서의 부정행위도 대상이 되고 있는 점을 지적할 수
있다8).

일본의 학협회 윤리 강령도 아래의 예와 같이 어느 쪽인가 하면 공익
을 위한 내부고발을 요청한다고 해석할 수 있는 조항을 포함하고 있다.

(전기학회)

8. 기술적 판단에 즈음해 공중이나 환경에 해를 끼칠 우려가 있는
요인에 대해 이것을 적시에 공중에 분명히 한다.

(토목학회)

4. 자기가 속하는 조직에 사로잡히는 일없이 전문적 지식, 기술, 경
험을 근거로 종합적 견지에서 토목사업을 수행한다.

(건축학회)

5. 사회에 대해서 부당한 손해를 부를 수 있는 어떠한 가능성도 공
으로 해 배제하도록 노력한다.

(일본기계학회)

4. (정보의 공개) 회원은 관여할 계획·사업의 의의와 역할을 공공에
적극적으로 설명해 그것들이 인류 사회나 환경에 미치는 영향이나 변
화를 예측 평가할 수가 있는 노력을 게을리하지 않고 그 결과를 중립
성·객관성을 가지고 공개하는 일에 유의한다.

5. (계약의 준수) 회원은 전문 직무상의 고용자 혹은 의뢰자에게 성
실한 수탁자 혹은 대리인으로서 행동하고, 계약상 파악한 직무상의 정
보에 대해 기밀 보관 유지의 의무를 완수한다. 그러한 정보 중에 인류

---

8) 井田敦彦 「영국에서의 내부고발자의 보호」, 「외국의 입법」국립 국회도서관 조
  사 입법 고사국, No.209, 2000년, pp.29-31.

사회나 환경에 대해서 중대한 영향이 예측되는 사항이 존재하는 장소 계약자 사이에 정보 공개의 이해를 얻을 수 있도록 노력한다.

(일본기술사회)

기술사는 공중의 안전, 건강 및 복리의 최우선을 염두에 두고 그 사명, 사회적 지위 및 직책을 자각하고 평소부터 전문 기술의 연찬에 힘써, 항상 중립·공정에 유의해 선택된 전문 기술자로서의 자부를 갖고 본 요강의 실천에 노력하고 행동한다.

(일본원자력학회)

헌장

2. 회원은 공중의 안전을 최우선으로 하여 그 직무를 수행하고 스스로의 행동을 통해서 공중이 안심감을 얻을 수 있도록 노력한다.

특히 원자력 학회의 행동 안내는 「<정보의 공개>5-2. 원자력의 안전에 관계되는 정보는 적절하고 적극적으로 공개한다. 적절한 공개를 가능하게 하기 위하여 조직은 미리 정보 공개에 관한 순서를 정해 두는 것이 바람직하다. 회원은 그 정보가 비록 자기 자신이나 소속하는 조직에 불리하다고 해도 공개를 방해하지 않는다. 정보의 의도적 은폐는 사회와의 양호한 관계를 파괴한다」와 같이 판단 기준을 분명히 하고 있다. 게다가 이것에 계속되는 조항에서는 「<비밀을 지킬 의무와 정보 공개> 5-3. 회원은, 조직의 비밀을 지킬 의무에 관한 정보도 공중의 안전을 위해서 필요한 정보는 이것을 신속하게 공개한다. 이 경우, 조직은 비밀을 지킬 의무 위반을 물어서는 안 된다」와 같이 엔지니어가 소속하는 조직에 대해서도 행동 지침을 주고 있다. 원자력이 가지는 잠재적인 위험성과 사회적인 영향력의 크기와 관계된다고 생각되지만 이러한 의연한 행동 기준의 표명은 다른 학협회도 많이 배워야 할 것이다.

내부고발자의 보호를 위한 제도에 관해서는 일본은 아직도 정비되어

있다고는 말하기 어렵다. 1998년의 공무원윤리법제정 때도, 제안되었던
내부고발자 보호 규정이 일본 사회에는 친숙해지지 않았다는 이유로
연기되었다. 그렇지만 이 점에 대해도 원자력 관계 분야는 한 걸음 앞
선 연구를 실시하고 있다. 1999년 9월의 토카이무라 임계 사고 후 원
자로 등 규제법이 동년 12월 17일에 개정되어 동법 제66조의 2에서,
원자력 관계의 종사자에 대해 사업자가 위법행위를 실시하고 있는 경
우에는 담당 장관에 고발하는 권리를 인정하고 있다. 게다가 이러한 고
발을 실시한 종업원에 대한 해고 등의 보복을 금지하고 있다. 게다가
최근 밝혀진 식품 표시 부정 문제나 도쿄전력 문제에 대해 내각부가
소비자보호 기본법을 개정해, 「공익통보자 보호제도」입법화를 향해 활
동을 하고 있다9). 또 2002년 10월 28일에는 「공익통보지원센터(통칭
내부고발지원센터)」가 설립되었다. 따라서 앞으로 한층 더 고발자 보호
를 위해서 법적 정비는 진행된다고 생각되므로 거기에 대응한 윤리 프
로그램의 재편이 기업 등의 조직에 요구되고 있다.

그렇지만 주의하지 않으면 안 되는 것은 공익통보(혹은 내부고발)은
어디까지나 최종적인 수단이며 졸속인 고발은 고발자 자신의 불이익은
물론 문제를 복잡화·확대하거나 문제 해결을 늦추는 가능성이 높다는
점이다.

기술자윤리의 교육·연수에 자주 사용되는 비디오 교재 「길베인 골드
(Gilbane Gold)」는, 공장배수 중의 유해 물질(중금속)에 관한 회사 측과
의 견해차이로부터 내부고발을 실시하는 신진 엔지니어를 다룬 가상
사례이다. 이 비디오는 자주 내부고발을 장려하는 교재로 오해 받고 있
는 것 같지만, 실제는 내부고발과 관련되는 여러 문제를 광범위하게 고

---

9) 2003년 12월 현재의 법안에 대해서는 내각부 국민생활국 「공익 통보자보호법
   안(가칭)의 골자(안)에 대한 의견 모집에 대하여」
   URL: http://www.consumer.go.jp/info/shingikai/19bukai3/pabukome.html
   2004년 1월 20일 등을 참조. 또 宮本一子 「내부고발시대─조직에의 충성인가
   사회정의인가─」花傳社, 2002년 등도 참고가 된다.

찰하기 위해서 제작된 것이며, 성급한 내부고발을 경고하기 위한 것이기도 하다고 생각된다. 이 비디오를 대학생이나 대학원생에 보이면 그 대부분이 주인공과 같이 매스컴에 회사의 법령 위반과 관련되는 정보를 전해 내부고발을 실시한다고 대답하지만, 기술자로서 당연 실시해야 할 기술적 해결에의 노력이나 관련 기관을 말려들게 한 해결 방법 등을 심사숙고하고 있지 않는 경우가 많다.

그러면 앞으로 기업은 어떠한 대응을 하면 좋은 것일까. 기본적으로는 윤리적인 판단 능력을 가진 기술자가 공익통보나 내부고발을 하지 않아도 되도록 기술자윤리도 정합성이 잡힌 기업윤리 프로그램을 구축해 나가야 할 것이다.

기업윤리 프로그램이라고 해도 법령·규칙·매뉴얼 등을 조직 전체에 주지시키고 철저히 해서 모든 관계자에 그 준수를 재촉하는 컴플라이언스(compliance)형의 프로그램은 특히 기술윤리에 관련해서 그 실효성에 문제가 있다고 생각된다. 왜냐하면 과학기술의 최전선은 항상 확대하고 있으므로 기술과 관련하는 행동 규범을 모두 명문화한 매뉴얼과 같은 것을 만드는 것은 급속히 변화하는 기술의 특징을 생각하면 매우 어렵기 때문이다. 만일 매뉴얼이 있었다고 해도 거기에 쓰여 있는 룰이나 가이드라인을 모두 준수하는 것은 현실적으로는 불가능하다. 그것보다 기업이 가지는 이념이나 비전·가치관·기본적 행동 규범을 기술자를 포함한 모든 스테이크홀더 사이에 공유할 수 있는 것 같은「가치 공유형」의 프로그램을 구축하여 계속적으로 개선해 나가는 것이 중요하다. 이 점에 대해서는 기업윤리 프로그램의 컴플라이언스(compliance)형과 가치 공유형을 대비한 다음의 표가 참고가 된다.

**표 9-3 컴플라이언스(compliance)형과 가치 공유형 기업
윤리 프로그램의 비교[10]**

	컴플라이언스(compliance)형	가치 공유형
목적	법령·제 규칙의 준수	책임 있는 의사결정·행위의 실행
기준	개별 구체적이고 세세한 룰	가치·원칙·허용 범위의 명확화
방법	조직적 감시와 통제	교육 연수와 이해
커뮤니케이션	사내 통보창구(핫라인)	사내 상담창구(헬프라인)
재량	개인 재량 권한의 한정	책임을 수반한 권한의 이양
인간관	성악설적	성선설적

이것들은 어느 쪽인가 한편을 양자택일하는 것이 아니라 상황이나 대상을 고려하여 보다 효과적인 수법을 조합해서 사용하는 것이 중요하다.

4

기업윤리 프로그램의 실제

뛰어난 기업윤리 프로그램을 구축하여 계속적으로 개선하려면 어떻게 하면 좋은 것일까.

워싱턴에 있는 「윤리정보센터」(the Ethics Resource Center)는 1977년 (전신의 설립은 1922년)의 설립 이래, 기업윤리에 관한 연구·교육·컨설턴트를 실시해 온 비영리 단체이다. 지금까지 미국 연방정부의 윤리 강령의 작성을 시작해 Fortune 100에 선택되었다. 기업 가운데 그 약 3

---

10) 梅津光弘, 상게서. P.134를 재편

분의 2에 대해서 어떠한 형태로 그 윤리·무료 컴플라이언스 프로그램의 책정·실천에 관여하고 있다. ERC는 지금까지 컨설팅의 경험에서 윤리 프로그램이 가져야 할 중요 요소를 다음의 12가지 점으로 정리하고 있다.

표 9-4 윤리 프로그램의 중요 요소(Key Ethics Program Components)[11]

1. 윤리에 관한 리더십(Ethical leadership)
2. 비전의 명시(Vision statement)
3. 명문화된 조직의 가치(Values statement)
4. 윤리 강령(Code of ethics)
5. 윤리 담당 임원 · 부서(Designated ethics official)
6. 윤리 관련 프로젝트팀(Ethics taskforce or committee)
7. 윤리 정보 커뮤니케이션 · 전략(Ethics communication strategy)
8. 윤리 연수(Ethics training)
9. 윤리 상담 보고 창구(Ethics help line)
10. 대응 시스템(Response system investigations, rewards and sanctions)
11. 윤리 관련 정보 관리(Comprehensive system to monitor and track ethics data)
12. 윤리 관련 활동과 데이터의 정기적 평가(Periodic evaluation of ethics efforts and data)

전술과 같이 미국에서는 1991년의 연방 양형(量刑) 가이드라인의 제정 후, 윤리담당 책임자(ethics office)의 정보 교환의 장소로서 EOA(The Ethics Officer Association)가 1992년에 설립되었다(2003년 10월 현재 회원 약 860단체). EOA는 ISO로부터의 요청으로 2002년 5월부터 ISO의 미국 대표 조직인 ANSI(the American National Standards Institute)를 개입시켜 기업윤리 프로그램(Business Conduct Management System

---

11) The Ethics Resource Center: Creating a Workable Company Code of Conduct(The Ethics Resource Center, 2003)

Standard)의 검토를 시작했다. 그 검토의 과정에서 EOA가 추출한 뛰어난 윤리 프로그램에 포함되어야 할 요소로서 다음의 15가지 점을 열거하고 있다.

표 9-5 윤리 프로그램에 포함해야 할 요소12)

1. 탑의 코미트먼트(commitment): Demonstrated commitment from
2. 윤리담당 임원: Designation of a high-level person responsible for ethics. compliance, and business conduct
3. 윤리 · 행동강령: Codes of conduct and ethics and compliance policies and procedures
4. 교육 연수: Training on policies, procedures, laws, regulations, and ethical decision making
5. 커뮤니케이션: Comprehensive communications on all aspects of the program
6. 상담 · 보고 시스템(헬프 라인): confidential mechanisms for employees to seek guidance or report suspected wrongdoing without fear of retaliation (sometimes called help lines)
7. 리스크 평가 · 자기 점검: Risk assessment and self-assessment
8. 감독 · 감사제도: Monitoring and auditing
9. 수사 기능: Investigations of alleged misconduct
10. 예방 · 시정 시책: Preventive and corrective action
11. 규준(벌칙을 포함한다)의 적용: Enforcement of standards. including disciplinary measures
12. 정기적인 경영 톱에게 보고와 검토: Regular reporting to and review by senior management and board of directors
13. 실효성의 측정 · 평가: Measuring performance and effectiveness
14. 벤치마킹과 베스트 프랙티스의 공유: Benchmarking and sharing of best practices
15. 계속적 개선: Continual improvement

---

12) The Ethics Officer Association: "What might a BCMS look like?," URL: http://www.eoa.org/BCMS-content.asp

또 일본에서는 일본경영윤리학회의 지원을 받아 「경영윤리실천연구
센터」(Business Ethics Research Center: BERC)(2003년 6월 현재에 가
맹 기업은 65사)가 기업윤리에 관한 연구 조사·계몽 보급 활동을 추진
하기 위해서 1997년에 설립되었다.

동 센터는 활동의 성과를 집약하는 형태로 2002년 5월에 다음과 같
은 「경영윤리 실천 프로그램~8개의 단계~」을 책정했다.

표 9-6 「경영윤리 실천 프로그램~8개의 단계[13)

제1스텝: 윤리 강령의 책정
제2스텝: 최고 경영자 및 관리직의 역할과 리더십
제3스텝: 윤리담당 임원, 실무 책임자의 임명과 전임 부서, 위원회의 설치·운영
제4스텝: 커뮤니케이션의 추진
제5스텝: 교육·연수의 실천
제6스텝: 상담 보고 창구(헬프 라인 등)의 설치와 운영
제7스텝: 모니터링의 정례 실천
제8스텝: 경영윤리와 홍보

경영윤리 실천 프로그램의 제1스텝에서 제6스텝까지는 ERC나 EOA
의 것과 거의 공통된다. 거기서 제1스텝으로부터 제6스텝에 대한 구체
적인 예를 국제적인 기업 중에서도 특별히 뛰어난 기업윤리에 대한 연
구로 알려진 텍사스 인스트루먼트사(이하, TI사)의 윤리 프로그램의 일
부를 소개한다[14).

---

13) 경영윤리실천연구센터, 상게서, p.21.
14) 자세한 것은 동사 홈페이지 http://www.tij.co.jp/jcorp/docs/program/inrlex.html 등
   을 참조. TI사에 관한 기술은, 동사 홈 페이지 및 경영윤리실천연구센터, 상
   게서, pp.250-261에서 얻은 정보를 기본으로 정리한 것이다.

제1스텝: 윤리 강령의 책정

TI는 1930년 설립 당초부터 창업자가 성실함(Integrity)[15]이라는 가치를 중시하고 회사의 모든 비즈니스에 대해 성실할 것을 종업원에게 계속 전하고 있었다.

이 회사 설립 당시부터 가치관은 1961년에 윤리 강령으로 명문화되어 "Ethics in the Business of TI"로 정리했다. 최초의 윤리 강령의 서문에는, 「뛰어난 윤리와 뛰어난 비즈니스는 같다」이며, 최고의 윤리 기준에 따라 비즈니스를 실시해야 할 일이 필요하다. 그 후 1968년·1977년·1987년·1990년에 개정되었지만, 개정된 점은 기술혁신이나 글로벌화에 의한 비즈니스 환경의 변화에 대응하기 위한 추가·변경이며 근간에 있는 기본 정신이나 가치관은 변함없다.

이 윤리 강령 중에는 시장 활동, 증여와 접대, 회사 재산의 부정사용, 정치 헌금, 거래 업무에 관한 지불, 이해의 충돌, TI주식에 대한 투자, 비밀 정보의 취급, 타사의 기업 비밀과 소프트웨어, 징계처분과 위법행위 등에 대해서 행동 규범이 명문화되고 있다.

한층 더 1998년에는 전 세계에 3만 명 이상의 종업원을 가지는 기업으로서 윤리 강령을 고치고 지금까지의 행동규범 중심의 규칙 매뉴얼 같은 강령을, 「성실」「혁신」「코미트먼트(commitment)」라고 하는 3개의 가치에 근거하는 극히 간략한 것으로 재편하고 있다.

제2스텝: 최고 경영자 및 관리직의 역할과 리더십

TI에서는 사장겸 최고 경영자가 윤리 강령에 필요한 가치관을 자신의 말로 반복하여 다양한 기회를 찾아내 말하고 있다. 비록 윤리 강령의 1990년 개정판 서문에서는 당시의 회장이, 「기대와 같은 수익을 올리는 일과, 윤리적으로 올바른 행위의 어느 쪽인가의 선택에 재촉 당했

---

15) 고객이나 거래처 등 모든 스테이크홀더에 대해서 정직할 것, 서로를 존경하는 것, 오픈일 것.

을 경우 헤매지 않고 윤리적으로 올바른 일을 하세요」라고 명확하게
비즈니스보다 윤리를 중시하는 것을 표명하고 있다. 또 1998년에 제정
된 새로운 윤리 강령인, "TI Values and Ethics"의 서문에서는 회사장
겸 최고 경영자는 「우리들은 일을 하는 가운데 윤리에 위반하면서까지
지름길을 잡는 것 같은 타협은 없습니다.」라고 딱 자르고 있다. 또 단
지 문서로서만이 아니고 사장이 세계 각지의 사업소를 방문할 때마다
TI에 있어 윤리가 얼마나 소중한가를 사원들에게 말하고 있다.

제3스텝: 윤리 담당 임원, 실무 책임자의 임명과 전임 부서, 위원회의 설치·운영

1980년대 중순에는 반도체 제품을 주력으로 하는 TI 매상의 반이 국
방산업에 관계하고 있었기 때문에 전술의 「국방산업 주도권」의 멤버로
서 TI는 1987년에 윤리 프로그램의 추진을 위해서 에틱스·오피스를
설치했다. 현재는 미국의 본사에 2명의 전문종사자가 있으며 세계 각지
로부터 윤리에 관한 정보의 수집이나 발신, 질문에의 대응 등을 실시하
고 있다. 게다가 상부 조직으로 5명의 임원인 에틱스위원회가 최고 의
사결정으로 두고 있다. 또 미국 이외에도 유럽, 일본, 아시아(일본을 제
외)에 현지의 에틱스·오피서(겸임)가 배치되고 있다.

제4스텝: 커뮤니케이션의 추진

다양한 형태로 윤리 강령에 포함되어 있는 가치를 주지·철저하게 하
고 있다. 전원에게 TI의 가치와 윤리 및 에틱스 테스트가 기재된 카드
를 배포하고 있어 휴대가 의무 지워지고 있다. 이 카드에는 판단이 어
려울 경우 연락처나 동사의 에틱스 Web의 URL 등이 기록되고 있다.
에틱스 테스트에는 「확신이 없을 때는 질문을 해 주세요」, 「납득이 가
는 대답을 얻을 수 있을 때까지 질문을 해 주세요」라는 항목이 있기
때문에 TI에서는 상사에게 부담 없이 상담하는 것이 장려되고 있다.

게다가 문호 개방 정책·폴리시를 취하고 있기 때문에 일반의 회사원
도 사장을 포함해 누구와도 약속 없이 상담할 수 있다. 따라서 직속
상사와 상의하여 해결책을 얻을 수 없을 경우, 그 회사의 임원 등과
상담하는 일도 가능하다.

TI의 가치와 신조

「성실」

Integrity
우리는 서로를 존경하고 서로 인정합니다
우리는 언제나 정직합니다

「혁신(Innovation)」

우리는 배우고 그리고 창조합니다
우리는 과감히 행동합니다

「코미트먼트(commitment)」

우리는 책임을 완수합니다
우리는 승자가 될 것을 맹세합니다

에틱스 WEB 페이지
http://www.tlip.ti.com/ethics

올바른 일을 알자
올바른 일을 하자

그림 9-1 에틱스·카드

제5스텝: 교육·연수의 실천

TI에서는 2년에 1회, 전사원이 참가하는 연수가 실시되고 있다. 이
연수는 회사의 윤리에 관한 생각이나 윤리 프로그램의 해설 등이 강의
형식으로 행해지고 구체적인 케이스를 사용한 소인원수에서의 사례방
법에 의한 교육도 행해진다. 가능한 한 친밀한 사례에 관해서 자유로운

논의를 실시해 TI의 가치 기준에 근거한 윤리적 의사결정의 방법을 체득할 수 있게 되어 있다.

제6스텝: 상담 보고 창구(헬프 라인 등)의 설치와 운영

TI에서는 윤리상의 문제를 기명 또는 익명으로도 상담할 수 있는 루트가 복수로 용의되고 있는 에딕스·헬프 라인으로 불리는 전화의 프리다이얼·전자메일·편지로 현지의 에틱스·오피스 혹은 본사의 에틱스·오피스에 상담을 할 수 있다(기명으로 상담이 왔을 경우도, 당사자에게 부당한 불이익이 미치지 않게 에틱스·오피스 관계자 이외에는 본인을 알 수 없게 세심한 주의가 기울여지고 있다). 또 전술의 문호 개방 정책·폴리시에 의해 직속 상사 이외에도 부담없이 상담할 수 있다. 통풍이 좋은 직장 환경의 유지에 노력하고 있다.

매우 간단하게 윤리 프로그램의 운용에서 정평이 있는 TI사의 구체적인 예를 소개했다. 최근에는 일본에서도 뛰어난 윤리 프로그램을 구축하는 기업이 증가하고 있다. 특히 불상사가 일어나 사회적인 신뢰를 실추시킨 기업이 신뢰 회복을 향해 진지한 노력을 계속하고 있다. 앞으로 이러한 기업의 좋은 실천 사례를 참고로 각 기업이 스스로 존재 의의와 중시하는 「가치」를 명확하게 하여 일본에서도 기술자윤리 와의 정합성을 가진 기업윤리 확립을 향한 연구가 한층 더 진행되기를 바란다. 윤리적 기술자가 딜레마에 빠지지 않도록 기업윤리를 구축해야 함이 요구되고 있다.

10. 기술자에 있어 안전성이란 무엇인가

AN ENGINEER ETHICS
AN ENGINEER ETHICS
AN ENGINEER ETHICS
AN ENGINEER ETHICS
AN ENGINEER ETHICS
AN ENGINEER ETHICS
AN ENGINEER ETHICS

1

스페이스 셔틀 챌린저 사고의 개요

이 장에서는 기술자에 있어 안전성이란 무엇인가라고 하는 문제를 기술자윤리의 분야에서 아마 가장 유명한 사례인 스페이스 셔틀 챌린저 사고라고 하는 케이스를 통해 고찰한다. 독자는 평론가적으로 혹은 제삼자적으로 이 케이스에 대해 생각하는 것이 아니라, 자신이 당사자로서 셔틀의 개발이나 발사의 의사 결정에 직접 관계하고 있었다면 어떻게 대처했을 것인가 하는 관점에서 이 장을 읽어 주었으면 한다.

1) 스페이스 셔틀 프로그램이란[1]

스페이스 셔틀 프로그램은 미소 냉전시대에 미국이 국방과 과학기술

---

1) 스페이스 셔틀·프로그램의 역사 등에 대해서는, 예를 들어 The Columbia Accident Investigation Board. Report, Vol.1(NASA.2003)이나 NASA의 홈페이지(http://www.nasa.gov/home/index.html) 등을 참조.

진흥을 목적으로 1970년대 초두에 스타트 시킨 우주 개발 계획이다. 1969년에 아폴로 11호로 인류를 첫 달 표면에 성공적으로 착륙시킨 미국 항공우주국(NASA: the National Aeronautics and Space Administration)은 아폴로 계획에 계속되는 프로그램으로서 지구의 궤도를 도는 대규모 유인우주 스테이션 및 달의 궤도를 도는 우주 스테이션의 건설, 또 이것들과 병행하여 화성에의 유인 탐사를 목표로 하는 기술 개발 등 장대한 구상을 갖고 있었다. 당초 스페이스 셔틀은 이러한 계획의 일부로서 승무원과 수송 물자를 우주에 옮기기 위한 완전 재이용형 수송 시스템으로서 고안 되었다.

그림 10-1 챌린저호 폭발의 순간

그러나 포스트 아폴로 계획 전체는 베트남 전쟁에 휩싸인 1970년대 초에 미국의 정치적·경제적 상황 속에서 매우 인정되는 것은 아니었지만 국가 안전보장의 관점으로부터 저비용을 내세운 스페이스셔틀 계획만이 1973년에 승인되었다.

당초 NASA는 거의 모든 부품을 재이용하는 스페이스 셔틀을 연간

50회 이상 발사할 수가 있다고 공언하고 있었다. 단적으로 말하면 염가(부품은 가능한 한 재이용)로 빈번하게 승무원과 기재(군사위성·통신위성 등)를 대기권 밖으로 내보내기 위한 프로그램이다. NASA는 순조롭게 프로그램이 실행되면 자립 채산은 물론이거니와, 이익도 생긴다고 주장하고 있었다. NASA의 처음계산이 안이했던 것은 최초부터 인식되고 있었지만 당시의 대통령 리처드 닉슨은 특히 국방의 관점으로부터 이 계획을 추진했다.

NASA의 위신을 건 스페이스 셔틀이었지만 설계 컨셉의 애매함, 예산의 부족, 예기치 못한 기술적 트러블 등이 원인으로 계획은 많이 늦어져 첫 비행은 당초 예정되어 있던 1978년 3월부터 3년 이상 경과한 1981년 4월에 행해졌다. 이와 같이 스페이스 셔틀 계획은 여러 가지 문제를 안고 시작되었지만 인류가 우주와 지구를 빈번하게 왕래할 수 있는 수송시스템을 손에 넣었다는 의미로 우주 개발의 역사에 새로운 페이지를 열었던 것이다.

1982년 7월 4일에 4번째의 셔틀이 무사히 에드워드 공군 기지에 착륙했을 때 당시의 대통령 로날드 레이건이 「스페이스 셔틀은(실험 단계가 아니고) 실용 단계에 들어갔다」라고 선언했다. 실제로 1981년에는 연간 2회인 발사가 82년 3회, 83년에는 4회, 84년 5회, 그리고 사고의 전년 1985년에는 9회로 매년 착실하게 발사 횟수를 늘려 가고 있었다. 이와 같이 우주에의 유인 비행이 드물지 않게 되었다고 사람들이 생각하기 시작했을 때에 챌린저 사고가 일어났던 것이다.

2) 챌린저 사고의 개요

사고는 1986년 1월 28일에 전 세계의 사람들이 지켜보는 가운데 일어났다. 플로리다의 케네디 우주센터로부터 발사된 챌린저호가 발사 73초 후에 불길에 싸여 폭발해「우주에 나온 선생님」크리스타 맥콜리프(Christa McAuliffe)를 포함한 탑승원 7명 전원이 사망했다. 이날 플로리다는 기록적인 한파가 와서 발사시의 기온은 섭씨 2.2도라고 하는 저온으로 지금까지의 발사보다 약 10도나 낮은 특이한 조건이었다. 실은 이 이상한 저온이 사고의 원인으로 연결되었던 것이다.

도 10-2 셔틀의 전체도

발사시의 셔틀 전체는 그림 10-2와 같이 되어 있었다. 삼각날개와 3기의 주엔진을 가지는 인공위성이 그 주 엔진에 액체 연료를 공급하는「외부연료탱크」위에 업히는 것처럼 장착되어 있다. 게다가 외부 연료 탱크의 좌우에 1기씩, 발사 초기에 필요한 추진력을 발생하는「고체연료 로켓 부스터(Solid Rocket Booster: SRB)」이 장착되어 있다(덧붙여 외부 연료 탱크 이외는 모두 회수되어 재사용 된다).

고체연료 로켓 부스터의 각 부분은 NASA가 계약하고 있던 모톤·사이오콜(Morton Thiokol)사(이하 MT사)의 유타 주에 있는 공장에서 제조되어 발사 장소인 케네디 우주 센터에서 조립되었다. 각 부분을 잇는 접합부는 필드 죠인트(Joint)라고 부르며 발사 때에 부스터 내부에서 발생하는 고온 고압의 연소가스를 이런 것들과 죠인트는 밀폐시킬 필요가 있다. 사고 직후에 구성된 대통령 사고 조사위원회의 조사 결과에 의하면 사고의 직접적 원인은 이 조인트의 일부로부터 가스가 누설되어 외부 연료탱크에 인화했기 때문이라고 판명되었다[2].

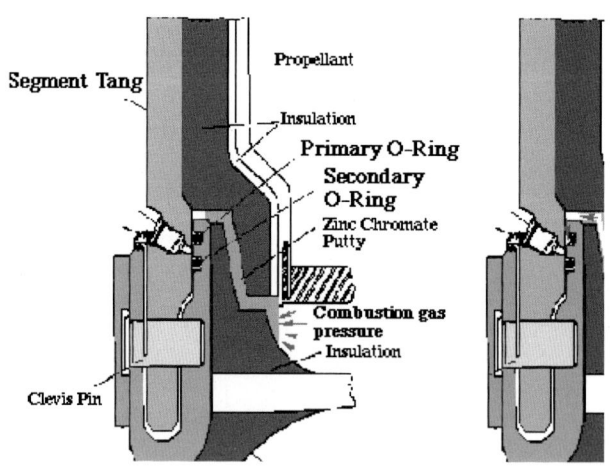

그림 10-3 필드 죠인트의 그림

연소 가스가 새기 시작한 필드 죠인트에는 특수 고무제의 O-링이 장착되고 있었다. 그러나 저온에서는 고무의 탄성이 저하해 O-링은

---

2) 공식적인 견해는 대통령 자문위원회 보고서 Report of the Presidential Commission on the Space Shuttle Challenger Accident(http://history.nasa.gov/rogersrep/genindex.htm)을 참조. 공청회에서의 증언기록도 포함하고 있다.

기대된 밀폐 기능을 완수하지 않았던 것이다.

O-링은 안전성을 높이기 위해서 1차 링과 2차 링이라는 구조로 되어 있었지만 챌린저 사고의 경우 로켓 내부의 연소 가스는 2차 링도 관통해 밖으로 나와 버렸던 것이다.

표 10-1 셔틀 프로그램(O-링 관련)의 역사적 경위

1973년 1월	닉슨 대통령이 스페이스 셔틀 계획을 선언
1974년	NASA, 모톤 사이오콜사(이하 MT사)와 고체연료 로켓 부스터의 설계·제조에 대해 계약 MT사가 제안한 설계, 타이탄형 미사일의 개량형
1976년	NASA, MT사의 설계를 승인
1977년	NASA 이미 필드 죠인트의 문제점을 인식
1981년 4월	최초의 미션에 성공(콜롬비아)
1981년 11월	2번째의 스페이스 셔틀의 발사 후 조사에서 문제점을 확인
1985년 1월	1월 24일의 발사 후 조사에서 탄 윤활유를 확인. MT회사는 태스크 포스팀을 만들어 검토(보죠레이 등이 멤버)
1985년 7월	보죠레이는 필드 죠인트의 문제의 위험성을 MT회사 간부에게 서면으로 경고
1986년 1월 27일	챌린저 발사 전야, 낮은 기온에서의 발사에 대해 NASA와 MT사의 관계자 사이에 발사에 관한 전화 회의
1986년 1월 28일	챌린저 발사

실은 NASA도 MT사도 필드 죠인트의 문제에 대해서는 1970년대 후반의 셔틀 개발 단계로부터 인식하고 있었던 것이다. 게다가 1981년부터 죠인트의 문제와 관련하여 그 위험성을 우려하고 있던 기술자가 있었다. 당시 MT사에 근무하고 있던 엔지니어 로져 보죠레이(Roger Boisjoly)이다.

필드 죠인트의 문제가 인식되고 있었음에도 불구하고 왜 이러한 사고가 일어난 것일까. 아래에서는 현장의 기술자인 보죠레이의 관점에서 이 케이스를 생각해 본다. 물론 이 사례를 역사적으로 공평하게 분석하기 위해서는 NASA나 MT사 간부의 증언도 검토할 필요가 있지만 이 번은 어디까지나 기술자윤리를 생각하는 사례로서 보죠레이의 입장에서 이 사고를 다루고자 한다.

1985년 1월부터 챌린저 사고에 이를 때까지를 4개의 스테이지로 나누어 각각의 스테이지마다 당신이 보죠레이였다면 어떻게 생각하는지 어떻게 행동하는지를 생각하면서 사건의 경위를 쫓기로 하자.

1985년 1월 51-C(15번째) (디스커버리)의 플라이트 후의 검사에 종사하고 있던 보죠레이는 2중으로 되어 있는 O-링의 사이에 있는 그리스(윤활유, grease)에 상당한 양의 탄 흔적을 발견, 게다가 조사를 실시한 보죠레이는 1차 O-링으로부터 연소 가스가 새고 있었던 것, 게다가 만일 2차 O-링이 기능을 완수하지 않고 그것보다 먼저 가스가 누출되었다면 폭발의 우려가 있다는 것을 인식한다. 1981년 11월부터 1985년 1월까지의 상황을 보죠레이는 다음과 같이 말하고 있다.

  1981년 11월, 셔틀 2번째의 발사 후 점검 조사를 했을 때에, 1차 링에 53,000분의 1 인치의 침식을 찾아냈습니다. 연소 가스가 누설되서는 안되는 부분입니다. 엔지니어링의 상식으로 보면 그 시점에서 다음의 발사를 중지하고, 계획 전체를 고치고, 설계 변경을 합니다. 그러나 3번째와 4번째의 발사를 해서 7월 4일에 에드워드 공군 기지에서 레이건 대통령은 셔틀 계획은 운용 단계로 들어갔다고 발표했습니다.
  우리는 귀를 의심했습니다.
  그것은 이미 연구개발의 단계는 끝났으므로, 씰(seal)의 결함을 개선하지 않는 채, 셔틀을 계속 날리라고 말하는 것이기 때문입니다. 결국 14회 발사, 그 사이도 O-링에 결함이 발견되었습니다만, 다행히도 그것들은 하찮은 것이었습니다.
  그렇다고 해서 우리는 우주비행사의 생명을 경시했던 것은 아닙니다. 문제의 죠인트 부분을 33회나 다양한 형태로 테스트 했습니다. 온도 상승이나 점화 시간 등을 실전과 같은 상태로 설정하고, 게다가 O-링에 연소 가스가 분사 되도록 작은 구멍까지 내었습니다. 그리고 33회의 테스트의 결과 O-링에 단면으로 해서 0.123인치, 직경 0.280 인치의 침식을 볼 수 있었습니다만, 이것은 허용 범위입니다. 결함은 있다고 해도 안심하고 발사할 수가 있었습니다.

문제의 죠인트는 내가 입사한 1980년 7월 이전에 설계된 것으로 사실이라면 내부의 압력으로 밀폐하도록 되어야 했습니다. 그러나 그렇게는 안 되었습니다. 1977년 최초의 테스트에서는 유압이 이용되었습니다. 나를 포함해 회사의 전원이 문제를 인식하고 있었습니다.

이러한 상황 속에서 1985년 1월을 맞이했습니다. 나도 발사에 입회했습니다. 내가 현장에 입회한 지 얼마 안 되는 발사입니다. 기온은 19°C로 따뜻한 날이었습니다. 그러나 그 전의 몇 일간은 매우 추웠습니다. 실은 15번째의 발사 후에 점검을 했을 때 2 곳의 조인트에서 대량으로 연소 가스가 새고 있었습니다. 1 곳은 80도의 반달을 그려 윤활유가 부착하고 다른 한편에는 110도의 반달 모양에 검은 윤활유 통상은 벌꿀색의 윤활유가 구두약과 같았습니다.

정말로 놀랐습니다. 이대로는 예정된 유인비행이 실패하여 우주 비행사들의 생명을 빼앗게 되면……

(2003년 10월 23일 유타 주 프로바에서 인터뷰 요약)

─Stage A─

당신이 보죠레이면, 이 1985년 1월의 시점에서 어떻게 행동할까.
선택사항:

① 누구에게도 상담하지 않고 혼자서 문제를 보다 상세하게 검토한다.
② 동료에게 상담한다.
③ 직속의 상사에게 상담한다.
④ 직접 기술 부문의 최고 책임자(MT사의 경우는 기술담당 부사장)

에 자신의 염려를 전한다.

⑤ 직접 최고 경영 책임자에게 스스로의 염려를 전한다.

⑥ MT사 혹은 NASA의 윤리상담 창구(만약 있으면)와 상담한다.

⑦ 상기 이외의 행동을 취한다.

그런데 보죠레이 자신은 실제로는 어떠한 행동을 취한 것일까.

이미 필드 죠인트의 문제를 인식하고 있었으므로 보죠레이는 디스커버리가 발사되었을 때의 기온이 특히 낮았던 것에 주목해, 기온과 O-링의 성능의 관계에 대해 가설을 세운 뒤 직속의 상사인 컵에 보고했다. 컵은 마셜 우주항공센터에 나가 그 가설에 대해 NASA의 관계자에게 보고할 것을 명했다. 그 후 무엇이 일어난 것일까.

나의 보고는 곧바로 NASA에 전해져 마셜 우주센터에 호출되었습니다. 우선 보고 대로 설명할 수밖에 없습니다. 증거사진은 현상 대기였습니다. 문제의 부분을 100매 정도 프로의 카메라맨에 찍게 했습니다. 윤활유도 화학분석으로 냈습니다.

NASA의 관리자와 기술자 45명을 앞에 두고 나는 보고했습니다.

「여러 분은 듣고 싶지 않습니까? 발사 전에 저 기온이 계속된 경우에는 1차 링에 누락이 생깁니다.」라고 말씀드렸습니다. 그러자 방의 뒤에서 이런 소리가 났습니다. 「로져, 확실히 듣고 싶지 않은 이야기다」.

기온 조사를 하여 그날은 밤낮의 온도차가 과거 최대였다고 판명되었습니다. 100년에 1번의 기록적인 저온. 나와 동료 알 맥도날드는 O-링의 온도가 12℃ 이었던 것을 조사해 저 기온에서의 발사는 그만두도록 NASA에 진언 했습니다. 그들은 거절했습니다.

「100년에 1번 오는 날씨는 이제 일어날 수 없다」라고. 그리고 발사는 속행되었습니다. 그러나 그 결단이 죠인트의 문제를 확대시켰던 것입니다.

(2003년 10월 23일 유타 주 프로바에서 인터뷰 요약)

이렇게 해서 실제로 보죠레이는 기온과 씰의 밀폐성 관계에 대해 보고했다. 그러나 NASA는 다음의 발사를 예정하고 있던 4월의 플로리다에서는 문제가 될만한 저온은 생각할 수 없기 때문에 보죠레이에게 그의 견해에 대해 강조하지 말도록 요청해 왔다.

—Stage B—

당신이 보죠레이면 이 1985년 4월의 시점에서 어떻게 행동할까.

선택사항:

① 4월인 것을 생각하면 당면은 염려되는 것 같은 저온, 즉 플로리다에서는 「100년에 1번」의 저온에서의 발사는 없을 것으로 생각하면서 NASA는 중요한 고객이므로 NASA의 요청을 받아들여 기온과 씰 기능의 관계에 대해 관계자 이외에는 이야기하지 않는다.

② 발사의 날이 저온인지 아닌지에 관계없이, 안전성에 관한 극히 중요한 정보이다. NASA의 자세를 비판하는 문서를 작성하여 직속의 상사 및 기술담당 부사장에 보낸다.

③ 당장은 저온에서의 발사는 없다고 생각되지만 중대한 문제라는 것에는 변함이 없다. NASA의 요청을 받아들인 후, 문제를 보다 상세하게 검토하기 위한 팀을 구성할 것을 상사에게 요구한다.

④ MT사 혹은 NASA의 윤리상담 창구에 상담한다.

⑤ 상기 이외의 행동을 취한다.

보죠레이는 4월의 발사에 즈음해서 기온과 씰의 밀폐성 관계가 원인이 되는 사고는 일어날 수 없다고 생각해서 NASA의 요청을 받아들이는 한편 자신의 가설을 기온이 문제가 되는 시기까지 증명하기 위해 보다 정확한 데이터를 모으려고 동료 어니 톰슨과 이 문제에 대해 의논하여 가설을 검증하기 위한 실험 등을 시작했다. 실험의 결과에 따라 보죠레이와 톰슨은 기온과 씰의 밀폐성에는 관계가 있음을 확신했다. 즉 저온에서는 O-링이 경화하여 기대되는 기능을 할 수 없을 가능성이 높은 것이 밝혀졌다. 보죠레이 등은 이 결과를 정당한 수단을 이용하여 몇 번이고 회사의 상층부에게 전하고 대체안을 내놓았지만 회사로부터의 대응은 행해지지 않은 채 세월이 지나게 되었다.

1985년 6월 동년 4월 29일에 발사된 챌린저의 플라이트(51-B) (17번째) 후의 조사에 참가한 보죠레이는 이번은 노즐 접합부에서, 1차 O-링을 가스가 관통했음을 나타내는 불량한 징조를 발견하고 씰의 구조 그 자체에 대한 큰 염려를 가졌다.

이 문제의 상황은 보죠레이 자신의 말에서는 아래와 같다.

그 후 17번째의 발사는 따뜻한 4월에 행해졌습니다. 점검을 위해 보내져 온 기체를 조사해 보면 노즐 접합부의 1차 링을 관통하고 있었습니다. 그러나 위험성은 낮은 부분입니다. 비록 1차 링이 침식해도 그리고 2차 링이 침식했다고 해도 예비의 고무가 금속 사이에 끼워 있습니다. 그것이 침식당할 가능성은 제로입니다. 만일 침식해도 볼트로 조여져 있기 때문에 샐 가능성은 제로입니다.

1985년의 발사 3회에 이러한 일이 일어나 NASA도 나도 걱정했습니다. NASA는 회의를 열어, 나도 불려가고 밀폐 기능에 대해 설명이 요구되었습니다. 숨기지 않고 모든 것을 제시했으며 설명은 2일이나 걸렸습니다. 그리고 밀폐 기능의 결함을 전원이 인식했습니다. 실제로 우리는 2월에도 예비 테스트를 하여 O-링이 10°C로 효력을 잃는 것을 발견하고 있었습니다.

마침내 우리 회사의 경영진도 그 사실을 안 것입니다. 거기서 죠인트의 설계를 다시 고치기 위해 비공식의 팀을 구성하여 나도 일원에 들게 되었습니다. 씰 효과 향상을 위해 설계 기사와 함께 33의 대체안을 생각했습니다. 7월에 다시 소집되어야 할 회의의 장소에서 새로운 설계를 보일 예정으로 되어 있었습니다만 결국 회의는 소집되지 않았습니다.

거기서 나는 문제점과 염려를 전하는 문서를 기술담당 부사장에 보냈습니다.

(유타 주 프로바에서의 2003년 10월 23일 인터뷰 요약)

1985년 7월 1985년 7월 29일에 발사가 예정되었던 셔틀의 비행 준비 검토회의에서 필드 죠인트의 씰 문제가 나와 저온이 O－링의 실링 성능에게 미치는 영향에 관한 실험 결과가 발표되었다. 그러나 이 문제에 대해 MT사 및 NASA의 상층부의 의식은 낮았고 보죠레이가 바란 검토 팀의 설치에는 이르지 못했다.

거기서 보죠레이는 직속 상사인 컵의 확인을 얻은 후, 직접 회사 간부에게 이 문제에 대해 시급하게 대응하도록 메모를 제출했다. 이 메모는 기술담당 부사장 랜드에게 건네져 검토 팀이 발족함과 동시에 메모에는 회사 기밀의 도장이 찍혔다. 이 메모에는 다음과 같은 기술이 있다.

필드 죠인트 문제를 최우선 과제로 하는 문제 해결 팀을 즉시 편성하지 않으면, 우리는 모든 발사대 설비와 함께 샤틀 그 자체를 잃는 위기에 노출되어 있다는 것이 나의 솔직하고 정말로 현실적인 공포입니다[3].

---

3) 이 케이스에 관해서는 많은 저작이 있다. 조직론·사회학의 입장으로부터의 분석으로서는. Diane Vaughan, The Challenger Launch Decision: Risky Technology, Culture, and Deviance at NASA(Chicago: the Univ. of Chicago Press. 1996). 또 전술의 컬럼비아호 사고 조사위원회 보고에도 흥미로운 기술이 있다. 게다가 이 장의 구성 등에 대해서는, 온라인 과학 기술윤리센터(The Online Ethics Center for Engineering and Science) (http://online ethics.org/)에 있는 챌린저 사고 및 보죠레이의 행동에 관한 기술을 참고로 하였다. 이 장을 집필할 때 참고로 한 기술윤리 관련의 저작으로서는 캐로라인 위트 베크(札野順·飯野弘之 譯 「기술 윤리 1」 미스즈書房. 2000년, 제4장. pp.167-183.; 로우 랜드 신진가 마이크＝W. 마틴(西原英晃 감역) 「공학윤리입문」 丸善. 2002년, 3장, pp.139-152.; 제임스 리즌(塩見弘 감역) 「조직사고」 일과학기술련, 1999년; 해리 콜린스 트레버 핀치(村上陽一郎·平川秀幸 역) 「미로 중의 테크놀로지」 화학동인. 2001년. pp.48-89.

(1985년 7월 31자 보죠레이의 메모 <행선지: 기술담당 부사장 랜드>)

이 메모는 랜드에게 건네져 마침내 문제 해결을 위한 검토팀이 발족하게 되었다. 그러나 모처럼 검토팀이 구성됨에도 불구하고 회사로부터의 지지를 얻지 못하고 거의 실질적인 일은 할 수가 없었다. 15번의 실험을 계획하고 회사에 신청했지만 결국 단순한 1개도 실시하지 못했다.

1985년 10월 NASA의 지시에 의해 자동차기술자협회 연차 대회에 MT사로부터 대표자를 파견해 씰의 문제에 대해 발표하게 되었다. 이것은 씰의 전문가로부터의 O-링의 문제에 대해 협력을 얻기 위함이었다. 발표자로 선택된 보죠레이는 안고 있는 최대의 문제인 저온과 씰 기능의 문제에 대해 말하려고 생각했다. 그러나 NASA에서의 요청은 문제의 긴급성을 말하는 것이 아니라 문제 해결을 향한 노력과 그 성과를 강조한 발표를 하는 것이었다. 그 때문에 보죠레이의 발표에서는 씰의 전문가와 챌린저의 설계 개선에 결합된 것 같은 유익한 정보 교환은 행해지지 않았다.

이렇게 해서 큰 진전이 없는 가운데 시간은 지났다. 8월에 발족한 검토 팀도 회사 간부로부터의 지지는 엷었고 자금도 정보도 충분하지 않았기 때문에 불량 징조가 어떠한 경우에 일어날까에 대해서도 정량적인 대답이 나오지 않고 연말이 되어도 아직 많은 과제를 남기고 있었다.

−Stage C−

당신이 보죠레이면 이 1985년 말의 시점에서 어떻게 행동할까.

선택사항:

① 검토팀에 보다 많은 자원을 투입하도록 기술담당 부사장에 진언한다.

② 안전성의 문제임에도 불구하고 회사 측의 지지를 얻을 수 없는
   상황을 자신이 소속하는 학협회에 통보한다.
③ 이 문제에 관한 일지를 적어 자신의 활동·견해 등을 극명하게
   기록한다.
④ 회사의 방침에 따라 주어진 조건 아래서 일을 한다.
⑤ 상기 이외의 행동을 취한다.

O-링의 문제에 대해 회사로부터 충분한 지지를 얻지 못한 보죠레
이는 1985년 8월 이후, 이 문제에 관해서 활동 내용뿐만 아니라 자신
이 높아지는 초조함 등 매우 면밀한 일지를 적고 있었다. 또 활동 보
고서에도 실험의 데이터만이 아니고, 예를 들어 기술 담당부사장인 랜
드에는 직접 의견을 전하는 등 통상의 방법을 이용한 다양한 행동을
취하였으나 자신들의 노력에 대해서 회사의 주목이 낮은 것에 대해서
도 상세하게 기록했다. 이 보죠레이의 기록은 사고 후의 조사에서 중요
한 증거가 되었다.

3) 챌린저 사고 전날

챌린저호 발사 전날, 발사 지점의 야간 기온이 지금까지의 셔틀 발
사의 최저 기온을 크게 밑도는 화씨 18도(섭씨 영하 8도)로 예상되고
있음을 보죠레이 등은 이러한 저온에서는 씰의 밀폐 성능이 저하하여
승무원의 생명이 위험에 처해지는 상황이 발생하리라고 확신해서 직접
기술담당 부사장 랜드를 만나 발사 연기를 요구했다. 이때 랜드는 위험
성을 이해하고 NASA에 대해서 발사 반대를 진언할 결의를 한다. 셔틀
의 발사에는 MT사를 포함 모든 하청 기업의 승인이 필요했다.

저녁때 플로리다의 케네디우주센터, 마셜 우주비행센터 MT사와 연결된 전화 회선을 사용한 원격지간회의를 했다. 씰의 위험성에 대한 의제로부터 시작된 회의는 보죠레이 등이 제출한 데이터를 근거로 NASA와 MT사 쌍방의 의견이 교환되었다. 그러나 보죠레이 등이 준비한 데이터는 지금까지의 비행으로 기온과 씰의 밀폐성에 문제가 있었던 비행만을 들어 안 좋았던 수와 기온을 나타냈다. 그 때문에 불편이 없는 비행 조건이 되는 기온에 대해 혹은 반드시 불편이 일어나는 조건이 되는 기온에 대해 등 전 비행으로부터 기온과 씰의 밀폐성을 고찰을 할 수 있는 것은 아니었다. 이러한 가운데 데이터를 재평가할 시간을 갖고 싶다는 MT사의 제의에 의해 회의는 5분간의 예정으로 중단되었다.

원격 회의의 회선을 잘라 행해진 MT사에서의 회의는 예정을 큰 폭으로 초과해 30분이나 걸렸다. 보죠레이와 톰슨은 재차, 자신들의 생각을 설명하면서 발사에 반대했다. 그러나 원격 회의에 참가한 사람들에 NASA측인 죠지 바디나 랠리 무로이가 MT사에 대해 명백한 불쾌감을 표명하고 있던 것이나 스스로의 분석으로 나타내고 있는 데이터가 발사를 중지할 정도의 결정적인 것이 아니라고 주장하고 있었던 것은 큰 영향을 주고 있었다.

최종적으로 기술적인 논의가 진전되지 않고 평행선을 긋기 시작했기 때문에 상급 부사장 메이슨은 동석하고 있던 다른 경영 간부 3명(위긴스, 키르민스스타, 랜드)를 앞에 두고 「발사하고 싶다고 생각하는 사람은 나쁜인가」라고 고함쳐 분노를 드러내면서 「경영적 판단」을 요구했다. 메이슨의 태도에 의해 우선 위긴스, 키르민스스타 2명이 발사에 찬성했다. 게다가 기술자의 의견을 존중하며 발사 반대의 입장을 취하고 있던 기술담당 부사장 랜드도 메이슨으로부터 「기술자의 모자를 벗고, 경영자의 모자를 쓰게」("Take off your engineering hat and put on your management hat.")라는 말을 하여 최종적으로 랜드도 발사 찬성으로 돌아, 경영 간부의 의견은 찬성 4, 반대는 없었다. 이에 따라 MT사는 발사에 동의하게 된다. MT회사는 부스터 로켓의 안전성에는 문제가 없고 발사를 인정한다는 문서를 부스터 로켓 사업의 책임자인 키르민스스타의 서명을 한 후 NASA에 제출했다. 이렇게 해서 MT사가 보고서를 제출함으로 인해 챌린저호는 예정대로 1월 28일에 발사가 결정되었다.

보죠레이 자신은 발사 전날의 상황을 다음과 같이 말하고 있다.

저 기온에서의 발사에 대해 NASA에 의견을 요구한 것은 전날 오후의 낮이었다. 점심식사 시간에 동료와 상담해 결론을 냈습니다. 발사를 중지하도록 설득하자고. 그리고 기술자들 전원이 납득해 주었습니다. 모두 위험성을 알아주었습니다. 사업부의 관리자들과도 이야기해서 그들도 납득해 주어 회사의 의견은 일치했습니다. 그러나 우주 개발의 역사 중에서 하청 회사가 발사의 중지를 바라는 경우는 등 전례가 없는 일이었습니다.

NASA에 연락했을 때는 시차가 있었기 때문에 저녁에 귀가 직전 관리자를 겨우 잡았습니다. 상층부의 관리자입니다. 발사를 중지해 줄 것을 부탁했습니다. 그는 납득했습니다만 상사가 케네디 스페이스 센터에 있으므로 곧바로 다시 건다고 했습니다. 2시간 정도 기다렸습니다만 NASA가 우리의 발사 중지 요청에 반대하리라고는 생각하지 않았습니다. 죠인트의 결함에 관해서 결정적인 증거를 보여, 저온 하에서의 비행 위험성을 확인하면 NASA는 발사를 중지한다고 생각하고 있었습니다.

2시간 후 전화가 왔습니다. 긴급 전화 회의를 열므로 참가 하라는 것이었습니다. 그러나 그 회의시간까지 준비 시간은 겨우 45분. 기술자 생명이 걸린 회의입니다. 평균 25년 이상의 경험을 가진 동료와 4사람 합쳐 100년분의 경험을 쏟았습니다. 오피스에 뛰어들어 파일을 꺼내 몹시 서둘러 보고서를 조사해 설득에 필요한 자료를 닥치는 대로 카피했습니다. 그리고 그것을 들고 다른 방에 가서 회의에서 말해야 할 일을 종이에 적었습니다. 동료들이 무엇을 준비했는지 모릅니다. 협의하는 시간은 전무이었던 것입니다.

마셜 우주센터와 케네디 우주센터에 자료를 팩스로 보내고 그들은 그것을 보면서 우리의 설명을 들었습니다. 동료 어니 톰프슨과 내가 중심이 되어 설명을 진행시켰습니다. NASA의 태도는 가차 없이 매우 공격적이었습니다. 잇달아 날카로운 질문을 마구 퍼부어 옵니다. 과거 반년간의 우리의 연구 상황을 알면서 설명할 수 없는 점만을 찔러 질문해 왔습니다. 참을 수 없어 나는 외쳤습니다. 「대답할 수 없는지 아시죠」「그 데이터는 필요해도 받게 해 주지 않았다」. 방의 뒤에 있던 상사에게 감시받았습니다. 살해당할 것 같은 눈으로. 고객에게 그런 말은 용서되지 않기 때문에. 회의는 1시간 정도 계속되어 기술부 담당 부사장이 요점을 정리했습니다. 「발사는 중지를 혹은 따뜻할 때까지 기다려야 합니다. O-링의 온도가 12℃ 이상이 될 때까지」. 회의가 끝나자 NASA는 사업부 담당 부사장에 의견을 요구했습니다. 답은 「설명을 듣는 한 발사를 권유해선 안 됩니다」라고 했습니다. 나는 마음속으로 "잘됐다!"라고 외쳤습니다. 그가 어떻게 대답할까는 우리에게는 조정할 수 없었기 때문입니다. 이것으로 발사는 중지라고 마음이 놓였습니다. 동료 어니도 기뻐하며 자리에 앉았습니다. 13사람이 긴 테이블을 둘러싸고 의자에 몸을 가라앉혀 5초 정도 안도감에 잠겨 있었을까요. NASA는 마셜 우주센터의 죠지 바디에 의견을 요구했습니다. 그는 이렇게 대답했습니다. 「중지하라는 것은 매우 놀랍다. 그러나 기술자의 결정에 반대는 하지 않습니다만」. 죠지 바디를 알지 못하는 기술자는 없습니다. 많은 존경을 받는 기술부의 책임자로 NASA 창설 이전부터 우주 계획에 종사해 온 인물입니다.

그의 발언에 우리는 한숨 놓았습니다. 나에게는 그의 말이 믿을 수 없었습니다. 마지못해 중지에 찬성하다니. NASA는 이야기를 정리해 이렇게 이야기 했습니다. 랠리 무로이는 「4월까지 기다리라고 해도 발사 전날에 여러 말하지 마라」. 이 말에 회사의 경영진은 떨렸습니다. 「춥다고 발사할 수 없다고 하면, 앞으로 예정이 엉망이다. 반덴바그에서의 발사도 삼가하고 있다. 거기는 더 추운데」.

NASA측 말은 한 마디 한 마디 같지 않습니다만, 그들은 그러한 의미로 말하면서 그 회의를 이렇게 결론지었습니다. 우리가 제시한 데이터는 불확실하고 결정적이지 않다. 그러나 벌써 2명의 인물이 발사 중지를 지지하고 있습니다. 그런데 데이터가 불확실하다고 원래 이것은 발사의 안전성을 증명하기 위한 회의에서 우리는 위험하다고 호소했다. 데이터가 불확실하다고 한다면 안전성도 보증할 수 없을 것입니다.

즉 NASA의 말은 완전하게 모순이었습니다. 이것을 보고 사업부 담당 부사장은 5분간의 MT사측만의 회의를 신청했습니다. 후에 사고 조사위원회는 NASA와 우리 회사의 경영진에게 압력에 대해 물어 양자는 압력은 안 넣었다고 대답했습니다. 천만에요. 나는 느꼈습니다. 그 장소에 있어 오싹오싹. 아주 대단한 압력이었습니다. MT사의 간부가 느끼지 않았다고 한다면, 왜 그 장소에서 간부회의를 했습니까.

회의에서 사용하고 있던 전화를 보류로 하고 간부들은 소리를 찌푸려 4명이 상담을 시작했습니다. 「경영적인 결단을 내린다」라고 나와 어니는 무시입니다. 간부란 거기에 있던 4명의 부사장입니다. 3명은 테이블에 붙고, 벽에 기댄 1명은 아무것도 발언하지 않았습니다. 발사 동의로 의견을 바꾸는 것은 뻔했습니다. 어니가 노트를 잡고 일어섰습니다. 그는 보통은 온화하고 매우 냉정하며, 격하는 나와는 정반대의 타입입니다. 그러한 그가 노트에 죠인트 부분의 그림을 그려, 다시 한번 부사장들에게 위험성을 강하게 호소했습니다. 그날 밤의 기온은 마이너스 2℃였던 것입니다. 영하예요. 그런데 그들은 어니를 무시하고 그림을 보려고도 하지 않았다. 그들의 표정은 이러고 있는 것 같았습니다. 「시끄럽다. 사실 등 알까」. 어니는 묵묵히 자리로 돌아왔습니다. 나는 그때 결정적인 증거 사진을 가지고 있었습니다. 2장의 사진입니다. 1장은 15번째의 발사로 연소 가스가 1차 링으로부터 빠져 새까만 윤활유가 부착한 사진. 다른 한 장은 22번째의 따뜻한 날의 발사. 회색이 찬 윤활유가 찍혔습니다. 한편은 80~110도의 반달 모양에 새까만 윤활유. 다른 한편은 30번의 반달 모양에 회색의 윤활유. 그 차이를 보면 저 기온에서의 발사 위험성은 분명했습니다. 나는 2장의 사진을 어니의 그림 위에 올려 고함치듯이 그들에게 설명했습니다.

무시됨을 알면서도 나는 사진을 가리켜 위험성을 말했습니다. 「윤활유가 검을 정도로 실패의 가능성은 높다」「12℃로 이것이에요. 오늘 밤은 마이너스 2℃다. 그런데도 문제가 없다고 말합니까.」 그들은 전혀 들으려고 하지 않았고, 사진을 보지도 않았다. 분노로 몸이 떨렸습니다. 우리가 무엇을 말해도 이미 그들은 마음을 결정하고 있었습니다. 5분의 간부회의는 벌써 25분을 지나 기술담당 부사장이 헤매고 있는 상황이었으므로 메이슨은 말했습니다. 「기술자의 모자를 벗고 경영자의 모자를 쓰게」. 결국 부사장 4명만으로 결정을 하게 되어 전원 일치로 발사에 동의 하게 되었습니다.

(2003년 10월 23일 유타 주 프로바에서의 인터뷰 요약)

―Stage D―

당신이 보죠레이라면, 발사 전날의 회의가 끝난 후, 어떻게 행동할까.

선택사항:

① 회사의 최종적인 경영 판단이기 때문에 이것을 존중해 씰이 저온 아래에서도 밀폐성을 유지하도록 오로지 빈다.
② 안전성이 위협받고 있음을 NASA의 상층부에 통보한다.
③ 안전성에 문제가 있음을 셔틀 승무원의 가족에게 알린다.
④ 어쨌든 저온하에서의 발사를 중지시키기 위해서 지금까지의 경위를 매스컴에 공표한다.
⑤ 상기 이외의 행동을 취한다.

보죠레이는 분노와 실의에 처하면서도 회사의 결정에 대해 행동을 취하지 않았다. 그리고 1986년 1월 28일. NASA는 예정대로 챌린저호를 발사해 기체는 발사로부터 73초 후에 공중에서 타서 폭발하여 승무원 7명은 전원 사망했다.

4) NASA가 발사를 바란 이유

왜 NASA는 강하게 예정대로의 발사를 바란 것일까. NASA가 발사를 바란 요인은 여러 가지를 들 수 있다. 우선, 당초 NASA는 연간 50회의 민간 위성 발사의 위탁 등도 포함한 발사를 실시하는 것으로 이익이 나올 가능성이 있음을 계획하고 있었지만 실제로는 연간에 1자리 수의 발사밖에 하지 못하고 계획 전체가 늦었다. 또 유럽 우주 기관도 같은 셔틀 계획을 진행하고 있어, 라이벌의 출현에 초조함도 있었다고 말할 수 있다. 게다가 미국의 의회가 막대한 예산을 쏟아 넣으면서 거기에 알맞은 성과가 나와 있지 않은 NASA에 대해 의문시하기 시작하고 있었다.

1986년은 그처럼 의문시하고 있는 의회에의 어필을 위해서도 과밀한 발사 계획을 세우고 있었던 것이다. 또 발사 후에 예정된 레이건 대통령의 연두 교서에는 교육 정책에 힘을 쏟고 있지 않으면 비판을 주고받기 위한 챌린저호에 첫 민간 승무원으로 편승된 교원 맥콜리프가 이미 탑승하고 있었던 것도 영향을 주었다고 말할 수 있다.

5) 「안전」과 각 스테이크홀더의 가치

보죠레이 등 현장 기술자가 필드 죠인트 부분의 문제점을 일찍부터 인식하고 저온이 실린더 기능에 영향을 끼침을 확신하고 있었음에도 불구하고 왜 이러한 대참사에 이르게 되었을까.

당초 챌린저 사고의 원인은 대통령 자문위원회와 매스컴이 밝힌 바와 같이 NASA나 MT사의 경영자들이 자신들이 놓여 있는 정치적·경제적 입장만을 신경 썼기 때문에 안전에 관한 현장 기술자들의 의견을 무시해서 일어났다고 해석되고 있었다.

그러나 보스턴 대학의 다이안 봐간(Diane Vaughan)의 정력적인 조사에 의해 밝혀졌던 것은 이 사고가 NASA나 그 사업에 종사하는 조직의 문화에 의해서 일으켜졌다는 것이다.[4]

여기서 왜 경영진들이 발사한다는 결단에 이르렀는지를 알기 위해 당시, MT사와 NASA가 놓여져 있던 상황에서 그들이 고려한 가치를 생각해 보자.

○ 모튼 사이오콜사(MT사)

MT사는 수익의 반 이상을 NASA와의 계약에 의지하고 있어, 당시 다음 계약이 교섭 중이었다. MT사로서는 현재 하청 받고 있는 로켓 부스터 부문에서 차기 계약에서도 독점 계약하기를 바라고 있었다. 이 계약을 수행하려면 예정대로 셔틀 발사를 실시하는 것이 바람직했다고 생각되었다.

○ NASA

스페이스 셔틀 계획은 당초 자립 채산이 잡힐 계획이었다. 그러나 현상은 그 달성 가능성이 없어지고 있던 차에 실시 계획도 지연되고 있었다. 그 때문에 NASA가 충분한 예산을 얻으려면, 침체 기색의 국민의 지지를 부활시키는 것이 불가결하고 거기에는 예정대로의 발사와 민간인으로서 처음으로 승무원에 참가한 여성 교사에 「우주로부터의 수업」을 하도록 해 주는 것은 큰 의미를 갖고 있었다. 또 러시아(구 소비에트 사회주의 공화국 연방)나 유럽 제국의 우주 개발이나, 미국의 부대통령 부시가 발사에 입회해서 벌써 원고가 작성되고 있던 대통령 신년 연설에 챌린저호 발사 성공을 전제로 한 문장이 짜 있던 것, 발

---

4) Rojer M. Boisioly, "Personal Integrity and Accountability," Accounting Horizons (American Accounting Association) Vol.7, No.1(March 1993), pp.59-69.

사가 매우 과밀한 스케줄로 행해져 연기했을 경우에 다음이 언제 가능하게 될지를 모른다고 한 상황에 있었다는 등도 영향을 주었다고 생각된다.

이것들에 대해 기술자가 가장 중시해야 할 가치인 「안전」은 어떻게 인지되고 있었던 것일까.

이상의 O-링이란, 「완전한 밀폐」를 가능하게 하는 것이다. 그러나 완전한 밀폐는 어디까지나 이상이며, 불가능한 기술이다. 그 때문에 O-링은 설계 당초부터 염려가 표명되어 그 문제를 극복하기 위해 NASA의 기술자도 MT사의 기술자도 보다 밀폐성이 높은 O-링 개발에 수시로 논의를 거듭하면서 다양한 실험을 거듭해 문제가 일어났을 때는 그 구멍에 초조하게 되었다. 그리고 그들은 「완전한 밀폐」가 불가능한 O-링에 대해 어디까지가 「받아들이고 가능한 위험성」인가라고 하는 판단을 실시하게 된다. 완전한 기술이 있을 수 없는 가운데 「받아들일 가능」이라고 하는 생각이 「안전」의 인지에 큰 영향을 미쳤다.

챌린저호 발사 전날에 낮은 기온에 의한 O-링의 내구성·밀폐 성능의 저하에 MT사 엔지니어는 염려를 나타냈다. 그러나 원격간 회의에 출석하고 있던 NASA의 경영자에게는 저온에 따라 오는 위험성도 「수락 가능」의 범위라고 생각되었다. 그리고 원격간 회의에서 나타난 데이터도 그들의 「수락 가능」이라고 하는 생각을 뒤집는 일을 할 수는 없었다.

챌린저 사고에서 각각의 등장인물이 무엇을 중시하고 있었는지 기술에 종사하는 사람이 무엇보다도 중시해야 할 가치인 「안전」을 어떻게 생각하고 있었는지가 열쇠가 되었다. 그러나 NASA도 MT사의 상급 부사장 메이슨을 포함한 경영진도 누구 하나 사고가 일어나도 좋다고 생각하고 있던 것은 아니다. 다른 가치를 고려하는 가운데 「안전」의 가치가 무엇보다도 우선해야 할 제일의 가치는 아니고, 다른 가치와 비교하게 되어 결국은 안전을 해친 판단을 가져와 버렸다. 문제점을 인식하면서도 참사를 불러일으킨 배경에는 당시 관련 조직이 가지는 문화와 깊게 관계하고 있는 것이다.

이 사고는 결과에 따른 비판에 그치지 않고 자신을 사고 전의 보죠레이 뿐만 아니라 NASA의 관리자나 MT사의 경영진이라는 입장에 서서 자신이라면 어떻게 하는지, 무엇이 가능한지, 어떤 판단을 하는지에 대해서 깊게 생각했으면 좋겠다.

6) 안전성이라고 하는 가치

챌린저 사고에서는 안전성이라는 기술자윤리에서 가장 중요한 가치를 둘러싸고 현장의 기술자와 경영층의 판단이 나뉜 것이지만, 안전에 대해 보죠레이는 다음과 같이 말하고 있다.

> 안전성이 제일입니다. 유인이라면 그것이 당연하고, 비록 무인이라도 사람이 있는 상공을 난다면 역시 안전성이 제일입니다. 안전성이 그 다음에 오는 것은 없다. 자신의 캐리어 등을 생각해서는 안됩니다.
>
> 첫째로 안전성 다음에 고객, 제품, 조직, 그리고 자신입니다. 자신은 최후의 최후로 생각하고 최종 사용자를 첫째로 생각합니다. 그래서 캐리어를 잃어도 만족이라고 생각하면 그것이 정말로 직무를 완수하는 것이며, 월급에 알맞은 일이라고 말할 수 있겠지요. 그렇게 할 수 있는 것이 진정한 기술자입니다. 주장해야 할 때에 주장한다. 그 신념이 중요합니다.
>
> (2003년 10월 23일 유타주 프로바에서의 인터뷰 요약)

2

윤리적 문제점의 정리

그러면 이 사례에서 어떠한 윤리적 문제가 있었는지, 어떠한 가치가 대립했는지를 정리해 보자.

보죠레이는 고객이나 자신이 속하는 조직 혹은 자기 자신보다 기술자에 있어 중요한 것은 「안전, safety」이라고 잘라 말하고 있다. 실제, 기술자윤리 강령에서는 기본헌장의 첫째로, 「공중의 안전·건강·복리」라고 하는 가치를 기술자가 중시해야 할 것이 구가되고 있다. 이 중에는 자신이 관련된 제품에서 신뢰성을 보증해야 할 것도 포함되어 있다. 보죠레이의 행동은 이 규범에 근거하는 기술자로서 당연한 행위라고 말할 수 있다. 그러나 동시에 기본 헌장의 4에서는 고용주나 의뢰주에의 충성이 요구되고 있다. 이번 사례로 고용주는 MT사이며, 의뢰 주(고객)는 NASA이다. 보죠레이는 그들의 지시에 따를 의무도 있었던 것이다.

그럼 이번과 같이 양자가 대립했을 경우는 어떻게 하면 좋은 것일까. 적어도 미국의 윤리 강령에서는, 「공중의 안전·건강·복리」를 다른 어느 보다도 우선하는 것이 명기되어 있다. 이것이 미국류의 윤리 강령이 가지는 명확함이다. 게다가 공익을 지키기 위해서는 자신이 소속하는 조직을 넘어 공적인 기관에 통보하는 것이 윤리 강령으로 요청되고 있다.

챌린저 사고 후에 보죠레이는 모든 것을 사고 조사위원회 앞에서 증언하였지만 이것도 이러한 규범에 근거하는 행동이라고 말할 수 있을 것이다.

챌린저 사고는 최종적 결과는 비참한 것이다. 그러나 기술자윤리의 관점으로부터 보죠레이 자신은 기술자로서 해야 할 일을 했다고 말할 수 있을 것이다. 안전성은 기술자에 있어 가장 중요한 가치라는 것을 재확인하며 본장을 덮기로 하자.

11. 기술과 리스크

AN ENGINEER ETHICS
AN ENGINEER ETHICS
AN ENGINEER ETHICS
AN ENGINEER ETHICS
AN ENGINEER ETHICS
AN ENGINEER ETHICS

현대의 과학기술이 진보함에 따라 공중은 그 성과를 향수하는 한편 과학기술 비판이나 반과학 운동으로 보이는 것과 같이 과학기술의 너무 급속한 발전에 대한 불신감을 가지기 십상이다. 거액의 연구 개발비가 필요하다는 이른바 「빅·사이언스」 혹은 리스크를 수반하는 선구적 과학기술을 추진하기 위해서는, 간접적으로 이것을 지지하고 자주 직접적으로 영향을 받는 공중의 합의는 불가결하다. 그런데 역사적으로 보면 첨단 과학기술의 방향 설정·의사결정은 과학기술에 종사하는 당사자 혹은 정계와 재계의 지도자 등에 의해 되는 경우가 많아 일반 시민의 합의를 출발점으로 할 것 같은 과학기술 정책이 입안·실시된 예는 적다. 지구의 자원·환경에 관한 제약 조건이 어려운 21세기에 있어 인류가 세계평화를 유지하면서 지속 가능한 사회를 구축하기 위해서는 공중의 합의를 기본으로 현대 사회에 적응하는 한편 일반 대중이 실로 필요로 하는 적정 기술을 촉진할 수 있는 과학기술 정책 및 그것을 실천하는 과학자·기술자가 바람직하다.

이 장에서는 고도 기술 사회에 있어서 「기술과 리스크」의 문제를 과학기술을 추진·실천하는 당사자인 기술자의 입장으로부터 어떻게 파악해야 할 것인지 고찰해 보자.

1

「고도 기술사회」에서 「기술과 리스크」에 관한 기본적 인식

고도 기술 사회에서 리스크 문제는 각 개인의 기본적 인생관·인간관이나 과학기술관과 관련되는 문제이며, 많은 요소가 복잡하게 얽혀서 매우 귀찮은 구조를 가진다. 간단한 예를 들어 보자.

예를 들어 「고도 기술 사회」에 있어서 과학과 기술의 중요성을 부정하는 사람은 대부분 없을 것이다. 그러나 「과학이란 무엇인가」 혹은 「기술이란 무엇인가」라고 물었을 때에 분명하게 정의를 내려주는 사람은 많지 않다. 만일, 과학을 「인류가 자연(스스로를 포함)을 이해하려고 하는 시도와 거기로부터 얻은 체계적 지식이다」라고, 또 기술을 「인류가 자연(자신을 포함)의 힘을 이용하려고 하는 시도와 거기로부터 만들어진 성과이다」라고 정의 해보자. 이러한 꽤 광의인 정의가 받아들여진다고 해도 「과학」 및 「기술」의 존재 의의와 인간의 관계에 대해서는 아리스토텔레스가 「형이상학」의 첫머리 명제에서 말한 것처럼, 「모든 사람은 선천적으로 알기를 바란다」(出隆譯, 岩波문고)로서 인간은 그 본성에 의해 과학과 기술을 발전시키는 존재라는 입장을 취하는 사람도 있을 것이다. 한편 위에서 정의한 것 같은 시도 즉 과학이나 기술 그 자체가 인류의 존재에는 불필요하다고 하는 입장을 취하는 사람도 있을 것이다. 또 「과학」 「기술」을 현대 사회의 필요악이라고 생각하는 입장도 있을 것이다. 각각의 입장에서 「기술과 리스크」의 문제를 파악하는 방법이 크게 다른 것은 자명하다.

따라서 이장에서는 문제를 간단하게 하기 위해서, 현상론적으로 일본인의 과학기술에 대한 의식을 전제로 고찰을 진행시키기로 한다.

저자 등이 실시한 첨단 과학기술에 관한 앙케트 조사에서, 「1.1과학기술의 진보에 대해 어떻게 생각하십니까」라고 하는 질문을 설정하여 회답자에게는 다음 6개의 선택사항에서 1개를 선택하도록 의뢰했다.

(A) 과학기술은 궁극적으로 인류에게 선을 가져오는 것이기 때문에 널리 진행시켜야 하는 것이다.

(B) 과학기술은 궁극적으로 인류에게 선을 가져오는 것이지만, 신중하게 진행시켜야 하는 것이다.

(C) 어느 쪽이라고도 말할 수 없다.

(D) 과학기술은 인류에게 악을 가져온 것일지도 모르지만, 필요한 것으로 신중하게 진행시켜야 한다.

(E) 과학기술은 궁극적으로 인류에게 악을 가져오는 것이기 때문에 지금 곧 포기해야 한다.

(F) 이상의 어떤 것도 아니다.

그 결과 (B)를 선택하는 사람이 꽤 높은 비율(약 50%)을 차지하고 (E)를 선택하는 사람은 전무였다. 또 전면적으로 과학기술을 긍정하는 입장(A)를 취한 사람은 과학기술이나 관련 분야의 전문가에서는 약 17%정도, 비전문가에서는 약 10%정도이었다. 즉 대부분의 회답자는, 현재의 사회에 필요한 것으로 생각하여 과학기술의 존재를 용인하고 과학기술 일반의 진보를 긍정하고 있음을 알 수 있다. 이 장에서는 과학기술의 발전은 시인하고 지금까지 존재하지 않았던 기술(즉 「첨단기술」)이 항상 발생하는 상황을 인정하는 입장에서, 「기술과 리스크」의 문제에 대해 생각해 보자1).

---

1) 앙케트의 개요 등에 대해서는 札野順 「안전성과 리스크」, 竹內啓외 편저 『고도 기술 사회의 파스페크테이브 새로운 과학기술 문명의 구상-』 丸善플라넷, 1995년, pp.519-533. 「첨단기술」의 정의에 관해서는 吉川弘之의 견해가 홍미

2

「리스크」와 「객관적 평가」

리스크의 정의는 다양하지만 일반적으로 「인간의 육체적·정신적·경제적 복리에 해(악영향)를 주는 것」이 포함된다. 구체적으로 해(악영향)란 개인의 경우, 상처·질환 혹은 재산의 손실, 생활의 질저하이며, 아마 그 최악의 것은 죽음일 것이다. 또 「사회적 리스크」란, 어느 「사회」 구성원의 복리에 해를 주는 가능성이며, 구성원의 질환이나 죽음, 경제의 파탄, 사회생활의 붕괴, 그리고 최악의 경우는 구성원 전체의 파멸(예를 들어 전 인류의 멸망)이 가져오는 위험성을 포함하는 것이다.

리스크를 정량적으로 평가하기 위해서는 리스크와는 「a compound measure of the probability and magnitude of adverse effect」이라고 정의 되는 경우기 많다[2]. 즉 리스크는 인간(사회)의 복리에 해(악영향)를 주는 「사건이 일어날 가능성의 정도」와 그 사건이 일으키는 악영향의 「크기」라고 하는 2개의 요소가 복합된 것이며 이 2개의 요소의 「곱」이 리스크의 정도가 된다. 그러나 이러한 형태로 리스크의 정량화를 실시하면, 예를 들어 교통사고의 악영향 정도는 비교적 작은 것도 빈번하게 일어나는 리스크와 대형 여객기의 추락과 같이 악영향의 정도는 크기는 하지만 일어나는 확률이 낮은 리스크라고 하는 본래 비교하기 어려운 리스크의 대소가 수치로 나타나는 모순을 일으키게 된다.

원래 과학기술이 만들어 낸 장치나 도구(예를 들어 원자로), 혹은 성과물(예를 들어 유전자 재조합 식품)을 사용함에 따라 발생하는 「리스크」

롭다. 吉川弘之 「테크노 글로브」 공업 조사회. 1993년, pp.22-24.

2) 예를 들어 William W. Lowrance. "The Nature of Risk." in Richard C. Schwing and Walter A, Alberts. Jr. eds., Social Risk Assessment: How Safe ls Safe Enough? (New York: Plenum Press, 1980), p.6.

를 객관적 수치로 평가해서, 그 값을 최소화 하는 수단을 강구하는 것으로, 「리스크」를 배제하려는 시도에는 본질적으로 한계가 있다. 예를 들어 해리스 등은 다음 4개의 점을 지적하고 있다[3]. 첫째로, 어느 장치를 철저하게 분석하여 각 부분에 일어날 수 있는 사고의 가능성을 망라해 모두 잠재적인 원인에 대해서 대책을 강구했다고 해도, 「모두」의 가능성을 다 망라하기는 원리적으로 불가능하다. 둘째로, 어떻게 「안전성」을 높였다고 해도, 그것을 조작하는 인간이 잘못을 일으킬 가능성(즉 「휴먼·팩터」)은 어떠한 경우도 배제할 수 없다. 셋째로, 리스크 분석에 있어서 「확률」의 산정법은 통계적 추측에 의하는 것이 많고, 또 어떤 종류의 사건에 대해서는 그것이 일어나는 확률을 실험적으로 검증하기는 사실상 불가능하다(예를 들어 원자로를 실제로 멜트 다운시켜 볼 수는 없다). 따라서 모든 리스크 분석은 본질적으로 불확실하다. 넷째로, 그 장치를 둘러싼 환경까지 포함하여 거기에 관련해서 장래 일어날 수 있는 모든 사태를 예측하기는 불가능하다. 즉 리스크의 평가는 필요하며 유익하지만, 그러나 「완전」할 수 없기 때문에 반드시 예측하지 못한 사태가 일어날 수 있다. 따라서 100% 리스크·프리인 장치나 도구, 또는 성과물을 만드는 것은 원리적으로 불가능하다는 사실을 확인해 둘 필요가 있다.

그러므로 과학기술의 발전을 용인하는 고도 기술 사회를 전제로 하는 이상 「기술」, 특히 새로운 「기술」에 기인하는 「리스크」는 예측이 불가능하다고 말하지 않을 수 없다.

---

3) Charles E. Harris, Jr., Michael S. Pritchard, and Michael J.Rabins, Engineering Ethics: Concepts and Cases(Belmont, CA: Wadsworth Publishing Company, 1994), pp.232-235.

3

리스크의 인식

리스크의 객관적 평가를 완벽하게 실시하는 것은 원리상 불가능하다고는 하나 현재 고안되고 있는 다양한 기법을 이용하여 리스크의 「평가」를 어느 정도 합리적으로 실시할 수 있으며 그 노력은 게을리 해서는 안 된다. 그러나 얻은 분석 결과를 비전문가인 공중(예를 들어 원자력 발전소 입지 지역 주민이나 유전자 재조합 식품의 소비자)가 어떻게 인식할까라고 하는 「리스크의 인식」은 완전히 별개의 문제인 것도 확인해 둘 필요가 있다. 우선 첫째로, 리스크의 「객관적 평가」의 기법이 주도로 전문적으로 되면 될수록 그것을 완전하게 이해할 수 있는 사람의 수는 적게 되어 공중의 이해로부터 멀어져서, 공중의 인식과는 연결되지 않는다. 둘째로, 비록 리스크의 「객관적 평가」 기법을 이해할 수 있었다고 해도, 「리스크의 인식」에 있어서 공중이 고려하는 팩터는 단지 리스크의 「낙관적 평가」뿐만은 아니고 그 외의 팩터(주관적인 것 포함)로부터도 강한 영향을 받는다. 예를 들어 리스크가 공평하게 모든 사람에게 있는 경우와 특정의 사람이 보다 높은 리스크를 지지 않으면 안 되는 경우에는 큰 차이가 있다. 셋째로, 리스크에 직면할 때까지의 시간에 의한 영향이 있다. 예를 들어 어느 사람이 내주에 심장의 바이패스 수술을 받지 않으면 안 된다고 가정하여 수술이 실패하는 확률은 10%라고 의사로부터 전해 들었을 때, 그 사람에게 있어서는 50년 후에 지구 규모에서의 괴멸적인 환경파괴가 일어나는 리스크보다 내주의 수술이 보다 큰 리스크로서 인식된다. 넷째로 자유 의지에 의해 선택된 리스크와 강제당한 리스크와는 인간의 리스크에 대한 인식이 크게(약 1000배의 오더로) 다름을 나타낸 연구가 있다[4]. 자

---

4) 상게서, p.245.

유 의지에 의한 선택이라면 사람은 위험에 따른 스포츠(예를 들어 번지 점프)나 특별한 교통수단 등과 같이 상당한 큰 리스크를 받지만 강제당한 것이라고(예를 들어 자택에 인접하는 공장의 폐수에 의한 환경오염) 몇 안 되는 리스크지만 거부하는 것이 많다(이 사실은 인폼드 컨센트 (informed consent)의 중요성을 나타내는 근거이다).

즉 「리스크」그 자체를 과학적·객관적으로 평가하는 것은 극히 곤란함과 동시에 공중이 「리스크」를 어떻게 인식하고 있는지를 평가하는 일은 곤란한 문제이다.

4

"How safe is safe enough?"

- 수용 가능한 리스크 -

「기술과 리스크」를 논의할 때에 잘 발생하는 물음에 "How safe is safe enough?"가 있다. 즉 「리스크」를 내포하는 과학기술의 개발 추진을 전제로 하는 고도 기술 사회에 있어, 어느 종류의 「리스크」를 어느 정도까지라면 수용 가능하다고 생각하는가 하는 문제이다. 이 질문에 답하는 것은 매우 어렵고 의견은 크게 나뉜다. 대표적인 것으로 다음의 3개 생각이 있다.

제1의 입장은 어떠한 「리스크」도 배제해야 하며, 불가피한 리스크에 대해서도 가능한 한 최소한으로 억제함을 목적으로, 모든 인적·물질적 자원을 투입해야 한다고 말하는 생각이다.

궁극의 「안전성」을 요구하는 이 입장은 논리적으로 모순 없이 달성해야 할 목표로서 내걸 수는 있지만, 경제면이나 자원면 등에서 무수한 제약을 가지는 「고도 기술 사회」에 있어 현실적이지 않고 실현의 가능성은 전무일 것이다.

제2의 입장은 어느 레벨을 결정하고 그것 이하의 「리스크」이면 수용토록 하는 입장이다. 현실에는 많은 경우 이 방법이 취해지고 있다. 예를 들어 미국의 원자력 규제 위원회(the Nuclear Regulatory Commission)는 화력이나 수력 등 다른 발전 기술이 가지는 리스크의 레벨과 비교한 후, 원자력 발전소의 건설·운전에 관해서 엄수해야 할 리스크의 레벨을 결정하고 있다5).

제3의 입장은 「코스트·이익 분석」이라고 불리는 수법을 채용하는 것이다. 즉 「리스크」를 내포하는 「기술」에 관련되는 모든 일에 대해 경제적 가치를 평가해(즉 가격을 매기고), 어느 레벨의 「리스크」를 받아들였을 때에 얻을 수 있는 이익과 그 「리스크」가 현실의 것이 되었을 경우에 발생하는 코스트를 계산한다. 또 어느 레벨까지 「리스크」를 줄이기 위해서는 어느 정도의 코스트가 필요한가도 계산한다. 그 결과를 기본으로 의사결정을 실시하는 수법이다. 그러나 이 수법이 가지는 본질적인 결함은 자명하다. 예를 들어 인간의 생명이나 존엄, 파괴되어 재생 불가능한 자연 환경에 「가격」을 매기는 것은 윤리상의 문제를 포함한다(제4장에서 검토한 포드·핀토의 사례를 생각해 보기 바란다).

제1의 입장은 실현 불가능하기 때문에, 여기에서는 배제하지 않을 수 없다. 제2, 제3의 입장은 어느 쪽도 주관적인 가치 판단에 의존한다. 즉 현실문제로서의 "How safe is safe enough?"에 대한 대답은, 「수용 가능한 리스크의 레벨을 당사자(혹은 사회)가 그 리스크를 받아들이므로 얻을 수 있는 이익이나 그 외의 제약 조건을 종합적으로 고려하여 주관적으로 설정하지 않을 수 없다」라고 하게 된다.

환언하면 기술에 관련 「리스크」의 객관적·정량적 평가를 완전하게

---

5) H. W. Lewis, Technological Risk(New York: W. W. Norton & Company, 1990), p.96.

과학적으로 실시하는 것은 불가능하다. 또 일반 시민의「리스크의 인식」은 적지 않게 주관적이며, 그러므로 과학적 수법으로 "How safe is safe enough?"라고 하는 물음에 명확한 해답을 줄 수는 없다. 이와 같이「기술」의「수용 가능한 리스크」의 레벨을「과학적」혹은「객관적」으로 설정하는 일을 할 수 없음을 기술자는 항상 인식할 필요가 있다. 또 기술을 만들어 내는 측의 기술자와 그 기술에 의해 초래되는 리스크를 수용하는 공중과의 사이에, 합의를 형성하기 위해서는 과학기술 이외의 여러 가지 팩터를 고려하는 것이 불가결함을 직시하지 않으면 안 된다(기술자윤리의 정의를 생각하기 바란다).

예를 들어 원자력 발전소에 관한「수용 가능한 리스크」와 같은 문제를 원자력 분야에서 현저한 실적을 남긴 앨빈 와인바그(Alvin M. Weinberg)는「trans-science(트랜스·사이언스)」의 영역에 속하는 문제라고 하였다[6]. 이것은 과학적 합리성을 가지고 설명 가능한 닫힌 지식 생산계와 가치나 권력을 기준으로 행해지는 정치적 의사결정의 영역이 서로 겹친 부분에서「과학에 의해 물을 수 있지만, 과학에 의해 대답할 수 없는 문제군으로 되는 영역」이라고 정의하고 있다[7].

이하에서는 만일 사고가 일어났을 경우에 심각한 영향을 인간 사회에 미치는 특수한「리스크」를 가지는 원자력 기술과 지금까지 인류가 경험을 한 적이 없는 미지의「리스크」를 가지는 유전자 재조합 작물(유기체)에 대해 개관하여 이러한 기술이 가지는「트랜스·사이언스」에 속한 부분과 그것을 근거로 해 기술자가 완수해야 할 역할과 책임에 대해 고찰한다.

---

6) Alvin M. Weinberg, "Science and Trans-science", Minerva, Vol.10(1972), pp.209-222; id., Nuclear Reactions: Science and Trans-Science(New York: American Institute of Physics, 1992)

7)「트랜스·사이언스」에 관한 해설에 대해서는 小林博司「누가 과학 기술에 대해 생각하는가 의견 일치 회의라고 하는 실험—」나고야 대학 출판회, 2004년 등을 참조.

5

원자력 기술과 리스크

<「원자력은『절대로』안전」하다고 누구도 말할 수 없다> 이것은 2000 년 「원자력 안전 백서」의 첫머리 문장이다[8]. 전 절에서 말했던 대로 모든 기술은 어떠한 리스크를 포함하고 있다. 따라서 무수한 성숙 기술과 무수한 첨단기술을 종합한 원자력 발전소라고 하는 거대 시스템을 사용하여 화석연료와는 비교가 안 될 정도로 밀도가 높고, 현격한 차이의 에너지를 발생하는 원자력을 취급하는 기술이 큰 리스크를 포함하고 있는 것은 자명하다. 그러나 일본에는 원자력의 평화적 이용을 국책으로 도입한 당초부터 설계에의 과잉인 신뢰나 원자력 시설 입지 촉진을 위한 홍보 활동이 부르는 오해 등에서 「원자력은 절대로 안전」이라고 하는 이른바 「안전 신화」가 만들어져 갔다[9].

그러나 「안전 신화」를 흔드는 사고가 해외에서 일어났다. 그 대표적인 것이 1979년 3월 28일에 미국의 펜실베니아주 드리마일 섬(TMI)원자력 발전소 2호에서 일어난 사고와, 1986년 4월 26일에 구소련의 체르노빌 원자력 발전소 4호기 사고이다. 「원자력 안전백서」에 의하면 각각의 사고의 개요는 아래와 같다.

---

8) 원자력안전위원회 편 「원자력 안전백서 헤세이 12년(2000년)판」재무성 인쇄국. 2001년, p.1.

9) 총리부(현재의 내각부)가 실시한 여론 조사에 의하면 쇼와 43년(1968년)에는. 58%의 국민이 원자력의 평화적 이용에 찬성했으며 반대는 불과 3%이었다. 그러나 쇼와 50년(1975년)대에 들어와서 조사한 결과에서는 찬성이 줄어들어 반대가 증가하기 시작했다(이 원인으로서는, 쇼와 40년대에 보다 현저하게 된 공해문제나 쇼와 49년의 원자력 배 「여섯 개」방사선 누출 사고 등이 생각된다). 1979(쇼와 54) 년의 TMI발전소 사고 후, 이 경향은 한층 더 강해진다. 상게서, p.62.

〈미국의 드리마일 섬(TMI) 원자력발전소 사고〉

쇼와 54(1979)년 3월 28일. TMI 원자력 발전소 2호로에 대해서는 운전 조건을 위반한 상태로, 즉

① 일차 냉각재가 누설하는 트러블이 발생했는데도 불구하고 적절한 대응을 하지 않은 채,

② 트러블이 일어났을 때 긴급 급수를 실시, 본래 열려 있어야 할 밸브가 닫혀 있는 상황으로 운전이 계속되고 있었다.

상기의 고장에 2차계의 주 급수 펌프와 터빈의 정지로 발단하여 가압기 개폐변 등의 기기의 고장이나, 운전 조작 패널의 다수의 경보가 운전원의 분석 판단을 혼란에 빠뜨린 것도 겹쳐, 나아가 안전장치의 기능에 의한 냉각재의 긴급 주입을 수동으로 정지해야 하는 운전원의 오조작이 겹쳐, 냉각수가 증발하여 로심의 상부 2 / 3정도가 노출, 로심의 손해를 가져왔다(INES 레벨: 5).

사고의 결과 주변 환경에 희(稀)가스를 주로 한 방사성 물질이 방출되었지만 대부분의 방사성 물질은 일차 냉각계 내부에 머물러 환경에는 방출되지 않아 결과적으로 주변 주민의 건강에의 영향은 무시할 수 있는 정도로 있었던 것은 다행이다[10].

드리마일 섬은 펜실베니아 주 수도의 근교에 있어 하리스버그 국제공항으로부터 원자로가 4km의 위치에 있었기 때문에 대형 여객기가

---

10) TMI 발전소 사고에 관한 기술은, 상게서, pp.13-14에서 인용. 여기서, 「INES」란, International Nuclear Event Scale(국제 원자력 사건 평가척도)로 원자력 시설에서 발생한 트러블의 중대함을 판단하기 위한 평가 척도이다. 또 사고가 일어난 것은 2호로(가압수형 경수로, 출력 95.9만 kW, B & W사 제작)이다. 사고의 경과·원인·평가 등에 관한 자세한 정보는 예를 들어 문부과학성의 위탁을 받아 과학기술진흥재단이 운영하고 있는 원자력도서관 「원자로」(http://mext-atm.jst.go.jp/) 등을 참조.

원자로에 추락하는 가능성에 대비해 항공기의 충돌에도 견딜 수 있도록 원자로격납 용기는 극히 강고하게 만들어져 있었다. 이것이 방사성 물질의 대량 방출에 이르지 않은 요인이라고도 일컬어지고 있다. 또 일부에는 「이 사고가 파국적인 폭발에까지 도달하지 않았던 것은 완전한 우연이었다」라고 하는 견해도 있다[11].

TMI 원자력 발전의 사고로부터 얻을 수 있던 교훈은 안전 확보 설계·사고 확대 방지설계·방사성 물질 방출 방지 설계 등 다단계로 구성하는 당시의 「다중방어」에 근거하는 설계도, 휴먼·팩터가 복잡하게 얽힘으로 사고로 연결되어 버리는 경우가 있을 수 있다는 사실이다. 와인바그, 「트랜스·사이언스」라는 개념을 주장할 때에 예로 든 「원자로의 안전성」 문제가 확실히 현실로 되었던 것이다.

또 사고 이전에 유사 사건 및 트러블이 발생하고 있어, 해석 평가 등에 근거한 경고적인 리포트도 보고되고 있었음이 밝혀져 있다. 이러한 정보를 규제 당국 및 발전소가 살리지 않고, 상기와 같은 「기기의 고장·트러블, 운전원의 사건 판단 미스, 이 원자로의 설계상 및 운전상의 특성, 비상용 순서의 미비 등이 겹쳐 큰 사고로 발전해 버렸다」라고 생각되고 있다[12].

TMI의 사고를 계기로 일반 시민의 원자력 기술에 대한 불신이 커지는 한편 이것을 교훈으로 한 원자력 발전소의 안전성 향상에 관한 연구는 지금까지 이상으로 정력적으로 전개되게 되었다. 그렇지만 1986년에 사상 최악의 원자력 관련 사고가 된, 체르노빌 원자력 발전소 사고가 발생했다.

---

11) 리치야드＝웹(高木仁三郎譯) 「원자력 발전 사고는 어떻게 일어날까 체르노빌 보다 위험한 경수로－」원자력 자료 정보실, 1992년, p.4, p.29 등.
12) 원자력 백과사전 「ATOMICA」, 「TMI 사고 직후의 평가」
    (http://sta-atm.jst.go.jp/atomica)

〈구소련 체르노빌 원자력 발전소 사고〉

구소련의 체르노빌 원자력 발전소(현재는 우크라이나에 소재), 구소 련이 독자적으로 개발한 흑연 감속 경수 냉각 비등수형로를 이용했었 지만, 이 타입의 원자로에는 노심에서 물의 비등이 증가하면 출력이 상 승하는 고유의 특성이 있었던 반면 안전 확보의 생각에 문제가 있으며 이하와 같은 설계상의 결함이 존재했다.

① 저출력 상태에서는 출력이 증가하면 한층 더 핵분열 반응이 증가 하는 특성이 있다(일본의 원자력 발전소에서는 출력이 증가하면 핵분열 반응이 감소하는 특성이 있다).
② 원자로를 정지하는 제어봉의 삽입 속도가 늦고, 긴급정지에 관한 설비의 미비가 있다(또 조건에 따라서는 제어봉 삽입 초기의 단 계에서 출력의 증가를 일으킨다).
③ 일본이나 서방제국의 경수로로 사용하고 있는 기밀 내압형의 격 납 용기가 설치되어 있지 않다.

쇼와 61(1986)년 4월 26일, 이러한 설계상의 결함을 안고 있는 체르 노빌 원자력 발전소 4호기에 대해 엉성한 실험 계획(안전대책도 없고 책임자의 승인도 받지 않고, 원자로 기술자가 아닌 전기기술자가 실험 을 지도했다.) 장치 실험을 했다. 그때 예정외의 출력에서 운전이나, 긴 급 정지해야 할 상태를 무시하고 긴급정지 하지 않는 등 운전원의 규 칙 위반 등이 겹쳤던 것이 원인이 되어 원자로의 출력 폭주와 거기에 따르는 시설의 파괴를 일으켜, 대량의 방사성 물질이 국경을 넘어 확산 하게 되었다(INES 레벨: 7).

이 사고에서는 희가스 핵종에 대해서는 노내 존재량의 거의100%가, 그 외의 핵종에 대해서도 상당한 량이 방출되었다고 추정되어 주변 주 민이나 환경에 큰 영향을 주어 31명의 사망자(화상 등으로 사망한 3명을 포함한다. 헤세이 8(1996)년 OECD / NEA 리포트)와 다수의 피폭자를 냈다. 그 영향은 우크라이나 및 그 부근 여러나라에서 현재도 계속되고 있고 선진 공업국을 중심으로 한 OECD 제국의 국민에 대한 사고에 의한 평균의 실효선량(實效線量) 당량에 대해서는 최대치에서도 자연 방사선에 의한 연간 피폭과 같은 정도였다고 추정되고 있다[13].

체르노빌 원전사고의 영향을 평가하는 것은 용이하지 않지만, 저널리스트로서 이 사고의 원인 구명과 그 후의 영향을 계속 조사한 七澤潔은 다음과 같이 쓰고 있다.

> (체르노빌) 사고는 대량의 방사능을 대기 중에 방출해, 그것이 바람과 구름에 옮겨져 비에 의해 지표에 강하하여, 넓은 유럽주변에 오염 지대를 만들어 냈다. 일부는 제트 기류를 타고 멀리 8천 킬로나 멀어진 일본이나 미국에도 쏟아졌다. 그러므로 소련이라고 하는 정보 통제가 강한 나라에서 일어났음에도 불구하고, 사고는 3일 후에는 세계가 알게 되었다. 현실로, 북유럽, 독일남부, 북쪽 이탈리아, 흑해 연안 농후한 방사능 오염 지대(핫·스포트)가 만들어져 원자력 발전 사고가 가져온 피해에는 국경이 없는 것이나, 거리의 멀고 가까운 것에 관계없이 풍향이나 강우의 유무 등 자연 조건에 따라서 죽음의 재가 습래 해 온다고 하는 완전히 새로운 체험에 세계는 진감했다.
>
> 여파는 사고의 다음 해도 계속되었다. 오염 지대에서 자란 동식물에 물이나 토양을 통해서 방사능이 잠입해 식물 연쇄를 통해서 야생 동물이나 물고기, 이윽고 가축의 고기나 우유, 밀, 와인 등 나날의 식료품까지 오염되었던 것이다. 매일 마시고 있는 차나 표고버섯으로부터 세슘 137이 검출되고 또 유럽으로부터의 수입 식품으로부터 허용 기준을 넘는 방사능이 발견되어 항구나 공항으로부터 차례차례로 반송되었다.

---

13) 원자력안전위원회 편 「원자력 안전 백서 헤세이 12년판」재무성 인쇄국, 2001년, pp.14-15. 다만 사고 원인에 대해서는 그 후의 조사에 의해, 운전원의 명확한 규칙 위반은 없었다고 하는 견해도 있다.

(중 략)

한번 죽음의 재가 생활과 생명의 사이클로 들어오면, 끝없는 악몽과 같이 사회에 늘 따라다니는 방사능 오염의 무한 지옥. 냄새도 맛도 나지 않는데도 그것은 신경을 괴롭혀 다양한 부담을 강요한다. 체르노빌 원전사고는 피해의 규모뿐만 아니라, 사람들을 괴롭히는 정도에 대해서도, 1979년 미국의 드리마일 섬 원자력발전소 사고를 훨씬 웃도는 사상 최악의 원자력 발전 사고인 것은 누구의 눈에도 명확했다[14].

원자력 발전소의 사고가 한번 일어나면 그 영향은 입지 지역뿐만 아니라 매우 광범위하게 미친다. 이러한 사고가 우크라이나가 아니고 원발이 밀집하는 유럽 중심부에서 일어났다면 어떠한 사태가 일어났을까. 원자력 발전 사고에 국경이 없는 것이 재인식되었다.

이 사고를 계기로 원자로를 가진 세계 중의 나라가 자국의 원자력 정책을 다시 생각함과 동시에, 기술자윤리를 포함하여, 과학기술과 사회의 관계를 재인식하게 되었다.

체르노빌 원전사고가 일어났을 때 일본의 원자력 관계자는 체르노빌 원자력 발전의 원자로는 일본의 원자로와는 설계가 다르므로, 일본에서 전혀 같은 사고는 절대로 일어나지 않는다. 또 같은 참사도 특별한 의도(악의)를 갖지 않는 한은 생각하기 어려운 사고라고 코멘트 했다. 하지만 확실히 그와 같은 참사는 일어나지 않았지만, 사고 트러블은 일어나고 있다. 예를 들어 체르노빌 사고로부터 거의 10년 후의 1995년 12월 8일, 후쿠이현 츠루가시에 있는 고속증식로 원형로 「몬주」에서 사고가 일어났다. 기술 건국 일본의 위신을 걸고 추진되고 있던 고속 증식로의 배관에 붙어 있던 온도계의 집이 부러지는 초보적인 미스에 의해, 2차 냉각계의 나트륨이 추정 700kg이 누설해, 공기와 반응하여 화재사고가 일

---

14) 七澤潔 「원자력 발전 사고를 묻는다―체르노빌로부터, 몬주에」 岩波신서, 1996년, pp.14-15.

어났다. 방사능 누락이나 인적 피해는 없었지만, 일본의 「핵연료 사이클」을 중심축으로 자리 잡은 원자력 정책의 요구로 약 6,000억 엔을 들여 기술을 집약하여 만들어진 거대 시스템의 사고는 큰 충격을 주었다. 게다가 사고 후의 연락 지연과 의도적인 정보의 은폐(이른바 비디오 은폐가 발각되어 큰 사회 문제로 되었다), 이 때문에 「몬주」는 정지하고 그 운영 주체인 동력로·핵연료 개발 사업단은 조직의 대폭적 재편을 피할 수 없게 되어 명칭까지도 핵연료 사이클 개발 기구로 변경했다. 또 원형로인 「몬주」에서 안전성을 실증하고 나서, 상업로로 하는 당초 예정되어 있던 고속 증식로 개발 계획은 좌절했다.

「몬주」의 사고 이후도 일본에서는 1997년에 토카이무라 재처리 시설 사고 1999년에는 같은 토카이무라 우라늄 가공 공장에서의 임계 사고(이른바 JCO 사고) 등 「예상외」의 사고도 발생하여 원자력 기술에 대한 국민의 신뢰는 크게 요동했다. 그 결과가 이 절의 첫머리에 말한 「원자력은『절대로』안전」이라고는 말할 수 없다고 하는 「원자력 안전백서」에서의 발언으로 연결된다. 이 책은 이러한 사고에 대한 반성으로부터 「원자력 관계자는 항상 원자력이 가지는 리스크를 재차 직시하고, 그 리스크를 분명하게 하여, 그 리스크를 합리적으로 도달 가능한 한 제언하는 안전 확보의 노력을 계속해갈 필요가 있다」고 한다.[15)]

그러나 원자력 발전소라는 거대하고 복잡한 시스템에 잠복하는 리스크는 때로는 기술자의 「예상」을 넘는다. 「예상외」의 사고를 위해서, 일반시민은 원자력 기술에 불안감을 더해간다. 총리부(현 내각부)가 쇼와 43(1968)년에 실시한 여론 조사에서 원자력의 평화적 이용에 찬성하는 사람은 58%로, 반대하는 사람은 3%에 지나지 않았다. 그런데 몬주 사고 이후, 여론은 크게 쉬프트 해, 헤세이 11(1999)년 3월의 조사에서는 찬성 43%, 반대 21%가 되어, 반대의 소리가 강해지고 있음이 분명해졌다[16)].

15) 원자력안전위원회편 「원자력안전백서 헤세이 12년판」재무성 인쇄국, 2001년, p.24.
16) 상게서, p.62.

원자력 기술에 종사하는 기술자는 리스크 회피나 안전 확보에의 노력은 당연하며 「트랜스·사이언스」인 영역까지 고려하여, 원자력의 평화적 이용에 반대하는 사람들과 마주보면서, 사회적 합의를 형성하는 일도 자신의 책임으로 인식해야 할 시대에 우리는 있다.

6

유전자 재조합 작물(GMO)과 리스크

2003년 11월 로마 교황청(바티칸)에서 유전자 재조합 유기체(GMO: genetically modified organisms)의 시비를 둘러싸고 「GMO: 위협인가 희망인가(GMO: Threat or Hope?)」라고 하는 2일간의 회의가 개최되었다[17].

GMO를 지지하는 추진파가 이 새로운 기술은 기아로 괴로워하고 있는 사람들을 구하고 인류에게 큰 희망을 가져오는 것이라고 주장하는데 대해 반대파는 기아는 정치적·경제적인 원인으로 GMO에서는 해결하지 못하며 유전자 재조합은 신의 창조물인 DNA를 조작하여 새로운 식물이나 동물을 만드는 윤리적 문제가 있다고 반론했다. 이것은 GMO를 둘러싼 최근의 논쟁을 상징하는 회의이었다.

유전자 재조합 작물(식품)이란, 1973년에 미국의 코엔 등이 개발한

---

17) 이 회의에 관한 보도는, 예를 들어 CBS, "Vatican Jumps lnto Biotech Fray," URL: http://www.cbsnews.com/stories/2003/ll/10/tech/main582720.shtml(2004년 1월 19일)등을 참조. 유럽연합(EU)은, GMO를, "Genetically modified organisms (GMOs) and genetically modified micro-organisms(GMMs) can be defined as organisms(and micro-organisms) in which the genetic material(DNA) has been altered in a way that does not occur naturally by mating or natural recombination."이라고 정의하고 있다.

유전자 재조합 기술에 의해 만들어진 자연계에는 존재하지 않는 식물 혹은 그것을 원료로 하는 식품이다.

유전자 조작 기술에 의해 생물의 유전자 정보가 기록되어 있는 DNA 의 특정 부분을 다른 생물에 짜넣어 인간이 바라는 새로운 형질을 가지는 생물체를 만들어 낼 수 있어 어떤 종류의 현대적 「품종 개량」이 가능하게 된다. 이 때문에 농작물의 생산성을 비약적으로 높이는 것이 원리상 가능하게 되어, 그 때문에 바티칸에서의 회의와 같이 도상국의 기아 구제나 장래 예상되는 세계적인 식량 부족에 대응하는 희망(hope)이 되어, 또 큰 비즈니스 찬스가 된다고 생각되고 있다. 한편 이러한 농작물을 작물 그 자체나 사료를 개입시켜 계속 장기적으로 섭취했을 경우 인체에의 영향이나, 생물의 다양성을 포함한 생태계에의 부정적 영향 등이 「미지의 리스크」라고 하는 위협(threat)도 부정할 수 없다.

현재까지 상품화된 작물에는 여러 날 보관할 수 있는 토마토, 제초제의 영향을 받지 않는 종자나 콩·옥수수, 해충에 강한 옥수수나 감자 등이 있다.

미국에서는 1992년경부터 유전자 재조합 작물의 식품으로서 안전성 평가가 완화되어 안전성이 확보된 작물에는 표시 의무도 없으며, 거의 일반적으로 받아들여지고 있다. 유럽에서는 유전자 재조합 식품은 「후란켄슈타인·푸드」 등으로 야유되어 현재의 과학에서는 안전성을 완전하게는 증명할 수 없다는 견해가 강하고, 위험성이 염려되는 경우는 예방적 조치를 취해야 한다는 의견이 강하다. 또 GMO의 보급은 미국 경제정책의 일환이라고 하여 반발을 강하게 하고 있는 경향도 있다. 일본에 있어서는 후생성(현 후생노동성)의 식품위생 조사회가 1996년 2월에 유전자 재조합 식품의 안전성 평가에 대해 일정한 지침을 나타내고 동년 9월, 후생성은 유전자 재조합 콩·종자·옥수수·고구마의 4작물 7품종의 수입을 인정했다. 게다가 2001년 4월부터는 목화씨, 사탕무의 2작물이 추가되고 있다.

이와 같이 유전자 재조합 작물은 현재의 사회 안에 착실하게 뿌리를 내리기 시작하고 있지만 이것을 장기에 걸쳐 계속 섭취했을 경우의 인체 혹은 후대에의 영향에 대해서는 아직껏 이것을 판단하는 학식과 의견은 없다. 이러한 「미지의 리스크」를 포함한 기술을 취급하는 기술자는 어떻게 행동해야 할인가.

7

사회적 합의 형성을 구하며

－기술자 책임의 확대－

이미 제2장에서 말한 마틴 등의 주장에 의하면, 기술은 공중을 대상자로 하는 실험이다. 이 「기술＝사회실험」의 생각으로부터 하면 기술의 성과가 공중의 생활의 질을 좌우하여 그 「안전·건강·복리」에 영향을 줄 가능성이 있는 한 「실험대」가 되는 공중에 해당 기술이 가져올 이익과 내포하는 리스크를 설명한데다가, 설명을 근거로 한 합의, 즉 인폼드 컨센트(informed consent)를 얻는 책임은 「실험자」인 기술자 측에 있다. 또 모든 기술에는 미지의 부분이 있으며, 그 기술이 본래 의도된 이외의 영역에서 문제를 일으킬 가능성(예를 들어 프레온)을 진지하게 받아 들여 부차적 효과를 감시할 필요가 있다. 이것도 또 기술자의 책임이다.

특히 큰 리스크를 수반하는 기술이나, 리스크의 어세스먼트가 곤란한 전혀 새로운 기술을 사회에 도입하려고 할 때는 당사자인 기술자 자신이 공중과 직접 마주 할 필요가 있다. 근년, 공공 공간에 있어 과학기술과 관련하는 의사결정에, 일반시민(공중)의 의견을 반영시켜, 사회적인 합의 형성·사회적 합리성을 목표로 하는 시도나 조직으로서 콘센사스 회의·국민투표·공청회·시민 배심원 제도·자문위원회 제도·시민에 의한 테크놀로지·어세스먼트 등이 제창되고 있다[18]. 이러한 활동에 기술의 전문가로서 어떻게 관련해야 할 것인가, 기술자는 스스로 책임을 진지하게 마주보지 않으면 안 되는 시대를 맞이하고 있다. 여기서는 의견일치 회의(consensus)에 대해 간단하게 검토하자.

의견일치 회의란 1980년대 중반에 덴마크에서 태어난 시민참가형의 테크놀로지·어세스먼트 및 사회적 합의 형성의 기법이다. 구체적으로는 우선 회의를 운영하는 주체가 테마(예를 들어 클론기술의 시비, 유전자 재조합 작물의 안전성 등)을 설정하고, 그후 그 분야의 전문가를 공평한 관점으로부터 선출하여 전문가 패널을 만든다. 다음에 회의의 주역이 되는 시민 패널(14~16명 정도)이 할 수 있는 한 여러 가지 관점을 반영하도록 공모로 선택된다. 시민 패널은 설정된 테마에 대해 스스로 배움과 동시에 여러 차례에 걸쳐서 전문가 패널로부터 설명을 받는다. 이때 추진·반대의 양쪽 모두의 입장으로부터 해설을 한 후 시민 패널과 전문가 패널 사이에 질의응답을 한다. 이러한 모습은 모두 일반에게 공개된다. 이러한 논의를 근거로 시민 패널은 자신들만이 문제를 검토하고 할 수 있는 한 의견 일치를 목표로 하여 토론을 반복해 얻은 결과는 일반에게 공개한다.

미국을 기원으로 하여 덴마크에서 발전한 의견 일치 회의는, 1990년대가 되어 과학기술 정책에 관한 「시민참가형」의 포럼으로서 유럽 각국에서 개최되었다. 일본에서는 1998년에 최초의 의견 일치 회의가, 「유전자 치료」를 테마로 오사카에서 시행되었다. 다음 해에는 「인터넷 기술」에 관해서 제2회째의 회의가 도쿄에서 개최되었다[19].

---

18) 藤垣裕子 「과학적 합리성과 사회적 합리성-타당성 경계-」, 小林博司 편저 『공공을 위한 과학기술』 玉川대학 출판, 2002년, p.51.

이러한 시행을 근거로 하여 일본 최초의 본격적인 의견 일치 회의는, 농림수산성이 「시민과의 커뮤니케이션을 도모하기 위하여」 전국구의 프로젝트로서 2000년에 개최되었다. 의견일치 회의는, 원래 덴마크와 같은 인구가 적고 민주주의와 토론이 전통으로서 계속 살아 있는 작은 나라에서만 가능하다는 견해도 있다. 또 그 외의 비판으로서는, 공모에 보다 참가하는 「관심 있는 시민」이 반드시 시민 일반의 대표로서 필요한 중립성을 갖지 않는다는 일도 있다. 그러나 고바야시(小林) 등도 주장하듯이 사회적 합의형성을 위한 메카니즘의 하나로서는 큰 가능성을 가지고 있다.

전술의 농림수산성이 실시한 「유전자 재조합 농작물을 생각하는 의견일치 회의」의 시민 패널을 정리한 「시민의 생각과 제안」은 리스크를 포함한 기술을 「사회 실험」으로 도입할 때에 기술자가, 피험자인 일반 시민(공중)의 인폼드 컨센트(informed consent)를 얻음에 시사점이 많다. 특히 시민이 내건 합계 24의 의문점은 흥미롭다. 유전자 재조합 농작물이라고 하는 새로운 기술의 성과를 사회로 가져오려고 하는 기술자는 이러한 물음에 답하는 설명 책임을 진다고 말할 수 있다. 여기에서는 모든 것을 소개할 수 없지만, 특히 리스크에 관련되는 것을 중심으로, 열기해 보자(독자는, 「유전자 재조합 농작물」을 자신이 직접 관여하고 있다, 혹은 관여하려는 기술과 바꾸어 놓고 대답해 보길 바란다.)

1-(2) 유전자 재조합 농작물은 왜 개발 되었는가
2   유전자 재조합 농작물이 사회에 가져오는 메리트는 무엇인가
3   유전자 재조합 농작물의 환경에의 영향에 대해, 아래와 같은 사태가 일어날 염려는 있을까(여기에서는 근친 식물, 곤충·생물, 인체, 생물 다양성의 4점을 들 수 있다.)

---

19) 이러한 회의에 대해서는 小林博司 「누가 과학기술에 대해 생각하는가」 등을 참조.

4-(1) 유전자 재조합 농작물을 장기간에 걸쳐 식품으로서 또는 사료를 경유해 계속 섭취함에 따라 섭취한 사람 및 후세대에 걸치는 인체에의 영향은 없는가.

5-(1) 유전자 재조합 농작물에 의해 피해를 입었을 때에, 누가 책임을 져야 하는 것인가.

5-(2) 안전성을 검토하는 구조로서 현상의 제도는 충분할 것인가. (국제적, 국내적 장면에 있어)

5-(3) 유전자 재조합 기술이 악용될 가능성은 없는가. 또 그것을 막는 구조는 있는 것인가.

8-(2) 유전자 재조합 농작물의 안전성에 관한 생각이나, 표시에 관한 생각은 유럽에서 어떻게 차이가 나는 것인가.

8-(3) 유전자 재조합 기술의 특허, 지적 소유권은 어떻게 해야 하는가[20].

이 보고서의 마지막에 시민 패널은 의견 일치 회의 등을 통해, 시민(공중)의 일원으로서 이루어야 할 일을 고찰해, 아래와 같이 정리하고 있다.

나라에 모든 정책 결정을 맡기는 것은, 우리의 자기결정권을 방기하는 것이다. 또 감정적으로 반대하는 것은, 우리들의 의지를 정책에 반영하는 데 마이너스 요인에 지나지 않는다. 국가·기업·연구자와 시민의 쌍방향성이 있는 논의를 하기 위해서, 우리는 문제에 관한 정보를 아는 것과 동시에 리스크와 이익에 대해 판단하는 사회과학적인 생각을 할 필요가 있다고 느꼈다.

이번 의견일치 회의에 사회적 합의를 얻기 위한 생각의 수단을 사회과학의 분야가 취급해야 함을 알았지만, 또 일반적으로 그렇게

---

20) 小林博司, 상게서, 제3장 이하, 및 자료 5를 참조. 상세한 토의의 모습이나 시민 패널의 의견 등에 대해서는 사단법인 농림수산 첨단기술 산업진흥센터 「유전자 재조합 농작물을 생각하는 의견일치 회의」 2001년 등을 참조.

친숙하지 않은 생각은 아닐까 생각한다. 나라는 정보를 제공할 뿐만
아니고 과학기술에 관한 사회과학적인 분석에 대해서도 계발의 필
요가 있는 것이 아닌가. 시민 한 사람 한 사람이 제대로 생각하는
것이 긴 안목으로 볼 때 사회의 이익으로 연결 된다[21].

　이러한 각성한 시민(공중)에 대해서 기술의 전문가인 기술자는 어떻
게 대응해야 할 것인가. 과학기술의 성과가 이만큼 광범위하고 심원한
영향을 사회에 주는 이상 기술자는 전문가로서 트랜스·사이언스의 영
역도 고려해야 한다. 그리고 사회적 합의 혹은 인포옴드·콘센트의 확
립을 목표로 하여 자신의 전문에 가득 차지 않고, 전문 외의 일에도
보다 사회적인 일에도 직접적으로 관여해야 하겠다. 이러한 책임을 지
는 것이 항상 「리스크」를 내포한 기술을 취급하는 전문가의 윤리적인
책임이 아닐까.

---

21) 小林博司, 상게서.

12. 뛰어난 의사결정이 가져오는 것

AN ENGINEER ETHICS
AN ENGINEER ETHICS
AN ENGINEER ETHICS
AN ENGINEER ETHICS
AN ENGINEER ETHICS
AN ENGINEER ETHICS

1

「기술자」는 윤리적인가

일반적으로 기술자윤리의 서적에는 전장에서 논의한 원자력 관계의 사고나 불상사, 혹은 챌린저 사고와 같은 비극적인 대사고만이 다루어졌다. 이와 같이 불행한 결과로 끝난 사례만을 내세워 기술자의 책임을 강조하는 것은 기술자에 대해서 불공평하다고 할 수 있다.

또 일을 수행하는데 불필요한 압력을 주는 것이 된다.

기술자가 윤리적인 판단을 재촉당하는 상황은 전문적인 직무를 수행하는 가운데 자주 발생한다. 확실히 기술자윤리라고 하면 아무래도 큰 사고나 불상사로 연결된 사례만이 다루어진다. 그러나 실제 기술 현장에서는 대부분의 경우, 기술자들은 성실하게 「공중의 안전·건강·복리」를 중시한 「뛰어난」 의사결정을 실시하고 있다. 또 그 의사결정에 따라 직무를 수행하고 기술의 성과물을 제공해 주고 있다. 그러므로 우리 공중이 기술적 성과의 혜택을 받는다고 할 수 있다.

이미 논의한 것처럼 대부분의 기술자는 기업에서 일을 하고 있으므로 뛰어난 윤리적 판단의 모습은 좀처럼 조직의 밖으로부터는 안 보인

다. 그러나 실제로는 「공중의 안전·건강·복리」나 환경에의 배려를 개
인적인 이익이나 회사의 이익 등의 가치보다 우선 시켜 의사결정을 내
려 행동하고 있는 많은 기술자들이 있다.

현장 기술자의 대부분은 윤리적 기술자이다. 우리의 건강과 같이 건
강할 때는 그 상황을 깨닫지 못 한다. 병에 걸리거나 상처를 입고서
비로소 우리는 건강의 고마움을 느낀다. 윤리에 관해서도 불상사나 사
고가 일어나야 비로서 보통으로 얼마나 뛰어난 윤리적 판단이 이루어
지고 있었는지를 느끼는 것이다.

유감스럽지만 그러한 윤리적으로 「건강」인 상황을 유지하기 위해서
날마다 노력을 계속하는 기술자가 뛰어난 의사결정과 행동은 지금까지
그렇게 매스컴이나 학협회 등에서 다루어져 오지 않았기 때문에 그렇
게 「기술자의 얼굴」이 일반 사람들로부터는 안보였다. 그러나 최근에는
일부의 TV프로나 보도, 학회의 포상제도 등으로 뛰어난 행동을 한 엔
지니어 「얼굴」이 보이게 되었다.

예를 들어 미국과학진흥협회(the American Association for the Advance-
ment of Science: AAAS)는 매년, 공중의 안전·건강·복리를 지키기 위해
서 행동하거나 과학기술자의 사회적 책임을 완수한 인물 또는 과학 연구
의 자유를 옹호한 사람들을 표창하고 있다. 챌린저사고가 일어나기 전에
발사를 멈추려고 경종을 울린 보죠레이도 이 상을 수상하였다.[1]

기술자가 행한 뛰어난 윤리 사례에 대해 가능한 한 많은 예를 소개하
려고 생각하지만, 지면 관계로 이번은 일·미의 사례를 1개씩 채택한다.

---

1) 이 상은 다음과 같은 공헌을 했다고 인정되는 인물에게 줄 수 있다. "The Award
recognizes scientists and engineers who have: acted to protect the public's health,
safety, or welfare; or focused public attention on important potential impacts of
science and technology on society by their responsible participation in public
policy debates: or established important new precedents in carrying out the social
responsibilities or in defending the professional freedom of scientists and engineers."

2

CVCC 엔진의 개발[2)]
-혼다기켄공업주식회사-

혼다 기술연구 공업주식회사(이하, 혼다)는 「2륜의 신」「기술의 신」이라고 불린 혼다 소이치로(本田宗一郎)에 의해 1948년에 설립하였다. 천재적 기술자인 소우이치로우는 현장 주의를 관철해 기술면의 선두지휘를 취하는 한편 경영면은 후지사와 타케오(藤澤 武夫)가 담당하는 2명의 콤비네이션으로 창립 당초 작은 공장 정도의 규모인 회사를 현재와 같이 일본의 자동차산업을 담당하는 최고 기업의 하나로 세계 속에 활동하는 기초를 구축했다. 혼다의 그 탁월한 기술력과 아이디어는 설립 당초부터 현재에 이르기까지 일본 만이 아니고 세계적으로도 높게 평가되고 있다.

이 장에서는 혼다에서의 CVCC 엔진 개발 프로젝트(1972년 완성)을 기술자윤리를 시점에서 소개한다.

1) 기술에서 새로운 「가치」로서의 「환경」

혼다는 사회로부터 신뢰를 쌓아 올려 온 기업 정신이나 이념을 「혼다 철학」으로 계승해 왔지만 지금 이상으로 사원 한 사람 한 사람이 자립하는 행동이 요구된다는 인식으로부터 보다 알기 쉬운 표현을 사

---

2) 이 사례에 관해서는 다음의 자료에 근거하고 있다. NHK 프로젝트 X제작반 『프로젝트 X ① 집념의 역전 극: 세계를 놀라게 한 1대의 차』 NHK출판, 2000년, pp.213-259.

용한 혼다의 행동 지침을 정했다. 이 중에는 환경보전이나 사회공헌 등의 가치도 포함되어 있다. 예를 들어 환경보전에 대해서는 다음에 구가하고 있다[3].

환경보전
Honda가 지구의 환경보전에 적극적인 기업이기 위해서 나는 환경보전을 위해서 적극적으로 행동한다.
• 폐기물·오염물질의 적절한 처리: 개발·생산·물류·판매·서비스·폐기 등 사업의 전 단계에 있어 폐기물 및 오염물질의 최소화와 적절한 처리에 노력한다. • 자원의 효율적 이용과 재자원화: 자원이나 에너지의 효율적 이용과 재자원화에 노력한다. • 법령에 근거하는 측정·기록·보고: 토양, 지하수, 대기, 소음, 악취 등에 관한 환경의 측정, 기록, 보고는 환경 법령 및 사내 규칙에 근거해 실시한다.

(이미 다른 장에서 논의했던 대로 현재는 기술에 대해 「환경」이라고 하는 가치는 지켜야 할 중요한 가치로서 인식되고 있어 기술계 학협회의 윤리 강령에도 명시되고 있다.)

그러나 혼다도 처음부터 이러한 가치를 중시하고 있었던 것은 아니다. 기술에 있어서 「환경」이라는 가치가 아직 명확하게 인식하지 못한 1960년대 전반의 일본에서는 과학기술이나 산업의 발전에 의한 경제성장이 제일이라는 생각이 사회의 대세를 차지하고 있어 환경의 오염은 성장의 대상으로서 어쩔 수 없는 것으로서 받아들여지고 있었다. 그 때문에 혼다도 특별히 내세워 환경에 대해서 임한다는 것은 없고 오토바이나 차에 대해 중요한 가치는 「스피드」라고 생각하고 있었다. 그리고 2륜의 세계에서는 1961년의 영국 맨島레이스에서 완전 우승하고, 4륜

---

3) 혼다기술연구 공업 주식회사 「우리의 행동 지침
   URL: http://www.honda.co.jp/conductguideline/

의 레이스에서는 1965년의 F1의 멕시코 GP로 첫 우승, 나아가 월드챔 피온십에서도 통산 6위에 빛나는 등「스피드」는 혼다의 기술자가 공유 하는 가치로서 체현되고 있었다.

4륜차의 레이스에서도 혼다가 성공을 거두기 시작하고 있었을 무렵, 엔진 개발 담당의 한 엔지니어인 八木靜夫는「스피드」에 버금가는 새로 이 임해야 할 과제를 모색하고 있었다. 우연히 미국에서 자동차의 배기 가스에 의한 대기오염이 심각한 문제가 되고 있음이 기록된 논문을 찾아 낸 八木는 대기오염 대책이 새로운 혼다가 임해야 할 과제라고 직감했 다. 즉시 그 논문을 동료에게도 소개하고 자주적으로 연구를 개시했다.

「환경」에 대한 배려가 당연한 일이 된 현재는 상상조차 하기 어렵지 만 당시는 자동차에 의한 대기오염의 문제가 간신히 다루어지기 시작 한 시기로 유해 물질의 측정 장치조차 없었다. 그 때문에 대기오염 문 제에 임하려는 기술자는 우선 그 측정 방법부터 자신들이 생각하지 않 으면 안 되었다. 그러나 대기오염 문제를 연구하기 시작해 시행착오의 결과 그 측정 방법을 완성시킨 혼다의 기술자는 측정한 배기가스에 포 함되는 유해 물질(일산화탄소·탄화수소·질소 화합물)의 양에 놀랐다. 지금까지 자신들이 만들어 온 자동차가 확실히 대기를 오염시키고 있 다는 사실에 아연실색한 기술자들은 이러한 유해 물질을 어떻게 하는 것이 차를 만드는 기술자에 있어 당연한 의무라고 생각하기 시작했다. 그리고 때로는 위대한 창업자인 소우이치로우와 대립하면서도 드디어 새로운「환경」이라는 가치를 가진 차의 탄생을 이끌었다.

2) 환경 규제와 기업의 사회에 대한 책임

일본에서 자동차와 관계하는 환경 규제는 1966년에 운수성(현재의 국토 교통성)이 동년 9월 이후 생산된 차에 대해 일산화탄소를 3% 이하로 억제하는 것을 의무로 부여하기 시작했다. 1967년에는 공해대책 기본법이, 1968년에는 대기오염방지법이 시행되어 이때부터 일본에서도 자동차에 의한 배기가스의 대기오염 문제가 다루어지기 시작했다.

대기오염 방지법(발췌)

제1조(목적) 이 법률은 공장 및 사업장에서 사업 활동에 따라 발생하는 매연의 배출 등을 규제하고 또 자동차 배출 가스와 관련된 허용 한도를 정하는 것 등에 의해 대기의 오염에 관해 국민의 건강을 보호함과 동사에 생활환경을 보전하고 또 대기의 오염에 관해서 사람의 건강과 관계된 피해가 생겼을 경우에 사업자의 손해배상의 책임을 정하여 피해자의 보호를 도모함을 목적으로 한다.

그러나 자동차에 의한 배기가스의 문제에 관해서 일본 사회에 충격을 준 것은 1970년의 광화학 스모그에 의한 피해이다[4].

1970년 여름, 일본에서 처음으로 광화학 스모그의 피해가 발생하여, 스기나미구(杉並區)의 고등학교 운동장에서 운동을 하고 있던 학생들이 돌연 눈의 아픔이나 두통 등을 호소하면서 쓰러져 43명이 구급차로 병원에 옮겨지는 사건이 일어났다. 이후 광화학 스모그는 큰 사회 문제가 되어 자동차의 배기가스에 대한 규제를 요구하는 소리가 한층 강해졌다. 또 그 외에도 공장폐수나 배기 등의 공해 문제가 주목되어 일본에서도 「기업의 사회적 책임」이 거론되는 시대가 되었다.

---

4) 광화학 스모그란, 자동차 등에서 배출되는 질소산화물과 탄화수소가 태양광선에 의해 광화학 반응을 일으킴에 의해 광화학 옥시던트가 발생하는 현상이다. 햇볕이 강하고 바람이 약한 등의 기상 조건에 의해, 광화학 옥시던트의 농도가 국소적으로 짙어지면, 사람의 눈이나 호흡기에 자극을 주어, 두통, 권태감 등의 인체에 영향을 일으키게 된다.

자동차의 배기가스에 의한 대기오염이 일본보다 빨리 나타나 심각한 상황에 있던 미국은 1970년에 통칭 「머스키법」을 성립시켰다. 이 법률은 상원의원 머스키의 제안에 따라 1963년에 제정한 「대기오염청정법」을 개정한 것으로 환경보호청장관에 큰 권한을 줌과 동시에 특히 자동차의 배출 규제를 강화하고 있어 배기가스 중에 있는 일산화탄소 및 탄화수소, 질소산화물을 각각의 기일까지 1970년의 레벨로부터 90%감소시키지 않으면 안 된다. 즉 1970년부터 5년 이내에 자동차의 배기가스 중의 이러한 오염물질의 농도를 10분의 1로 한다는 매우 엄격한 규제였다.

그러므로 기술적으로 큰 과제를 불어 넣은 머스키법은 당시의 자동차 업계에 큰 충격을 주었다. 미국의 자동차 산업계는 「기술적으로 불가능하다」고 일제히 반발하여 규제치를 지킨 엔진 개발의 목표를 전혀 세우지 않은 상황이었다.

그러나 이런 가운데 혼다의 사장인 혼다소이치로는 개발 담당자의 이해를 얻지 않는 채 1971년 2월에 「혼다는 머스키법을 만족시키는 왕복기관 개발의 목표를 세웠다. 1973년부터 상품화한다」라고 기자회견을 열었다. 분명히 혼다는 이 시점에서 이미 머스키법의 규제 가운데 일산화탄소와 질소산화물의 값을 채울 수 있는 복합와류조속연소(Compound Vortex Controled Combustion: CVCC)라고 명명한 엔진의 개발을 전망하고 있었다. 그러나 탄화수소의 값에 대해서는 아직도 만족시키지 못하고 있었다. 이것은 소우이치로우도 알고 있었다. 그럼에도 불구하고, 소우이치로우가 강경한 회견에 임했다는 것은, 「경영자」로서의 판단에 의한 것이라고 말해지고 있다. 당시 혼다는 최종적으로 형사 책임이 거론되지 않기는 했지만 유저의 사고사 원인이 상품의 결함에 의한다고 하는 소송이 일어나 사회적인 비판을 받고 있었다. 이 때문에 주력 상품의 실적이 4분의 1까지 떨어지고 있었다. 거기서 소우이치로우는 머스키법을 만족시키는 엔진의 개발에 성공하면, 혼다가 다시 건강을 되찾아, 세계의 최우수 기업과 어깨를 나란히 할 수가 있다고 생각했던 것이다5). 즉 소우이치로우는 기술자로서의 의무나 책임, 「환경」이라고 하는 가치와는 관계없이 혼다라고 하는 기업을 위기로부터 구하기 위해, 「경영자」로서 「머스키법의 기준을 만족시키는 새로운 엔진의 개발」이라고 하는 길을 선택했다고 말할 수 있다.

　하지만 실제로 CVCC 엔진 개발 프로젝트에 종사하고 있던 기술자들을 지지한 것은 대기오염 문제에의 연구가 혼다라고 하는 단순한 기업의 문제가 아니라는 의식이었다. 연일 회사에 묵으면서 철야는 보통이라는 가혹한 연구개발 환경 속에서 프로젝트의 성공을 위해서 매진하고 있던 사원에 있어서 CVCC 엔진의 개발은 회사의 운명을 좌우하는 중요한 것이기도 했다. 그러나 대기오염 연구실 소속의 石津谷彰이 말한 「아이들에게 깨끗한 하늘을 남기자」라고 하는 말로 대표되듯이 기술자로서 사회를 위해서 머스키법을 만족하는 엔진을 개발하지 않으면 안되는 대의가 이 프로젝트를 완수하는 것을 가능하게 한 큰 요인이었다.

3) 무엇이 유익한 기술개발인가

　실제로 사운을 걸면서, 「아이들에게 깨끗한 하늘을 남기자」라고 하는 염원, 기술자의 책임감에 의지한 CVCC 엔진 개발 프로젝트는 혼다 자신이 아니고 당시 39세의 久米是쿠志를 리더로서 행하여졌다. 久米는 다른 기업이 불가능하다고 주장하는 규제를 만족시키는 프로젝트의 성공은 단순히 하나의 기업을 위한 것이 아니고 「기술자로서의 역할」이

---

5) 나는 공해문제가 까다로워진 덕분에 「GM, 포드도 "사정권 안에 들어갔다」라고 사원에게 압력을 넣고 있다. 공해 대책의 기술에 대해서는 세계의 자동차 메이커가 같은 스타트 라인에 섰던 바로 직후다. 일본의 산업계가 미국과의 기술 격차를 줄이는 절호의 찬스입니다」 혼다소이치로의 이러한 코멘트로서 쇼와 45년(1970) 8월 28일자의 아사히신문에 게재.

라고 인식하고, 이 인식을 프로젝트·멤버에게 전하여 체념이나 타협을 허락하지 않았다. 그리고 이 프로젝트를 완수하려면 지금까지 혼다가 해온 것처럼 천재적인 기술자인 혼다 소우이치로우 한 사람에 의지하는 것이 아니라, 각 부서에서 각각의 전문에 대해 배양해 온 사원의 힘을 종합할 필요가 있다고 생각했다. 久米도 소우이치로우를「아버지」와 같은 존재로 진심으로 그리워하고는 있었지만, 혼다의 장래를 위해서 지금까지의 방식을 변혁하는 길을 선택했던 것이다. 이렇게 하여 신진 기술자에 의한 프로젝트·그룹을 발족시켜 각각 부서의 책임과 역할을 명시, 어려운 목표로 향해 하나가 되어 진행시킨다는 참신한 체제를 만들었다. 그 후 久米는 프로젝트 완성까지 비록 소우이치로우의 반대 의견이 있어도 방침을 바꾸는 일 없이 돌진했다.

1972년 10월, 마침내 혼다는 머스키법의 기준을 모두 채운 CVCC 엔진의 전모를 발표하고 12월에는 미국 환경보호청(U.S. Environ-mental Protection Agency: EPA)의 테스트를 받았다. EPA는 1973년 3월에 정식으로 혼다의 CVCC 엔진이 머스키법에 적합한 엔진이라고 발표하고 발표 후 혼다는 개발한 기술을 다른 메이커에 공개했다. 이 발표에 의해 세계의 자동차 업계의 배기가스 대책은 단번에 크게 전진했다.

혼다의「시빅 CVCC」은 환경에의 배려나 연비의 좋음 등에서 세계적으로 대히트가 되어 혼다의 기술력을 세계에 나타낸 차가 되었다. 2000년에 미국 자동차 기술자 협회가 독자 투표에 의해 선출한「20세기를 대표하는 우수한 기술을 가지는 차」에도 일본에서 유일하게 선택되었다.

CVCC 엔진이 지금까지 일본 기업의 하나에 지나지 않았던 혼다를「세계의 혼다」로 했던 것이다.

나중에 혼다는 CVCC 엔진의 개발에 대해 아래와 같이 말하고 있다.

CVCC의 개발에 즈음하여 내가 저공해 엔진의 개발이야말로 선발 4륜 메이커와 같은 스타트 라인에 줄을 함께 선 절호의 찬스라

고 했을 때 연구소의 젊은 사람은 배기가스 대책은 기업 전체의 문
제가 아니고, 자동차 산업의 사회적 책임에서 해야 할 의무라고 주
장해, 나의 눈을 열게 해 진심으로 감격시켜 주었다. 모두 점점 성
장해 오고 있다. 나에 눈을 의심할 정도로 새로운 가치관, 기업과
사회와의 관계에 대한 신선한 감각, 이런 것 위에 쌓아 올려지는 신
선한 경영이 필요한 시대가 되고 있다[6].

혼다소이치로는 일찍이 「회사 때문이 아니라 자신을 위해, 사회를
위해 일을 하라」고 사원에게 말하였다. 그러나 언제부터인지 사장으로
서 회사의 탑에 서는 동안에 경영 우선의 생각에 빠져 있었다. 그런
소우이치로우를 그의 탁월한 기술이나 발상, 또한 다양한 난관에 도전
하는 모습에 빠져들어 입사한 久米를 중심으로 한 혼다의 젊은 기술자
들이 CVCC 엔진의 개발을 통해 재차 기술개발의 원점이 중요함을 나
타냈다고 할 수 있다. CVCC 엔진 개발은 실제로 혼다의 경영난을 구
했다. 하지만 그 개발을 지지하여 성공으로 이끈 것은 「기술자로서의
역할」「할 수밖에 없다」라고 하는 의지에 나타나 있는 기술자의 뛰어
난 윤리성이다. CVCC는 혼다 사내뿐만 아니라, 사회에 「환경」이라는
가치와 기술의 제공자·이용자만이 아닌 사회 전체나 차세대라고 하는
스테이크홀더, 기업이나 기술자로서의 사회적 책임이나 그에 대한 인식
의 필요성을 나타내었다.

당시 혼다의 신진 엔지니어는 자사의 이익보다 「어린이들에게 깨끗한
하늘을」이라는 말로 대표되듯이, 환경의 보전과 후세대의 「안전·건강·
복리」라는 가치를 중시했다. CVCC 엔진 개발의 성공 후, 소우이치로우
는 자신과는 다른 가치관을 가진 기술자들이 확실히 육성되고 있음을 인
식하고 자신의 시대는 끝났음을 깨달아 1973년에 사장을 그만둔다. 이러
한 뛰어난 판단의 시행착오에 의해 일본의 기업은 성장해왔던 것이다.

---

6) 片山修 편 「혼다 소우이치로우로부터의 편지」文藝春秋, 1993년. pp.182-183.

3

시티코프·타워의 위기7)

시티코프·타워는 1977년에 뉴욕·맨하탄 중심부에 건설된 59층의 고층빌딩이다. 이 빌딩은 후에 빌딩의 구조 설계를 담당한 윌리암 르 메쟈(William Le Messurier)에 의해 도괴할 가능성이 인식되었다. 그러나 르메쟈가 뛰어난 윤리적 판단과 관계자의 협력에 의해 빌딩의 위기를 보기 좋게 해결한 우량 사례이다.

1) 시티코프·타워의 건설상 제약 조건

시티코프·타워에는 특별한 설계 제약이 있었다. 빌딩이 세워져 있는 토지의 일부를 어느 교회가 소유하고 있었다. 시티코프는 교회의 낡은 건물을 철거해서 빌딩으로부터 독립한 건축물로 완전히 같은 장소에 교회를 새롭게 개축할 것을 조건으로 이 구획의 공중권을 획득한 것이었다. 따라서 빌딩 아래에 교회용의 스페이스를 확보할 필요가 있어, 9층 부분까지를 굵은 기둥으로 들어 올리지 않으면 안 되었다. 게다가 교회는 토지의 중심은 아니고 구석에 있었기 때문에 기둥을 건물의 4모퉁이가 아니고 벽면의 중앙에 자리 잡을 필요가 있었다. 이것은 구조공학상, 귀찮은 문제였다.

---

7) 이 사례는, 주로 다음의 자료 및 르메쟈 자신과의 인터뷰로부터 얻은 정보에 근거해 쓰여졌다. 캐로라인＝위트 베크(札野順·飯野弘之 역)『기술윤리 1』미스즈書房, 2000년, 제4장 제2부, pp.183-192.; 로우 랜드＝신진가·마이크＝W. 마테인 (西原英晃監 역)「공학 윤리입문」丸善, 2002년, 4장, pp.197-201.

이러한 설계상의 문제를 해결하기 위해서 시티코프·타워의 구조설계
자로서 눈독들인 사람이 르메쟈였다. 이미 고층빌딩의 구조 설계로 폭
넓은 경험을 쌓고 있어 그는 혁신적 설계에 의해 제1급의 구조 엔지니
어로서 이름이 알려지고 있는 인물이다.

빌딩의 특이한 조건을 만족시키기 위해서 르메쟈는 철근의 구조에
기울기의 비스듬함을 넣기 및 흔들림을 누르기 위한 질량 동조 범퍼라
고 하는 장치를 최상층에 설치한다고 하는 독창적인 아이디어를 가지
고 구조설계를 실시했다. 건물 전체에 큰 기울기의 대들보(비스듬함)를
이용하는 것으로, 각 면에서 건물을 지탱하는 4개의 튼튼한 기둥에 타
워의 거대한 중량을 잘 실을 수 있었다. 한편 비스듬함을 이용하는 것
으로 건물 구조의 중량은 현저하게 경감되었기 때문에 이 건물은 역학
적으로 몹시 진동하기 쉽게 되어 있었다. 즉 바람의 영향을 받아 흔들
리기 쉬워졌던 것이다. 거기에 흔들림을 경감하기 위해 건물의 옥상에
동조 질량 범퍼를 설치했다. 이 장치는 400톤의 시멘트 블록을 가압한
오일 베어링 위에 실어 서로 직교하는 2개의 수평 용수철이 장착되어
있어서 건물의 흔들림을 줄이도록 이 블록이 전동으로 작용하게 되어
있었다.

1978년 5월, 다른 건물을 담당하고 있던 르메쟈는 그 설계에도 이
법을 도입해 보고 생각했다. 그러나 르메쟈가 비스듬하게 하는 것에 대
해 건설 청부 예정의 업자에게 전했으나 「르메쟈가 생각하고 있는 비
스듬 접합법은 관통 용접이지만 관통 용접에서는 시간도 코스트도 많
이 걸린다. 관통용접이 아니고 볼트 접합으로 하고 싶다」라고 말했다.
거기서 르메쟈는 시티코프·타워의 건설에서는 어떠한 논의가 있었는지
알고 싶어 재차 당시의 건설업자에 문의해 보자. 그러자 시티코프·타
워의 건설에 대해서도 르메쟈의 지시 그대로의 관통용접은 행해지지
않고 볼트 접합으로 변경되어 있었음을 알 수 있었다.

그러나 관통용접에서 볼트접합에로의 변경은 기술적 견지로부터는

합리적임을 르메쟈도 이해할 수 있었고, 또 건설의 접합에 있어서 변경의 연락을 하지 않았던 것도 그때는 특히 마음에 두지 않았다.

다음달 1978년 6월, 르메쟈는 공학부에 재적하는 한 사람의 학생으로부터 전화로 빌딩의 지주에 관한 질문을 받았다. 질문은 설계 조건의 오해에 기인했기 때문에 르메쟈는 지주의 위치나 시티코프·타워의 특징에 대해 설명했다. 이때 르메쟈는 이 시티코프·타워가 대학의 구조공학을 가르칠 때에 매우 흥미로운 사례가 될 것이라고 생각했다. 특히 당시의 뉴욕의 건축 조례에서는 바람은 수직방향에서의 영향만을 고려하면 좋다고 하는 규제에 머무르고 있었기 때문에 르메쟈 자신도 시티코프·타워의 경사방향의 바람에 대해서 정확한 계산을 했던 적은 없고 새로운 빌딩의 평가에 큰 흥미를 가졌다.

그런데 경사 방향의 바람을 계산한 르메쟈는 아연실색한다. 기울기 방향의 바람에 의해 주요한 구조 부재에는 예상했던 것보다도 40 %이상의 큰 응력이 작용해 접합부에서는 응력이 160%나 증가한다고 하는 계산 결과였다. 서둘러 건물의 설계 단계에서 컨설턴트를 하고 있던 웨스턴·온타리오 대학의 알란=다벤포트로부터 풍동 시험의 데이터를 입수해 볼트 접합에의 변경 등도 반영한 「실제로 건설된 시티코프·타워」에 대해 검토했다. 그 결과는 접합부가 현상의 볼트 접합 그대로라면, 16년에 1번 뉴욕을 덮치는 허리케인 정도의 바람의 힘으로 건물이 붕괴할 가능성이 있음을 알 수 있었던 것이다. 1978년 7월 말의 일이었다.

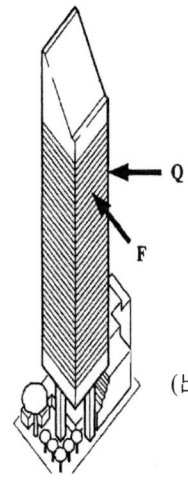

아래 오른쪽에 교회가 보인다. 風力負荷: F는 正面方向,
Q는 45°方向

(出典: Henry Dong, Anspach Grossman Portugal, Inc., Building
Type Study 492, Architectural Record, Mid-August
Special Issue, 1976, p.66)

그림 12-1 시티코프 타워의 교감도

만약 맨하탄의 중심부분에서, 59층 건물이 붕괴하면 피해는 매우 크
고 붕괴의 가능성을 알았을 때 르메쟈는 무엇을 생각했을까. 자신이 지
금까지 구축한 명성이나 재산과 사람들의 생명, 자신이 지불하지 않으
면 안되는 배상금 등 도대체 어느 가치를 고려해 밸런스를 취하려고
했을까. 그리고 어떠한 의사결정을 할 것인가. 또 그 의사결정에 따라
어떻게 행동할 것인가.

후에 르메쟈는 건물의 위기를 알았을 때 이 위기를 알고 있는 사람
은 지구상에서 자신뿐임을 강하게 인식했다고 말하였다. 과학기술의 세
계에서는 이러한 상황이 자주 일어난다. 기술자로서 가지고 있는 전문
지식과 능력에 의해 자신만이 다른 아무도 모르는 새로운 사실이나 가
능성을 아는 일이 있는 것이다. 그때 어떻게 행동했을까. 그때의 기술
자의 행동하기 나름으로 그 후의 결과나 사회나 환경에 미치는 영향이
크게 바뀌는 것을 인식해야 한다.

르메쟈는 건물이 붕괴할 가능성을 알았을 때 차를 다리 난간에 부딪

쳐서 자살하는 일도 생각했다고 인터뷰 중에서 농담 같게 말하였지만 물론 그러한 일은 하지 않았다. 그가 행한 것은 자신이 그때까지 구축한 명성이 땅에 떨어지고 배상 등을 위해 경제적으로 방대한 손실이 될 가능성도 돌아보지 않고, 어쨌든 어떻게 자신이 설계한 빌딩의 위기를 해결할 것을 생각했다. 해결책 즉 스스로 해야 할 「행동을 설계」했던 것이다.

─Stage A─

당신이 르메쟈라면, 어떠한 해결책을 「설계」할까. 생각해 보자.
르메쟈가 고려해야 할 요소에는 다음과 같은 것이다.

- 리스크를 전하는 상대, 순서, 방법
- 협력자의 확보
- 수리의 방법(공사의 승인, 수리의 기술적 방법, 공사 기간, 체제, 비용의 분담 등)
- 허리케인이 오는 시기(9월)까지 안전의 확보
- 도괴의 위험성이 높아졌을 경우 빌딩내 피난 경로의 확보
- 도괴의 위험성이 높아졌을 경우 주변 주민에게 대응 및 피난 경로의 확보
- 불필요한 혼란을 부르지 않기 위한 매스컴 등에의 대책

자신의 아이와 같은 정도로 중요한 빌딩을 구하지 않으면 안 된다고 생각한 르메쟈는 문제를 해결하기 위해서 아래와 같이 행동했다. 우선은 자신의 회사나 보험회사의 관계자에게 리스크의 존재를 알린 후 선후책을 가다듬는다. 이때 보험회사는 특별 고문으로서 구조 공학의 전문가 레스=로바트슨을 불러 르메쟈의 염려를 재확인한다. 그 후 시공주인 시티코프의 부사장 및 최고 경영 책임자에게 상황을 설명하고 단

지 리스크의 존재를 고하는 것만이 아니고, 수리 방법을 포함해 리스크를 해결하는 방법에 대해서도 제안했다.

르메쟈의 진지하고 성실한 태도에도 영향을 받았는지 시티코프의 최고 경영 책임자인 월터＝리스톤은 곧 바로 문제의 해결에 협력할 것을 약속한다. 실제 빌딩의 세입자나 미디어에 대한 연락 등은 그가 모두 맡아 주었던 것이다. 그리고 다음날 8월 3일은 보강 공사를 실시하는 회사와 공사 계획에 관한 협의를 시작한다.

표 12-1 르메쟈의 행동(리스크의 개시·보고)

7월 31일	시티코프·타워의 구조 컨설턴트, 자신을 고용한 건축회사의 고문 변호사, 보험회사에 연락해 협력을 요청.
8월 1일	보험회사의 변호사 몇 사람과 회의. 구조 엔지니어, 로버트슨을 특별 고문으로 고용하기로 결정.
8월 1일	르메쟈의 공동경영자가 시티코프의 부사장 리드에 면회의 약속을 한다. 리드에 상황을 설명.
8월 2일	리드의 중개에 의해 시티코프의 최고 책임자 리스톤에 면회. 수리의 제안에 대해, 리스톤은 협력을 즉결하고 빌딩의 세입자는 물론 관계 방면과의 연락을 스스로 관리하기로 한다.
8월 3일	보강 공사를 하청 받는 회사의 엔지니어와 상담해 현상과 공사 계획에 대해 동의.

공사를 진행시키는 한편 만약에 대한 준비도 했다. 허리케인으로 정전이 되었을 경우를 상정해 타워의 진동을 누르는 역할을 하는 「동조 질량 덤퍼」에 전기를 공급하는 무정전의 보조 전원을 확보한다. 또 기상학의 전문가 2명을 고용해 대서양에서 허리케인의 발생을 감시해, 축차 기상 정보를 입수할 수 있도록 준비를 했다. 게다가 빌딩 주변의 반경 10블록 권내의 주민 긴급 피난 계획을 책정한 다음, 뉴욕시당국에 상황을 설명한다 (르메쟈는 시 당국으로부터는 차가운 취급을 받는다고 생각하고 있었지만, 시 당국은 예상 외로 협력적으로 피난 계획도

쾌락함). 또 매스컴에도 상황을 설명했다(보다 상세한 보고를 하려고
한 날에 우연히 신문 각사가 스트라이크를 개시했으므로, 뉴욕의 시민
은 시티코프·타워의 문제의 핵심을 알게 할 수는 없었다).

또 즉시 개시된 보강 공사에서는 불필요한 혼란을 부르거나 테난트
에 폐를 끼치지 않게 대부분의 공사는 문제의 개소를 베니어로 둘러싼
뒤에 야간에 행해졌다. 또 수리 중에도 다른 취약한 부분에 대해 조사
나 가장 적합한 수리 방법 선정을 위한 강도 계산 등도 동시에 했다.

이런 가운데 보강 공사가 완료하지 않은 9월 1일에 허리케인이 뉴욕
에 상륙할 가능성이 있어 관계자는 경계했지만 다행히도 허리케인은
해상으로 빗나간다. 공사는 순조롭게 진행되어 본격적인 허리케인·시
즌이 되는 9월의 중순에는 주도하게 준비한 피난 체제를 해제할 수 있
게 된다. 그리고 10월에는 보강 공사는 무사하게 완료해, 시티코프·타
워는 700년에 1번의 초대형 허리케인에서도 도괴하지 않는 것 같은 강
도를 가진 빌딩으로 다시 태어났다.

보강 공사가 거의 완료한 9월의 중순에 시티코프와 르메쟈의 사이에
수리비의 지불에 관한 협의가 진행, 보강이나 그 외의 대책에 걸린 비용
의 정확한 금액은 모르겠지만 800만 달러 이상이라고 하는 설도 있고,
400만 달러 정도라고 하는 견적도 있다. 르메쟈가 지불할 수가 있던 것
은 그가 가입하고 있던 손해배상 보험으로부터의 200만 달러뿐이었지만,
시티코프 측은 이 금액으로 납득한다. 그 후 보험회사와의 대화 자리에서
르메쟈 측은 보험 부금이 올라가리라 생각하고 있었지만 그가 빌딩의 리
스크를 미리 살펴서 잘 알아 이것을 회피한 것으로, 보험 사상 최악의 대
손해를 미리 막았다고 하는 것이 평가되어 보험료는 반대로 인하되게 되
었다.

또 르메쟈가 아무도 예견할 수 없었던 리스크를 재빨리 발견해 해결
을 위해서 적절하고 효과적인 행동을 취하고 그리고 실제로 리스크를
회피했던 것은 그가 보통에서 벗어난 유능하고, 성실한 구조 엔지니어

라는 르메쟈의 명성을 한층 더 높였다. 르메쟈는 이후 미국공학 아카데미의 회장을 맡아 한층 더 시티코프·타워를 위기로부터 구한 공헌으로 2개의 대학으로부터 명예박사 학위가 수여되었다.

르메쟈에 대한 각 방면(보험료의 인하를 포함하고)으로부터의 칭찬은 예상외의 기쁨인 동시에 사회나 기술자에 있어서도 중요했다. 왜냐하면 이 사례가 기술자윤리를 장려하고 기술자로서 윤리적으로 뛰어난 행동을 취하도록 재촉하기 위한 큰 원동력이 되고 있기 때문이다.

—Stage B—

르메쟈가 취한 행동의 어느 점이 윤리적으로 뛰어났는가. 르메쟈가 의사결정을 할 때에 중시한 가치는 무엇이었는가. 생각해 보자.

2) 진정한 해결을 낳는 설계 문제를 푼다

시티코프·타워의 위기에서는 르메쟈만이 아니고 관계자 모두 「공중의 안전」을 가장 중시해야 할 가치로서 생각하고 있었음을 알 수 있다. 만약 르메쟈로부터 수리의 제의에 대해, 시티코프·타워의 수리전의 현상에 대한 비난 등이 나온다면 곧바로 공사를 개시 하지 못하고 또 르메쟈도 문제 해결에 대해서 쓸데없는 시간이나 노력을 소비하지 않으면 안 되었을 것이다. 만약 리스톤·보험회사·시당국 등 스테이크홀더의 어느 쪽 하나라도 대응이 달랐더라면 이 문제는 다른 국면을 맞이하고 있었을 것임에 틀림없다.

과제: 독자 한 사람 한 사람이 르메쟈라면 어떻게 행동할까를 심각하게 생각해 주었으면 한다. 그때 리스톤·보험회사·시당국 등 스테이크홀더의 입장에서 생각하면서, 재차 르메쟈나 주된 등장인물의 각각이

중시해야 한다고 생각한 「가치」를 정리하길 바란다.

문제를 발견했을 때 거기에서 도망치는 일없이 끝까지 직면해 해결하는 것은 간단하다고 생각되지만 매우 어렵다. 하물며, 그 문제를 일으키고 있는 원인이 자신의 책임이 아니(일지도 모른다)라면, 알지 못했다고 해 버리고 싶어지는 것이 보통 인간이 아닐까. 프로페셔널이려면 단지 주어진 것을 제대로 해내는 능력이 있다고 하는 것이 아니라 문제점을 찾아내고 그것을 해결하는 여러 가지 방법을 앞에 두고 무엇이 가장 중시해야 할 「가치」인지, 그 때문에 무엇을 해야 하는 것인지를 직시하고 가장 적합한 해결책을 설계하는 능력을 갖추는 것이 필요하다.

4

두 사람의 엔지니어

시티코프의 르메쟈를 챌린저호의 보죠레이의 경우와 비교해 보면 흥미롭다.

표 12-2 보죠레이와 르메쟈의 비교

	보죠레이	르메쟈
리스크의 인지	발사 후 검사에서 윤활유가 탄 것을 발견	시공방법의 변경과 질문을 계기로서 자신이 발견
리스크의 확인	동료와의 실험	풍동시험데이터에 근거로 재계산
리스크의 개시·보고	회사의 동료 및 상층부 및 NASA 관계자에게 보고	고문변호사, 보험회사, 빌딩오너, 시 당국 등에 개시·보고
관계자의 대응	제안을 거부	제안에 전면적으로 협력

두 사람 모두 기술자로서의 지식과 능력을 최대한 살려 다른 누구보다 빨리 리스크를 나타내는 증거를 찾아내, 리스크의 중대성을 인식한다. 게다가 보죠레이의 경우는 동료나 상사에게 상담한 후에 리스크를 확인한다. 르메쟈의 경우는 풍동 실험의 전문가에게 상담해 리스크를 확인한다. 그 후 두 명은 적절한 관계자에게 리스크를 개시·보고하고 있다. 보죠레이는 기술담당 부사장에 메모를 쓰기까지 했다. 그렇지만 보죠레이의 경우는 보고를 받은 모튼·사이오콜사 간부나 NASA가 허술한 대응만 하였다. 경직된 조직과 그 문화가 적절한 대응을 방해한 것이다. 그에 대해 르메쟈의 경우는 보험회사·시티코프·뉴욕시, 각각이 유연하게 대응해 전면적으로 리스크 회피를 위해서 협력했다. 그리고 한편은 참사에, 다른 한편은 성공의 이야기가 되는 것이다.

두 사람 모두 기술자로서 기술의 퍼블릭·미션, 즉 「공중의 안전·건강·복리」를 다른 어떠한 가치(회사에의 충성·보신·경제적 부담 등)보다 우선하고 스스로의 전문적 지식과 능력을 최대한 발휘 해 뛰어난 의사결정을 실시해 행동했다. 르메쟈의 경우는 적절한 순서를 밟아 관계자에게 연락을 해 다행히도 영향력을 가지는 많은 사람들의 협력 덕분으로 대 참사를 회피할 수 있었다. 그러나 보죠레이의 경우는 이미 NASA와 모튼·사이오콜사와의 관계 중에서 완성되어 있던 「일탈의 일상화」라는 배경에 가세해 조직적 지원이 결여하고 있었다. 또 발사 전야의 회의라고 하는 긴박한 상황에서 조직으로서의 의사결정을 실시하지 않으면 안 된다고 하는 조건도 겹쳐, 그의 경고는 살리지 못했다.

즉 기술자가 뛰어난 의사결정을 실시하여 전력을 다했다고 해도 항상 바람직한 결과로 연결되는 것은 아니라는 사실을 인식할 필요가 있다.

귀결(결과) 주의적(공리주의적)으로 말하면, 르메쟈의 행동은 좋은 행위로, 보죠레이의 행위는 그렇지 않았던 것이 되어 버릴지도 모르지만 행위 그 자체에 주목하면 양자 모두 뛰어난 의사결정과 거기에 기초를 두는 행동을 했던 것이다.

13. 국제사회에서 기술자의 윤리란 무엇인가(1)

AN ENGINEER ETHICS
AN ENGINEER ETHICS
AN ENGINEER ETHICS
AN ENGINEER ETHICS
AN ENGINEER ETHICS
AN ENGINEER ETHICS

─기술자윤리의 문화적 측면─

다양한 문화가 서로 교류하면서 서로 영향을 주는 현대에 있어서 기술/기술자윤리의 문화적 측면을 통찰하는 것이 더욱 더 중요하게 되었다. 엔지니어가 내리는 윤리적 판단은 그들이 자란 환경에 의해 영향을 받는다. 따라서 엔지니어는 다른 나라의 사람들이 어떻게 윤리적 판단을 내릴까를 알아 둘 필요가 있다. 요컨대 여러 가지 점에서 「윤리적인 엔지니어이기 위해서 무엇을 알 필요가 있겠는가」라는 물음은 「국제적인 상황 속에서 엔지니어로서 윤리적으로 행동하기 위해서 무엇을 알 필요가 있는 것인가」라는 물음과 다름없다. 왜냐하면 오늘날 엔지니어가 일하는 환경의 대부분이 국제적으로 되고 있기 때문이다.

기술 실천의 국제화에 대해서는 2개의 다르면서도 서로 밀접하게 관련한 측면이 있다. 하나는 다른 문화를 가지는 사람들과의 만남에 따라서 일어나는 문제이다. 이러한 문제에 대응하려면, 문화적인 가치의 다른 점을 이해해야 한다. 또 하나의 측면은 다양한 문화가 병존하는 가운데, 기술을 어떻게 실천하는가 하는 문제이다. 이 면에서는, 「윤리적인 기술」을 구성하는 요소는 무엇인가 라는 물음에 대해서 국제적 기준을 개발할 필요가 있다. 이 장에서는 일본과 미국의 비교를 통해 가치의 서로 다름이 비즈니스 및 기술상의 의지 결정에 어떻게 영향하는

지에 대해 고찰한다. 다음 장에서는 기술윤리의 글로벌 모델의 개발에 대해 검토한다. 포드사 익스플로러와 파이어스톤제 타이어의 조합 문제를 일·미 관계의 사례로 들어 보기로 하자.

그렇지만 사례의 분석을 시도하기 전에 왜 오늘 다문화에 관한 문제가 중요하게 되고 있는지를 설명하고 비즈니스의 윤리와 기술자윤리의 관계나 가치 시스템의 본질 등에 대해서 생각해 보지 않으면 안 된다.

1

기술자윤리의 국제 상황

기술의 실천과 과학기술의 확대가 실로 글로벌인 현상으로 되었기 때문에 기술윤리의 문제를 생각함에 있어서 기술의 국제적 측면에 초점을 맞출 필요가 있다. 많은 기업은 예를 들어 특정 국가에 본사를 두고 그 나라의 기업이라고 인식되고 있어도 실제로는 다국적 기업이 되고 있다. 서로 다른 나라의 엔지니어들이 같은 프로젝트를 접하고 일을 릴레이 하면서 밤낮으로 프로젝트를 계속하는 방식은 「24시간 엔지니어링」이라고 불려 이러한 말은 넓게 통용되고 있다.

기술에 관한 업무는 능력이나 자격을 가지는 엔지니어가 보다 많이 있는 나라와 인건비가 싼 나라에 하청을 주는 일도 자주 있다. 기업이 제품의 최종적 조립을 실시하는 나라 이외의 지역이나 나라에, 자회사나 써플라이어(supplier)를 가지는 것은 이미 드문 일이 아니다. 다국 간의 무역과 노동력의 유동화는 한층 더 진행될 것이다. 미국에서는 공학부 졸업생의 약 50%가 외국 출신으로 졸업 후 대부분은 미국에서 직장을 잡는다. 일본 엔지니어의 상당수는 거의 일상적으로 다른 나라에서 온 엔지니어와 교류하게 될 것이다. 비교적 고립하고 있는 기업조차, 국제적인 경쟁력을 가지기 위해서는 다른 문화와의 교류를 늘리지 않으면 안 된다고 인식하고 있다.

생산 파이프라인의 반대 측에서도 같은 글로벌화가 진행되고 있다. 몇 세기의 사이 공업제품은 산업화가 진행된 나라에서 천연자원을 공급하는 나라에 수출되는 것이었다. 그러나 오늘날 공업제품은 개발도상국에서 선진국으로 이동하는 루트도 포함해서 모든 방향으로 동시에 진행하고 유통한다. 사실 새로운 시장에서 경쟁력을 유지하려고 괴로워하고 있는 종래형의 제조업을 중심으로 하는 나라들이다. 기술의 성과는 하나의 시장(나라)만이 아니라 세계 중에 맹렬한 속도로 펼쳐져 가기 위해 기술적인 혁신이 가져오는 귀결을 의식할 필요성이 더욱 더 높아지고 있다.

미디어 기술이라는 기술이 글로벌하게 침투하고 있기 때문에 다른 기술의 확산을 조장하고 있다. 즉 통신기술의 발달로 일본에서 새로운 제품이 사용되고 있음을, 예를 들어 남아프리카에서도 보는 것이 가능하기 때문에 기술의 확산을 늦추거나 혹은 멈추거나 하는 것은 보다 곤란하게 되고 있다. 현재는 새로운 기술의 시장은 세계적이다.

이와 같이 국제적인 상호의존이 확대하고 있음을 거울삼아 이미 말한 바와 같이, 미국의 기술자교육인정기구(ABET)는 그 신기준인 Engineering Criteria 2000의 교육성과(outcomes), 즉 공학부 졸업생이 교육의 성과로서 가져야 할 능력군 안에, 「기술적인 해결이 세계 및 사회적인 문맥 중에서 가져오는 영향을 이해할 수가 있는 폭넓은 교양」[1]이라고 하는 항목을 포함했다. ABET의 기준은 다른 나라의 공학교육 인정기관에 의해 계속해서 채용되고 있으므로 앞으로 세계 속에 있는 학생은 기술의 국제적 측면을 배울 필요가 더욱 더 높아 질 것이다.

---

1) Criteria for Accrediting Engineering Programs. Engineering Accreditation Commission. Baltimore. MD. 2003.p.1.

2

비즈니스윤리와 기술자윤리의 대비

사회에서 엔지니어의 역할을 생각할 때 심사숙고해야 할 중요 문제는 사회구조 중에서 그들의 위치이다. 왜냐하면 사회적 지위는 윤리적 의사결정에 큰 영향을 미치기 때문이다. (미국에서는) 대부분의 엔지니어가 자기 자신을 의사나 변호사와 같은 독립해서 업무를 수행하는 전문가(프로페셔널)의 전통에 속한다고 생각하고 있다. 그러나 한편 현실을 보면 대부분의 엔지니어는 독립한 컨설턴트가 아니고 기업의 종업원인 것이다.

예를 들어 미국에서는 약 90퍼센트는 영리기업에서 일한다. 그러므로 대부분의 엔지니어는 「고용된 전문가」이다.

기술의 이러한 사회적 측면을 인식하는 것은 중요하다. 왜냐하면 비즈니스나 기술 활동의 근저에는 다른 전제가 있기 때문이다. 그 이름이 가리키듯이 영리기업의 근본 목적은 소유자 혹은 투자가를 위한 영리, 즉 이익을 낳는 것이다. 한편 엔지니어링의 근본 목적은 기술을 만드는 것이다. 여기서 「기술을 만든다」라는 것은 새로운 아이디어를 생각해내는 것으로부터 최종적으로 유저가 사용할 때까지의 전 프로세스를 의미한다. 자주 「기술」의 정의에는, 「인류의 이익을 위해서」와 같은 글귀가 포함되어 있다[2]. 따라서 경영자 및 엔지니어 양쪽 모두가 윤리적으로 행동할 것이 기대되고 있지만, 실제로 적용되는 윤리의 틀은 각각

---

2) 예를 들어 세계기술조직연맹(the World Federation of Engineering Organizations)의 모델 윤리 강령에서 엔지니어는 「(기술에 의해 가져오는) 폐해를 없애고 모든 사람들의 생활의 질을 향상시키기 위해서 자신들의 재능, 지식, 상상력을 최대한 활용해야 한다」라고 구가하고 있다. 2001년 채택. (Http://www.unesco.org/wfeo/ethics).

다르다. 미국에 있어 지배적인 신고전주의의 생각에서는 개개의 기업이 자기의 이익, 즉 수익을 추구하는 것이 기대되고 있다. 그러한 가운데, 아담=스미스류의 「신의 보이지 않는 손」의 작용에 의해 기업 활동이 사회 전체의 이익에 결합 된다고 믿고 있다. 자기의 이익을 촉진할 때에, 기업은 개인의 권리를 존중하는 것 등의 윤리적인 요청을 채울 뿐만 아니라, 공평한 시장을 보증하기 위해서 정부가 제정한 규칙에 따르지 않으면 안 된다.

한편으로 전문가는 사회에 있어 특별한 역할을 갖고 있다고 생각된다. 프로페셔널은 장기에 걸쳐 교육과 실천으로부터 독자적인 전문성을 구축하므로 공중이 흉내를 낼 수가 없을 정도로 고도의 지식을 가진다. 따라서 공중은 프로페셔널이 의뢰주의 이익을 위해서 행동해 줄 것이라고 신뢰하지 않을 수 없다. 왜냐하면 공중은 엔지니어가 한 일의 질을 직접 판단할 수가 없기 때문이다. 엔지니어는 일반적으로 개인의 의뢰주를 가지지 않고 그들이 만든 제품은 사회의 전체로 퍼져서 사용되므로 공중 전체에 대해서 특별한 책임을 지게 된다. 그러므로 대부분의 윤리 강령이 엔지니어의 가장 중요한 윤리적 의무로서 그 직무를 수행하는데 「공중의 안전·건강·복리」를 지키는데 있다고 하고 있다[3]. 기업과는 달라 엔지니어는 일반적인 윤리적 요청에 따를 뿐만 아니라, 공중의 특별한 보호자로서 자기 자신의 이익을 무시해야 하는 경우도 있다.

따라서 「종업원으로서」 엔지니어의 역할과 전문가로서의 역할에 정합성을 갖게 할 필요가 있다. 이것은 제도상의 직무 권한과 전문가의 권한을 식별하는 것으로 어느 정도 달성할 수 있다. 직무상의 권한은 기업에서의 지위에 유래한다. 따라서 기업의 사장은 설계 기사인 종업

---

3) 미국의 모든 주요한 기술계 학협회의 윤리 강령은, 이 조문을 포함한다. 예를 들어 프로페셔널·엔지니어 협회의 윤리 강령에는 「엔지니어는 전문직능상의 업무를 수행하는 것에 즈음해, 공중의 안전·건강·복리를 최우선해야 한다.」라고 하고 있다.

원에 대해서 제도상의 권한을 가진다. 이것에 대해서 전문가로서의 권한은 공학과 같은 어느 특정의 분야에 관한 전문 지식에 유래한다. 따라서 비전문가가 지식을 갖지 않는 영역에서, 예를 들어 공중의 안전이 잠재적으로 위협해지는 것 같은 경우, 설계 기사 전문가로서의 권한은 직무상의 권한보다 우선 됨이 당연하다. 그러한 상황에 있어 엔지니어는 이상적으로는, 프로페셔널로서의 권한을 행사하지 않으면 안 된다. 즉 상황의 기술적 진가에 근거해 그들의 판단을 실행할 수 없으면 안 되는 것이다. 그렇지만 실제상은 상사가 가진 직무상의 권한을 위해서, 또 어떤 기술적인 결정의 진가가 반드시 명확하다고는 할 수 없기 때문에 전문가로서의 권한을 행사할 수 없는 것도 있다.

이 때문에 엔지니어가 기업의 종업원으로서 일을 하는 경우는 기술계 학협회 등의 보호나 원조가 필요하다는 생각도 있다[4].

상기의 모델은 미국에서 지배적이지만 세계 속에 통용한다고는 말할 수 없다. 모든 사회가 신고전주의적 자본주의의 원칙을 받아들이고 있는 것은 아니며, 또 전문가의 독립성도 모든 나라에서 동일하게 평가되지 않고 있다.

예를 들어 비즈니스 상의 결정을 내릴 때에 사회의 요구가 미국보다 직접적으로 고려되는 일본에서는 개발 자본주의의 모델이 사용된다. 또 일본에는 서양 사회에서 자주 볼 수 있는 것과 같은 전문직업의 독립성이라는 역사를 갖고 있지 않다. 이것이 기술자윤리를 취급하는 경우, 각각의 나라나 지역의 문화적 관습에 주목하는 중요한 이유의 하나이다. 엔지니어는 일반적으로 기업 안에서 일하는 것을 전제로 한다면 그들은 자신이 접촉하는 문화나 비즈니스 환경에 대해 어느 정도 이해할 필요가 있다. 다른 문화를 가진 사회에서 엔지니어가 일을 한다는 것은 단지 기술적인 문제를 처리하는 것만이 아닌, 훨씬 많은 요소를

---

4) 예를 들어 다음 문헌에서의 논의를 보자. Roland Schinzinger and Mike W. Martin, Introduction to Engineering Ethics, Boston: McGraw-Hill, 2000.

포함하고 있다. 그것은 해당 문화의 근저를 이루는 가치 체계를 이해함
을 의미한다.

3

가치 체계

　문화를 식별하는 하나의 방법은 가치 체계에 근거하는 것이다. 문화
에 관한 일반화는 극단적인 경우에는 스트레오 타입화로 연결되어 부
의 효과를 가져오는 일도 있다. 그러나 개개의 문화는 그것을 특징짓는
특질을 가지고 있음을 부정할 수 없다. 가장 밑바탕을 이루는 곳에서
문화의 특징이란 어느 문화가 가지는 가치군이다. 이러한 가치군은 사
람들의 행동을 맡는 근원적이고 지속적인 신념이다. 많은 문화가 상당
한 수의 가치를 공유하고 있는 한편 특정의 가치에 주어진 우선 순위
가 다르다. 이 차이가 하나의 가치 체계를 다른 체계로부터 식별한다.
예를 들어 두 개의 가치 체계가 양쪽 모두「질서」와「자유」라고 하는
가치를 포함하고 있다고 해도 하나의 체계에서는 자유가 질서보다 중
요시되는 경우가 있을 수 있다. 다른 문화를 가지는 개인의 행동과 말
의 기초가 되는 사고 틀에 대한 이해를 얻는 것이, 때에 따라 곤란하
다는 것은 확실히 이 가치 체계가 가지는 복잡한 계층성에 기인한다.
다른 문화를 가지는 사람들과 교류하는 경우, 그들이 가진 가치의 틀을
이해하는 것이 중요하다.
　왜냐하면 자기 자신이 속한 문화를 형성하는 가치는 그것이 의사결정
프로세스의 기초가 되고 있음에 눈치 채지 않을 정도로 깊게 우리의 가

치에 속에 스며들어 있기 때문이다. 우리는 누구나 자신과 같은 가치 체계를 갖고 있거나 혹은 가져야 한다고 믿기 십상이다. 따라서 두개의 다른 문화를 가지는 개개인이 다른 의사결정을 내렸을 경우 한편이 잘 못되어 있다, 혹은 도덕상의 문제라면 비윤리적인 결정을 했다고 생각하는 경향이 있다. 그러나 아마 이러한 차이는 서로 행동의 지침으로서 다른 가치 체계를 사용하고 있음에 지나지 않기 때문일 것이다.

게다가 가치와 윤리 사이에는 밀접한 연결이 있으므로 가치에 대한 이해는 중요하다. 가치는 일반적으로 무도덕적 가치와 도덕적 가치로 분류할 수 있어 후자가 윤리에 관계한다. 이것들을 묶는 것은 양자 모두 규범적인 것, 즉 양쪽 모두에 판단을 내리는 것과 관계한다. 그러나 일반적으로 무도덕적 가치에 근거한 판단의 규범은 그 옳고 그름을 거론할 것은 없고 다만 차이가 난다고 판단될 뿐이다. 그러나 도덕적 판단의 경우에는 그 판단이 올바른지 올바르지 않은지가 문제가 된다. 예를 들어 어느 회화를 좋아한다는 인물 A가 있다고 하자. 다른 인물 B는, A의 예술상의 취미에 공감할 수 없을 수 있다. 그러나 그 회화를 좋아한다는 A의 권리를 묻는 입장은 없다. 왜냐하면 회화의 취미는 도덕에는 관계하지 않는 미적 가치에 근거하는 것이기 때문이다. 예술 또는 음악의 평가는 문화에 따라 또 자주 개개인이 다르다. 그러나 누군가가 어느 회화가 마음에 들어 소유자의 허가 없이 그것을 훔쳤다고 하면, 그것은 절도이며 도덕적으로 잘못되어 있다. 그와 같이 윤리는 무도덕적 가치의 기호를 행사할 수 있는 범위를 제한하는 역할도 완수한다.

도덕에 관계하지 않는 가치와 도덕적 가치가 긴밀히 결합되고 있기 때문에 가끔 윤리는 상대적인 것이라는 잘못된 결론을 이끄는 일이 있다. 왜냐하면 도덕과 관계가 없는 가치는 확실히 문화에 따라서 다르기 때문이다.

윤리는 상대적이라고 하는 철학자도 있기는 있지만 대부분의 윤리학자는 규범윤리 상대주의 즉 개개의 문화는 다른 윤리적 신념을 갖고, 각각의 문화는 단지 그 같은 신념을 가지기만 하기 때문에 올바르다고 하는 생각을 부정하고 있다. 그것은 규범윤리 상대주의의 입장에는 몇 개의 문제가 있기 때문이다. 예를 들어 일본인 엔지니어가 미국에 가서 일하는 경우 어느 윤리 규범을 따르면 좋을까. 일본의 규범인가, 그렇지 않으면 미국의 규범일까. 또 미국 인디언의 부족이나 로스앤젤레스의 리틀 도쿄에 사는 사람들과 같이 일반의 미국인과 다소 다른 윤리적 신념을 가지는 사람들과 교제하는 경우는 어떠한가. 그런데 하나의 문화가 가지는 윤리적 기준에 결함이 있다고 주장하는 것이 가능할까. 대부분의 윤리학자는 비록 다른 문화에서 윤리에 차이점이 있다고 해도 이것들이 시간의 경과와 함께 세련되고 개선되어 가듯이, 윤리에는 어떠한 것 보다 보편적인 기준이 있을 것이라고 주장할 것이다. 이러한 입장은 윤리 다원주의라 한다. 따라서 일본인 엔지니어가 식인 풍습을 가진 나라로 여행을 했을 경우, 그 풍습이 그 나라의 문화적 가치를 반영하고 있기 때문이라고 해도 그것을 받아들일 필요는 없을 것이다. 만약 그러한 풍습이 도덕적 가치에 관계한다면(예를 들어 사람의 생명을 빼앗는 등), 그것은 이성적인 분석의 대상으로 하지 않으면 안된다.

요컨대 어느 문화가 가지는 도덕과 관계가 없는 가치군과 도덕적 가치관을 명확하게 구별해야 하는 것이다. 전자는 문화적 선호의 문제이며 그 문화를 가지는 사람들과 교제하는 경우의 과제는 그러한 가치를 이해하려고 하는 것이다. 후자는 단지 선호의 문제는 아니고, 옳고 그름에 관한 물음을 포함하기 때문에 보다 보편적 성격을 갖고 있다. 「도둑질」이 의미하는 것은 문화에 의해 해석이 다를 것이지만, 이 행위는 사회 구조의 붕괴로 이어지기 때문에 모든 문화가 공통해서 잘못이라고 판단한다. 그러나 너그러움이나 아낌이라는 성격을 어느 정도 평가할지는 문화에 의해 현저하게 다를 것이다.

이러한 구별은 두 개의 다른(이 장에서는 일본과 미국의) 무도덕적 가치의 구조를 비교하는 것으로 보다 명확하게 할 수가 있다. 비교를 할 때는 가치는 체계를 갖고, 문화에 있어서 개개 가치의 역할은 그 가치가 계층 구조의 어느 위치에 있는지에 의해 정해짐을 명심해 둘 필요가 있다. 문화를 다른 문화로부터 구별함은 그 문화가 어느 가치를 강조하고 있는가 하는 점이다. 일반적으로 미국인은 개인을 중시하는 가치를 보다 우선하는 경향이 있는 데 비해, 일본 사회는 그룹을 중시하는 가치를 강조한다. 따라서 일본의 가치 체계에서는 조화·충성·상하 관계·합의·의무·순종 등의 가치가 지배적이다. 한편 미국에서는 개인의 권리·자유·평등·독립·선택 등은 높은 가치를 가진다. 양쪽 모두의 사회는 어느 쪽이나 교육·물질적 풍부함·실용주의와 가치를 강조하는 점은 공통되고 있다. 게다가 개인 / 그룹의 분류와는 직접 관계 하지 않을 지도 모르지만, 그 밖에도 중요한 가치가 있다. 예를 들어 미국인에 있어서의 겸허·신앙심·능력이나, 일본인에 있어서의 의식존중주의·성실·신기성 등이다[5]. 중요한 포인트는 어느 문화의 가치 구조를 이해하거나 자기 자신의 문화가 가지는 가치 구조와의 차이를 이해하기 위해 그 문화에 대해 상당히 잘 알 필요가 있다는 것이다. 즉 다른 문화를 가지는 사람들의 행동을 적절히 해석할 수 있도록 되기 위해서는 그 문화에 대해 깊은 이해가 필요하다. 또 행동의 윤리적 측면과 그렇지 않은 측면을 식별하는 능력을 늘리지 않으면 안 된다. 기술윤리에 관해서 다른 문화에 대한 이해가 중요함을 나타내기 위해서 최근 일본과 미국 사이에 일어난 사례를 검토해 보자.

---

5) 가치에 대한 보다 상세한 논의에 대해서는 다음의 문헌을 참조. Eric Poncelet, "Japan and the United States: A Cultural Comparison,, in W. David Kingery, ed., japanese / American Technological Innovation. New York: Elsevier, 1991. pp.3-22.

4

포드-파이어스톤 SUV 전복 사고

미국에서 가장 포퓰러인 차종의 하나는, SUV(Sports Utility Vehicle), 즉 스포츠용 다목적차이다. SUV는 4륜 구동 기능을 가지고 있어 인기의 이유는(적어도 부분적으로는), 비교적 사이즈가 큰 것과 충돌했을 때의 안전성이 높다고 생각되기 때문이다. 이 타입의 차로 과거 약 12년간의 베스트셀러는 포드회사(이하 포드)의 익스플로러이다. 2000년 익스플로러가 승무원의 사망으로 연결되는 전복 사고와 관계하고 있었음이 밝혀졌다. 사고의 원인에 관한 논의가 곧 바로 분출했다. 차의 설계를 비난하는 사람도 있었으며 드라이버의 행동에 혹은 타이어·메이커를 비난하는 사람도 있었다. 대부분의 익스플로러에 표준장비 되고 있던 타이어는 파이어스톤사(이하 파이어스톤)에 의해 제조된 것이다. 타이어의 문제가 최초로 알려졌을 때 포드와 파이어스톤은 공동전선을 붙이려고 했다. 그러나 양 회사가 다른 가치 체계를 기본으로 행동하고 있음이 곧바로 밝혀져 결국 양 회사는 격렬하게 대립하게 되었다.

이 사례로 주목해야 할 점은, 세계적인 대기업 2사가 관련된다는 점과 다양한 문화적 배경을 가진 개인이 관여하고 있는 점이다. 오스트라리아인의 사장에게 이끌린 포드는 미국에 원점을 가지는 기업이지만 현재는 다국적기업이며 세계 도처에 자동차를 제조하고 있다. 파이어스톤은 원래는 미국의 회사이지만 1988년에 일본의 브리지스톤 주식회사에 의해 매수되어 그 완전 소유자회사가 되어 상층의 경영진은 일본인이다. 이 사례를 검토하는 것으로 이문화간의 문제 및 무도덕적 가치와 도덕적 가치를 구별하는 중요성을 알게 되었다. 나아가 기업윤리와 기술자윤리가 얽힌 문제도 몇 가지 보였다.

이 문제의 기원은 1980년대 후반에 포드에서 행해진 익스플로러의 설계 프로세스 속에 있다. 새로운 차를 경제적으로 생산하기 위해서 기존의 픽업트럭의 차대를 사용해 제조하기를 결정하였다.

파이어스톤은 이 차의 표준 장비 타이어를 제공하게 되었다. 그렇지만 초기의 시험 중에 차가 전복한다는 문제가 밝혀졌다. 포드의 기술자는 차의 차대를 다시 설계하여 고치는(그것은 기존의 조립라인을 다시 만드는 것으로 연결된다) 것이 아니고 타이어의 추천압력을 30 psi(pounds per square inch)에서 26 psi까지 내리는 것으로 문제는 해결할 것이라고 생각했다. 무수한 논의 끝에 파이어스톤의 엔지니어는 포드의 결정에 동의했다. 1991년에 익스플로러의 판매가 시작되지만, 그 불과 1년 후의 1992년에 최초의 소송이 법정으로 가게 되어 타이어의 thread(접지면)이 벗겨지는 원인으로 전복 사고가 일어났음이 밝혀졌다. 이러한 소송의 대부분은 2개의 회사에 의해 화해되고 있다[6].

경비 삭감 노력의 일환으로 파이어스톤은 이 회사가 일리노이주 디케이타 공장에서 스트라이크로 조합 측과 대결했다. 사고 후의 조사에서 타이어 접지면이 박탈한 원인의 하나가 이 공장에 있어서 제조상의 문제임이 확인되었지만 사고와의 인과관계에 대해서는 아직 결론이 나지 않았다. 1996년에 파이어스톤은 타이어의 광범한 테스트를 실시한 후, 안정성을 향상시키기 위해서 설계를 변경했다. 이 회사는 설계 변경과 테스트 결과와의 관계를 부정하고 있다[7]. 어느 보험회사의 사원이 파이어스톤 및 미국 운수성 고속도로 교통안전국(the National Highway Traffic Safety Administration: NHTSA)의 양쪽 모두에 몇 종류인가의 파이어스톤제 타이어에 관해서 이상한 보험금청구 경향이 있다고 통보했다[8].

---

6) Daniel Eisenberg, "Anatomy of a Recall," Time. September 11,2000, pp.29-32.
7) Thomas A. Fogarty and Earle Eldridge, "Lawmakers Fault Tire Tests. Pressure," USA Today, September 22, 2000. B3

포드도 베네수엘라와 사우디아라비아에서 같은 경향이 있음을 알았다. 이 회사는 「고객 통지 증강 행위」라는 명목으로 16개국에서 타이어를 교환하기 시작했다[9].

미국에서는 휴스턴이 있는 텔레비전국이 이 문제를 채택하고 조사 보도한 결과, 문제는 2000년 초두가 되어서 겨우 사회에 알려지기 시작하였다. 이에 따라 파이어스톤의 홍보 담당자는 다음과 같이 말하였다. 「일련의 보도에서는 분명하게 폐사의 ATX 래디얼 타이어가 위험하며 이 타이어 유저의 안전성은 위협받고 있으며 장착되고 있는 타이어는 모두 떼어내야 하는 것이라고 잘못된 메시지가 흐르게 되었다. 이러한 메세지는 모두 잘못된 것입니다. 이 타이어는 뛰어난 제품이며 파이어스톤은 긍지를 가지고 보증합니다.」 홍보담당자는 보고 된 사고는, 「분명하게 펑크 등의 외적 요인에 의해 일어난」 것이며 정보 제공자는 파이어스톤을 「불만과 불행」을 가지고 그만둔 이전 종업원이며 방송국으로서는 「적절한 타이어 정비 순서를 시청자에게 알리는 것이 휴스턴 지역의 사람들에게 보다 도움이 될 것이다」라고 반론했다[10]. 리콜이 미국에서 발표된 후, 이러한 코멘트를 파이어스톤은 반복하게 된다.

2000년 5월까지 NHTSA는 파이어스톤에 대한 조사를 시작했다. 33건의 충돌사고, 27명의 부상자 및 4명의 사망을 포함한 90건의 클레임이 전해졌기 때문이다[11]. 포드도 같은 시기에 타이어에 관한 조사를

---

8) Devon Spurgeon. "State Farm Researcher's Sleuthing Helped Prompt Firestone Recall," The Wall Street Journal, September 1.2000, B1 & B6

9) Robert L. Simison. Norihiko Shirouzu. and Timothy Aeppel, "Ford Says lt Knew of Venezuelan Tire Failures in 1998." The Wall Street Journal, August 20. 2000. A3 & A8

10) "Firestone Letter to Belo & KHOU Executives," February 10, 2000.
Http://www.khou.com/news/stories/1290.html

11) "Tire Failures on Ford SUV's Producing Alarming Number of Crashes. Deaths., The Safety Forum News.
Http://www.safetyforum.com/cgi-bin/sn_search.cgi? ID =000473

독자적으로 시작했다. 또 7월 28일에는 파이어스톤에서 보증 클레임에 관한 데이터를 받아 데이터 분석을 시작했다[12]. USA Today지는 8월 3일의 지면에서 「소비자가 정부의 안전 조사의 대상이 된 파이어스톤제 타이어를 장착한 차를 사는 것을 주저한다면 우리 회사는 브리지스톤/파이어스톤과의 거래를 그만둘 거라고 포드 자동차사는 말했다」라고 보도했다[13]. 다음날에는 시아즈(sears)가 몇 종류의 파이어스톤제 타이어의 판매를 중지한다고 발표했다.

또 8월 7일에 NHTSA는 조사 대상이 되고 있는 사망 사고의 수를 46으로 끌어올렸다[14].

8월 9일에, NHTSA·포드·파이어스톤의 삼자 협의 후, 2사는 스스로 타이어 회수를 결정했다. 디케이타 공장에서 생산된 ATX 및 ATXII 래디얼 타이어 P235/75R15, 및 P235/75 R15 윌다네스 AT타이어가 모두 리콜 되었다[15]. 이러한 타이어는 1440만 개 생산되었으며 파이어스톤은 약 650만개는 회수되지 않을 것이라고 추측했다. 스스로 회수를 발표할 때에 파이어스톤 수석부사장은 「최초로 말씀드리고 싶은 것은 브리지스톤/파이어스톤이 있어 가장 중요한 것은 고객의 안전입니다」라고 말했다. 파이어스톤은 단계적으로 나라의 가장 따뜻한 지역부터 시작하여 1년 이내에 리콜을 실시한다고 발표했다[16].

그러나 익스플로러의 소유자는 곧바로 미국 안에서 타이어의 교환을

---

12) Robert L. Simison. et. al., "Tension Between Ford and Firestone Mounts Amid Recall Efforts," The Wall Street Journal, August 28, 2000. A1 & A8.

13) James R. Healey and Sara Nathan, "Ford Might Drop Firestone Tires," USA Today, August 3, 2000.

14) "U.S. Agency Now Looking at 46 Deaths in Tire Probe," The Safety Forum News, Reuters, August 7, 2000. Http://www.safetyforum.com/cgi-bin/sn search.cgi? ID=001218

15) Nedra Pickler, "Firestone to Recall Tires., Associated Press, August 8, 2000. Http://www.safetyforum.com/cgi-bin/sn_search.cgi? ID=000503

16) "Statement by Gary Crigger," Bridgestone/Firestone Corporate News, August 9, 2000. Http://mirror.bridgestone-firestone.com/news/corporate/news/00809c.htm

요구하기 시작해 파이어스톤은 거기에 응할 수가 없었다. 소비자의 파닉에 가까운 행동 및 다양한 소비자 보호 단체의 활동 결과, 파이어스톤은 당초의 리콜 방침을 변경하여 소비자가 타사의 타이어로 바꾸는 것을 인정했다[17]. 8월 30일까지 100만개의 타이어가 교환되었으며 2000년 11월 말일까지 리콜이 종료할 것이라고 9월 중순이 되어 발표했다[18]. 다음 해에는 1300만 개의 타이어가 파이어스톤의 참가 없이 포드에 의해 리콜 되었다[19]. 합계로 지금까지의 기록을 뛰어 넘는 사상 최대의 타이어·리콜이 되었다. 정부에 의하면 최종적으로는 나사 박탈 / 옆으로 넘어지는 문제에 의한 사망자는 271명, 부상자는 700명을 넘는다. 2사에 대한 소송은 앞으로 장기에 걸쳐서 계속되어 리콜의 코스트에 가세해 수십억 달러의 손해가 된다고 예상되고 있다. 정부의 어느 조사 결과는 옆으로 넘어지는 사고는 포드의 책임이 아니고 타이어의 설계상 결함이라고 지적하고 있다.

파이어스톤은 타이어에 관한 문제를 인정했지만, 동시에 익스플로러의 설계도 사고의 원인의 하나라고 주장했다[20].

---

17) James v. Grimald, "Second Firestone Plant Faulted," The Washington Post August 18, 2000.
18) Yochi J. Dreazen, "Deaths Continue During Firestone Recall." The Wall Street Journal, September 14.2000.A3 & A7.
19) Keith Brasher, "Firestone to Stop Sales to Ford, Saying It Was Used as Scapegoat: Automaker Expected to Replace 13 Million Tires," The New York Times, May 22, 2001, A3.
20) Joseph B. White and Stephen Power, "Federal Regulator Won't Probe Safety of Ford Explorer." The Wall Street Journal, February 13, 2002, A4.

5

이 사례에 포함된 다른 문화간의 문제

이 복잡한 사례를 매우 간단하게 설명했지만 그럼 이 사례로부터 어떠한 이문화간의 문제에 관한 교훈을 얻어낼 수 있을까. 지면의 제한이 있으므로, 2, 3개의 점에서만 말하기로 하자.

우선 설계 프로세스의 초기에 권장 타이어압력에 관해서 논쟁이 있었던 것은 분명하다. 파이어스톤은 결국 설계상의 문제를 해결한다는 포드 측의 요구를 충족하기 위해서 타이어의 권장압을 내리라고 하는 요청에 따랐다. 일반적으로 하청 계약 기업과 최종적인 제조를 행하는 기업(메이커)과의 사이에는 종속 관계가 있다. 그러나 일본의 가치체계에서는, 「충성(loyalty)」을 개입시킨 관계가 강하고, 단순한 종속 관계를 넘은 협력이 요구된다. 하청 계약 기업은 메이커가 성공하는 것을 돕기 위해서 희생을 지불하는 것이 자주 기대된다. 이 사건이 알려진 후, 파이어스톤에서 나온 최초 성명의 하나로, 이 회사에 있어 최대의 과제는 포드와의 관계를 유지하는 것이라고 말한 것은 흥미가 있다. 이 회사의 간부의 한 사람은, 「우리의 앞에 있는 최대 중요 태스크는 우리 회사의 최대 고객의 하나인 포드와의 관계를 유지해 파이어스톤의 브랜드를 지키는 것입니다」라고 말했다[21]. 한편 포드는, 소비자 반응에 따라서 써플라이어로서 파이어스톤과 거래를 그만두는 것도 있을 수 있다고 즉시 발표했고, 실제로 그렇게 했다[22]. 이러한 상황은 종속과 충성이라

---

21) Norihiko Shirouzu and Timothy Aeppel, "Firestone Says lt Acted to Improve Problem Tires." The Wall Street Journal, August 18, 2000, A4&A6.

22) Joseph B. White, Stephen Power and Milo Geyelin, "Ford Intends to Replace Millions of Tires: Congress Wants to Renew Hearings on Explorers and Firestone Products." The Wall Street Journal, May 23, 2001, A3.

는 가치에 관한 다른 관점을 나타내고 있다.

게다가 기업과 소비자와의 관계에는 일·미 2개 가치 체계의 사이에 중요한 차이점이 있다. 위기에 직면했을 때 포드는 소비자의 안전에 대한 염려를 해소하는 것이 이 회사에 있어 가장 중요한 책임이라고 하여 소비자에게 초점을 맞춘 대응을 했다.

포드의 사장은 전국의 방송 프로그램에서 「포드는 모든 자원을 사용해 문제의 해결에 임하고 있음을 나 자신이 여러분에게 보증하겠습니다. 우리가 결코 경시하지 않는 것이 2개 있습니다. 그것은 여러분의 안전과 여러분으로부터의 신뢰입니다」라고 말했다[23]. 한편 파이어스톤은 이 회사의 최대 책임 나사박탈의 근본 원인을 찾아내는 것에 있다고 하면서 제품 그 자체에 초점을 맞추었다. 이 회사의 사장은 회사의 프레스 릴리스 중에서 다음과 같이 말하고 있다. 「우리는 이러한 실패의 원인을 구명하기 위해서 우리 회사의 모든 자원을 이용해 낮이나 밤도 노력을 계속하고 있습니다. 과학적으로 문제의 원인을 특정하기 위해서 시간이 걸릴지도 모릅니다. 타이어는 고도이고 복잡한 기술을 필요로 하는 제품인 것입니다[24]」. 미국의 대중은 이 스탠스를 고객에 대한 관심이 낮은 증거라고 하여 부정적으로 반응했다. 또 리콜이 최초로 발표되었을 때 파이어스톤은 1년에 걸쳐 기온이 높은 지역에서 추운 지역으로 차례차례 교환할 계획이었다. 이것은 기술적 고찰에 근거한 것이며, 교체용의 타이어가 곧바로는 준비할 수 없는 문제를 해결하는 논리적 해결책이었지만, 교환이 늦는 지역의 소비자에 대한 책임을 지는 것은 아니었다. 대조적으로, 포드는 보다 많은 타이어를 즉시 이용할 수 있도록 하기 위해서 상당한 조립 라인을 멈추었다. 미국인에

---

23) David Kiley, "Ford CEO Takes Lead to Calm Drivers," USA Today, August 22, 2000.

24) "Bridgestone / Firestone CEO Provides Update on Investigation," Bridsestone / Firestone Corporate News. August 23, 2000.
  Http://mirror.bridgestone-firestone.com/news/corporate/news/00823a.htm

있어서는 개인의 염려가 즉시 해소할 수 있는 것이 합리적 계획을 가지는 것보다 중요하다. 미국인은 구체적 조치의 실행을 바랬다[25].

미국에서 소비자는 강한 영향을 가지는 것처럼 보인다. 이 사례에서 위기감은 소비자 반응에 의해 생성된 것처럼 보인다. 리콜에 대한 반응은 이 2개 회사의 차이를 나타내고 있다. 포드의 오스트랄리아인 사장은 곧바로 매스컴에 등장해 회사의 조치나 대규모 위기관리 팀의 결성 등을 일일이 상세하게 보고해 매스컴을 포드 측에 붙이는 노력을 했다[26].

한편 파이어스톤 측은 조심스러운 어프로치를 취했다. 리콜에 대한 포드와 파이어스톤의 서로 다른 대응에서 어떠한 일반적인 결론을 꺼낼 수 있을까. 분명하게 2사의 대응의 다름은 소비자의 염려에 대한 어프로치의 방법이었다. 게다가 그 밖에도 큰 차이가 있다. 포드는 자사의 문제 해결의 조치를 넓게 공표한 것에 대해 파이어스톤은 그다지 겉으로 나오려고 하지 않았다. 파아어스톤이 원인의 구명, 즉 과거에 주목한 것에 대해 포드는 미래와 고객의 만족에 주목했다. 포드는 사건 발각 후 즉시 문제의 원인은 타이어라는 주장을 전면에 내세워 공격적인 어프로치를 취했지만, 파이어스톤은 공적인 성명에서는 소극적이었다. 포드는 미디어를 자신의 측에 붙이는 것의 중요성을 이해하고 있는 것 같았지만, 파이어스톤은 보도와는 거리를 두고 포드와의 관계를 중시했다. 파이어스톤이 타이어 자체의 안전을 강조한 것에 대해 포드는 공중을 안전하게 대하는 염려를 중시했다. 어쨌든 위기가 미국에서 어떻게 전개하고 있었는지에 대해 일본의 브리지스톤 본사는 충분히 인식하고 있지 않았을 것이다. 아마도 사건은 좀 더 일본식 처리 방향으로 전개한다고 가정할 수 있다. 즉 미국인이 가지는 특유의 가치관이

---

25) John Greenwald. "Firestone's Tire Crisi Time, August 21, 2000. 64-5.

26) Jim Suhr, "Ford's Openness, Firestone's Reluctance May Leave Lasting Impression With BuyerAuto.com, August 16, 2000.
http://www.auto.com/autonews/cwira162000816

이 문제에의 반응에 영향을 미칠 것이라는 인식이 **빠져** 있었다고 생각
된다[27].

6

기술윤리의 문제

앞의 논의에서, 이문화간의 문제에 관한 통찰을 얻을 수 있다. 그렇
지만, 이 사례는 한층 더 기술자윤리와 관련하는 문제를 던지고 있다.
그중의 하나는 많은 기술이 상호의존적으로 관련되고 있는 점이다. 컴
퓨터에 새로운 소프트를 인스톨 하면, 돌연 시스템이 움직이지 못하게
되는 경험을 한 사람은 많을 것이다.

이러한 문제와 포드·파이어스톤의 케이스는 비슷하지만, 2개의 다른
회사가 관계하고 있는 것으로 문제가 보다 복잡하게 되어 있다. 타이어
와 차의 조합이 부적절했기 때문에 기술적 문제가 생겼다. 엔지니어는
제품의 사양과 관련하는 모든 기술에 정통한 가운데 정해진 것을 주의
깊게 확인할 필요가 있다. 그러나 이것은 각사가 자사의 기술에 대해
비밀주의적인 태도를 취하는 한 곤란하다. 엔지니어는 안전하게 사용할
수 있는 설계가 요구되고 있다면 비록 그것이 타사에 정보를 요구하게
되어도 필요한 데이터는 모두 입수하지 않으면 안 된다고 주장해야 한
다. 나아가 엔지니어가 분별 있는 판단을 내릴 수가 있게 하기 위해서,
관련하는 기술에 대해 충분히 전문 지식을 가지지 않으면 안 된다. 예

---

27) Todd Zaun and Phred Dvorak, "Firestone's Japan Parent Appears Anxiety-Free Despite ITS Recal," The Wall Street Journal, September 5, 2000.A16.

를 들어 차를 설계하는 엔지니어는 차와 타이어의 관계에 대해 전문 지식을 갖고 있지 않으면 안 된다.

나아가 SUV가 세계 시장에서 판매되고 있기 때문에 생기는 문제가 있다. 초기에 옆으로 전복되는 사고의 대부분이 도로 상황이 표준 이하이고 기온이 높은 나라에서 일어났다. 이것이 당초 타이어의 리콜을 미국 내의 기온이 높은 지역으로 한정한 이유이다. 오늘과 같이 제품이 세계의 각처에서 사용되는 것 같은 시대에 엔지니어는 제품이 사용될 수 있는 모든 환경 속에서 테스트를 할 필요가 있다. 그러므로 엔지니어의 지배적인 시장은 미국이라고 가정하여 미국의 전형적인 조건에 맞는 제품을 만들고 있으면 좋을 것이라고 생각해서는 안 되는 것이다.

나아가 미국에서는 대부분의 사고가 여름의 기온이 매우 높은 남부의 주에서 일어났다. 여기서 문제인 것은 차를 설계한 엔지니어가 있는 종의 상정을 한 것 같지만 그것이 잘못되어 있었다고 하는 점이다. 포드는 미국 안에서 사용되는 타이어에는 「C」온도 등급을 지정했다(이것은 가장 낮은 것이다)[28].

이 등급설정은 이런 종류의 차가 주로 오프로드에서 사용된다면 아마 충분한 것이었을 것이다. 그러나 실제는 이런 종류의 차는 패밀리카이며 오프로드에서의 사용은 거의 없고 가끔 많은 짐이나 사람을 실어 고속으로 하이웨이를 장시간 달리는 경우가 많다. 그러한 주행은 타이어의 온도를 올린다. 1991년에 익스플로러가 시장에 나왔을 때 SUV는 새로운 차종이며 설계자는 아마 드라이버의 이러한 행동에 대해 충분히 상상할 수 없었을 것이다. 익스플로러의 광고는 한층 더 실제 사용방법과는 완전히 달라 SUV에 의해 주어진 오프로드의 자유를 강조하고 있었다.

엔지니어는 소비자가 자신과 같은 정도의 기술 한계에 대해 알고 있

---

28) Michael Winerip, "What's Tab Turner Got Against Ford?," The New York Times Magazine, December 17 2000. 49-53.74.87, 92.

다고 기대해서는 안 된다. 한층 더 문제를 복잡하게 하고 있는 것은
이문화 사이의 문제이다. 안전성에 대한 소비자의 책임에 대한 생각은
나라에 따라 다르다. 미국에서는 엄격한 책임에 대한 생각을 채용하고
있어, 제품이 오용 되었을 경우조차, 제조자가 실패의 책임을 지는 것
을 의미한다. 설계자는 제품이 사용될 가능성이 있는 모든 상황에 대해
알아 둘 필요가 있다. 이번 케이스에서는 예상되는 소비자의 행동마저
도 충분히 고려되어 있지 않았던 것 같다. 타이어압이 21 psi 이하의
경우, 타이어가 망가질 가능성이 높은 것은 잘 알려져 있다. 이번 경우,
권장된 타이어 압력은 26 psi로, 그것은 5 psi의 안전 여유율밖에 없다.
셀프·서비스의 가솔린·스테이션이 주류로 100,000마일의 점검 무료가
보증되고 있는 오늘날 많은 소비자는 정기적으로 타이어 압력을 체크
하지 않는다. 그러나 타이어압은 1개월당 약 lpsi의 압력을 잃는다. 만
약 많은 소비자가 타이어를 정기적으로 체크하지 않았다고 하면 타이
어에 짜 넣어진 안전 여유율은 아마 불충분하다[29]. 리콜일 때에 파이어
스톤의 사장은 매월 혹은 각 주 마다 타이어를 체크하도록 유저에게
재촉했지만, 그것은 미국의 소비자에는 친숙해지지 않았다[30].

　한층 더 문제를 복잡하게 하고 있는 것은 래디얼 타이어의 경우 공
기압이 내리고 있어도 외관상은 모른다는 점이다. 따라서 소비자는 잠
재적인 문제를 직접 확인할 방법이 없다. 파이어스톤의 사장이 공기가
부족한 타이어를 사용한 점으로써 소비자의 행동을 비난했을 때 공중
이 반발한 이유의 하나가 여기에 있다. 왜냐하면 공중은 그가 책임을
제조자로부터 소비자에게 불공평한 형태로 전가하려고 하고 있다고 생
각했기 때문이다. 무엇보다 이상적인 사회에서는 유저는 제조자가 의도

---

29) Timothy AeoppeL et al, "Firestone Admits Manufacturing Problems But Also
　　Scrutinizes Tire-Inflation Levels, "The Wall Street Journal, December 20,
　　2000, A3.
30) Norihiko Shirouzu and Timothy Aeppel, "Firestone Says lt Acted to Improve
　　Problem Tires," The Wall Street Journal, August 18, 2000. A4 & A6.

한 것처럼 제품을 사용해야 할지도 모르지만 이 사건이 가져온 결과적으로 장래 미국에서 판매되는 모든 차에 타이어의 공기압 경고 장치가 장착되도록 할 것이다.

커뮤니케이션에서의 실패는 엔지니어와 소비자에게 다른 기대를 가져왔다. 문제가 밝혀진 초기 단계를 통해서, 파이어스톤은 타이어에 결함은 없다고 계속 주장했지만 동시에 안전성의 문제는 있다는 것을 인정하고 있었다. 이러한 성명은 벌써 패닉에 가까운 공중을 한층 더 혼란시켰다. 문제는 파이어스톤이 「결함(defect)」이라고 하는 말을 「기술적인 한정된 의미」로 사용하고 있던 점이다. 그것은 타이어의 사용에 전혀 문제는 없다고 하는 것을 의미하고 있던 것은 아니다[31]. 이와 같이 포드가 남아메리카 및 중동에서 타이어를 교환했을 때 이 회사는 안전성에 문제가 있다고는 말하지 않고 이것을 고객 통지 증강 프로그램이라고 불렀다. 여기서 배워야 할 교훈은 기술적인 문제에 대해 말할 때 엔지니어와 홍보담당 부서는 일반의 사람들이라도 이해할 수 있는 말로 기술과 관련되는 문제를 설명해야 한다고 하는 것이다. 법률상의 문제로부터 제품의 사용법에 관해서 소비자를 혼란시킬 수 있는 전문 용어가 사용되는 경우가 너무 많다. 명확하고 간결한 정보를 주기 위함보다는 소송이 일어났을 경우를 상정해 쓰였다고밖에 생각할 수 없다. 취급 설명서나 보증서가 범람하고 있다.

이 장에서 다룬 사례는 엔지니어가 기술적 제품을 설계하여 시장에 낼 즈음해 소비자에 대해서 가질 책임을 명시하고 있다. 그렇지만 엔지니어의 책임은 제품을 시장에 낸 단계에서 끝나는 것은 아니다. 엔지니어는 한층 더 그 제품이 실제로 쓰여지는 방법에 대해서도 책무가 있다. 포드-파이어스톤의 사례에서는 이 단계에 대한 주의가 불충분 했다고 할 수 있다. 문제가 크게 된 후, 양사 모두 타이어의 안전성에 관

---

31) Timothy Aeppel, "Bridgestone Unit's CEO Says Firm Hasn't Found Defect," The Wall Street Journal, October 27, 2000. A4.

한 상세한 데이터를 공표하는데 시간이 걸렸다. 또 어떠한 데이터가 존재하는가 하는 점에 관해서도 2개의 회사 사이에 정보는 충분히 공유되고 있었다고는 말할 수 없다[32]. 이런 종류의 상황에 있어 한층 더 문제가 되는 것은 미국에서는 민사 소송에서의 화해가 많은 경우에 정보 묵비가 조건이 되는 것이다. 즉 이러한 정보가 숨겨져 기술상 실패의 동향이 공중에는 안 보이게 되어 버리는 점이다. 엔지니어는 제품의 아이디어가 태어났을 때로부터 최종적인 폐기까지 기술적인 개발의 전 프로세스를 감시할 책임을 지고 있다. 그렇게 함으로써 처음으로 엔지니어는 전문가로서의 의무를 완수할 수가 있는 것이다.

◆ 고찰을 위한 질문

이 장에서는 포드-파이어스톤의 사례에 포함되는 이문화와 윤리의 문제의 일부에 대해서만 논의했다. 그 밖에도 고찰이라는 논의에 적절한 문제가 있다. 이러한 것에는 포드-파이어스톤에 관한 한층 더 연구를 진행시키는 것에 적합한 것도 있을지도 모른다.

- 기업이나 엔지니어가 공중과의 관계에 대해 정직하다는 것이나 솔직하다는 것은 얼마나 중요한 것일까. 기술적인 설명을 공중은 어느 정도 이해할 수 있다고 기대되고 있는 것일까. 공중이 사용하는 기술(제품)이 가지는 위험성에 대해 공중을 이해할 수 있도록 할 책임은 엔지니어에 있는 것일까.
- 제품에 관한 기업 비밀을 제품을 이용하는 다른 회사와 어느 정도 정보 교환해야 할 것일까.
- 당초 파이어스톤이 실시한 타이어·리콜의 수속은 공평한 것이었을까. 당신이라면 이 문제를 어떻게 해결할까.

---

32) Ford Motor Company, Company News Room, September 6, 2000.
   Http://www.ford.com/default.asp? na2eid=106&story id=946

- 문화적 가치는 어떻게 파이어스톤과 포드의 관계에 영향을 주었는 지, 당신이라면 문화적인 다름에 따라 일어난 문제를 극복하기 위해서 어떻게 하면 좋다고 생각할까.
- 만약 소비자의 기술에 관한 염려가 사실에 근거하지 않는 경우, 그러한 염려에 대해서 기업은 어느 정도까지 대응해야 할 것인가.
- 충성이라고 하는 가치는 기업 및 엔지니어의 의사결정 과정 안에서 어떻게 역할을 가져야 할 것인가.
- 각 나라의 소비자는 안전성에 대해서 같은 기대를 하고 있을까.
- 당신은 포드와 파이어스톤의 관계가 파탄한 이유에 대해 어떻게 생각할까. 관계를 파탄시키지 않기 위해 당신이라면 어떻게 할까.
- 당신이 이 사례에서 배우고 이문화간 커뮤니케이션에 대해 배운 가장 중요한 교훈은 무엇인가.

14. 국제사회에서 기술자의 윤리란 무엇인가(2)

AN ENGINEER ETHICS
AN ENGINEER ETHICS
AN ENGINEER ETHICS
AN ENGINEER ETHICS
AN ENGINEER ETHICS
AN ENGINEER ETHICS
AN ENGINEER ETHICS

─글로벌화와 기술자윤리─

서로 다른 문화적 배경을 가지는 이해 관계자와 깊이 있게 교류 하려면 적절한 윤리적 의사결정을 위해 그 문화의 가치 체계에 대해 충분히 이해하지 않으면 안 된다. 또한 현대의 기술자는 그 생애를 통해서 많은 문화와 접하고 다양한 종류의 문화에 관련되는 문제에 직면하게 되며 이러한 것을 해결해 나가야만 한다. 기술자가 접하게 되는 모든 문화에 대해 이해하려고 하는 것은 거의 끝이 없으며 불가능한 것일 것이다. 그러므로 특정의 문화적 배경으로 치우치지 않는 새로운 기술자윤리의 모델이 필요하다. 따라서 기술자윤리의 국제적인 측면을 찾는 제2회차의 강의에서는 특정 문화에만 적용할 수 있는 것에 초점을 맞추는 것이 아니라 보편적으로 적용 가능한 규범이나 가치에 근거하는 국제적인 접근을 취하기로 하자.

현대는 국제적인 상호의존의 시대이다. 이것은 전형적인 기술자의 일이나 환경에 반영되고 있다. 오늘날 기술자는 많은 나라에서 사업을 전개해 다른 문화적 배경을 가지는 기술자를 고용하는 다국어 기업에 근무하고 있다. 비록 그렇지 않은 경우도 기술자가 근무하는 회사는 계약 관계나 거래가 있다. 게다가 오늘날 기술자의 사회적인 유동성을 생각하면 그들의 경력 중에서 국내외를 불문하고 외국 기업에 근무할 가능성은 높다.

더욱 중요한 것은 단지 기술자의 경력만이 아니고 현대의 기술이 가지는 특징에 대해 생각하는 것이다. 기술자는 가끔 어느 특정의 문화적 틀 안에서 기술을 설계·개발하여 제품을 생산한다.

한편 오늘날에는 기술이 지구 규모로 급속히 퍼지기 때문에 아마 어떤 문화권에서는 적절한 기술도 다른 문화권에서는 부적절하여 위험할 수 있다. 기술을 둘러싸는 글로벌 환경 하에서 기술의 실천이 가져오는 윤리적인 결과를 보다 넓게 생각하는 것이 더욱 더 중요하게 되고 있다.

이 상황을 해결하기 위해서는 다른 문화적 가치뿐만이 아니라 제각기의 문화권에 있어서의 「전문직」에 관한 개념이나 교육과 학습 방법의 차이도 고려하면서 기술윤리에 관한 대화를 계속적으로 진행시켜 나가는 것이 중요하다. 그러한 대화의 최종 목표는 글로벌인 합의를 형성하는 것이다 즉 기술자가 세계의 어느 문화권에 있어도 직무를 수행하는데 기반이 되어 어디에서라도 교육을 위한 도구로서 사용할 수 있도록 국제적인 윤리 강령을 만들어 내는 것에 있을 것이다. 이 같은 윤리 강령은 거기에 포함되는 개념이 변화·발전하는 것을 명기해 두지 않으면 안 된다. 왜냐하면 많은 도덕상의 용어나 전문 용어는 문화에 의해 해석이 다른 경우가 있기 때문이다. 또 특정의 나라에 관계하는 일이나, 합의의 형성을 기대할 수 없는 것 들은 이 윤리 강령에 포함해서는 안 된다. 게다가 특정사회의 도덕적 직관을 완전하게 반영할 수 있다고 기대해서는 안 된다. 마지막으로 각 나라의 특색을 나타내는 것이 가능하도록 윤리 강령의 일반적 인 틀 안에 여지를 남겨두지 않으면 안 된다. 따라서 국제적 기술윤리 강령의 기본적인 목적은 합의를 형성해야 할 기본 영역을 명확하게 나타내어 학생에게 다른 문화간에 실천되는 기술에 숨어있는 위험성을 나타내는 것이다.

1

국제 기술윤리 강령에 포함해야 할 사항

기술윤리에는 글로벌적인 관점이 필요하므로 이 장의 저자는 기술자를 위한 국제적 윤리 강령에 포함되어야 할 사항에 대해 검토하였다.[1] 그 안에는 이미 검토한 National Society of Professional Engineers(NSPE)[2] 등 미국의 현행 윤리 강령에 있는 것만이 아니라 지금까지 주시되지 않은 몇 개의 테마도 포함되어 있다. 이러한 테마는 향후 기술의 글로벌화에 따라 중요하게 될 것이다. 전 세계의 기술자가 한층 더 논의를 계속하는 것으로 개념을 명확하게 한다고 하는 프로세스에 가세해 이러한 사항이 보다 정밀한 것이 될 것이다[3]. 그럼 다음으로 국제적인 기술윤리를 고찰하는데 출발점이 되는 논점을 보자.

1. 기술 발전의 성과에 영향을 받는 사람들의 안전성을 우선할 것
2. 도덕적 요청으로서 전문 직무를 수행하는 가운데 기술자가 능력을 갖지 않으면 안 되는 것을 강조할 것
3. 공중이 기술자의 성실함과 객관성에 의존하고 있는 것의 중요성

---

1) 이러한 점에 대해서는 Themes for an International Code of Engineering Ethics, Proceedings of the 2003 ASEE / WFEO International Colloquium. 2003. American Society for Engineering Education.을 참고. 이 논문은 다음의 사이트에서 볼 수 있다. http://www.asee.ore/conferences/international2003/Posters/Luegenbiehl

2) 비교를 위해서 독자는 2003년에 개정된 NSPE의 윤리 강령을 참조. 새로운 윤리 강령은 다음 사이트에 있다. http://www.nspe.org/ethics/eh1-code 이전 버전은 권말의 자료 10을 참조.

3) 세계 기술 조직 연맹(The World Federation of Engineering Organizations)은 2001년에 국제적인 모델이 되는 윤리 강령을 책정했다. 그러나 이 강령은 꽤 서양적이며 지속 가능성을 매우 강조하고 있다. 이 강령은 다음의 사이트에서 참조할 수 있다. http://www.unesco.org/wfeo/ethics

4. 가능한 한 이해의 상반을 피할 것

5. 요구할 경우는 비밀을 엄수할 것. 다만 공중이 위험에 처했을 경우는 정보를 공개하는 마음가짐을 가질 것

6. 메리트와 공평하게 기초를 두어 행동할 것

7. 국제적으로 확립된 기본 인권을 존중할 것

8. 윤리적인 행동을 하기 위해서는 기술자의 권리가 존중되지 않으면 안 된다는 것을 인식할 것

9. 기술자의 재산권, 특히 지적 재산권을 명확하게 고려할 것

10. 지구의 자연 환경에 대해서 지속 가능한 발전을 이루도록 적극적으로 공헌하는 것을 기술자의 책임으로 할 것

11. 기술상의 결정이 가져오는 사회적 혹은 세계적인 영향을 고려하는 기술자의 책무

12. 기술을 얼마나 사용하는지의 문제에 관한 공공의 논의에 참가하는 기술자의 의무

위 사항을 의사결정에 도움이 되는 지침으로 하기 위해서, 상기의 사항을 한층 더 상세하게 설명할 필요가 있을 것이다.

1) 공중의 안전

우선 최초로 고려해야 할 것은 공중의 안전을 우선하는 것이다. 현재 제정되고 있는 대부분의 윤리 강령에는 「기술자는 그 전문직상의 책무를 완수하는데 공중의 건강·안전·복리를 최우선한다[4]」라고 하는

---

4) 예를 들어 전술의 NSPE의 윤리 강령을 참조. 이하, 윤리 강령에 관한 기술은, NSPE의 윤리 강령에 의한다.

조문이 제1의 헌장으로 포함된다. 기술자는 설계·개발·실천을 실시하는 가운데 항상 공중을 지키는 것을 전제 조건으로 일을 할 권리가 주어지고 있다는 것을 인식해야 한다. 기술자는 최종적으로 어떠한 봉사를 공중에 제공하는 것이기 때문에 기술이 사람들에게 혜택을 주는 것이 가능하다고 하는 이상을 내거는 것과 동시에 잠재적인 위험을 감소시키는 것을 책무로 해야 한다. 기술자가 그들의 고용주, 의뢰인 혹은 고객에 대해서 어떠한 의무가 있어도 공중에 대한 의무가 「최고(paramount)」인 것을 염두에 둘 필요가 있다. 여기에서 「최고」는 제일급의 일류의, 최중요의 것이라고 하는 의미이며(기술자의 개인적 이익을 포함해) 고려해야 할 어떠한 일보다 우선된다. 기술자는 기술적 문제에 관해서 고도의 전문 능력과 지식이 있기 때문에 공중의 복리에 대해 중대한 책임을 지는 것이다. 공중은 기술자가 만들어 낸 성과(공업 제품 등)를 보거나 사용할 수 있지만, 그 내부의 구조에 관해서는 잘 알지 못한다. 기술적인 의사결정의 결과를 완전하게 이해하는 것은 교육과 경험이 있는 기술자밖에 없다. 그러므로 공중은 적어도 부분적으로는 기술자의 판단에 의지하고 있다. 공중에게는 기술자가 그들을 위해 올바른 결정을 해 주고 있다고 하는 신뢰감이 필요하다. 기술자는 기술이 가져오는 잠재적인 피해를 인식해야 하는, 다른 누구보다 중대한 책임을 갖고 있다.

2) 전문능력

기술자에 대해 안전에 관한 윤리적 요구와 긴밀히 연결되는 것은 전문능력을 발휘해 임무를 수행한다고 하는 윤리적인 의무이다. 만약 기술자가 임무를 적절히 수행할 수 없으면 공중은 위험에 처하게 된다.

기술은 고도의 전문적 지식과 능력을 필요로 하는 복합적인 사업이기 때문에 기술의 모든 영역에 대해 능숙한 사람은 아무도 없다. 이것은 기술자교육이 기계공학이나 토목공학 등 다양한 전문 분야로 세분화되어 온 이유이다. 나아가 직무를 수행하는데 필요한 능력을 얻기 위해서 이러한 분야는 한층 더 전문화 되었다. 예를 들어 기계공학에도 열유체, 기계설계 혹은 제어라고 하는 전문 분야가 있다. 따라서 대부분의 윤리 강령은 「기술자는 스스로의 전문 능력을 가지는 영역에 있어서만 일을 한다.」라고 하는 생각을 명시하고 있다. 이 조항만으로는 기술자가 전문 능력을 발휘해 직무를 수행하는 것을 보증은 할 수 없지만 적어도 기술적 서비스에 관한 조건을 생각하는 기준이 된다.

3) 성실함과 객관성

또 하나의 윤리적인 요구는 기술자가 직무를 수행하는 가운데 성실함과 객관성을 중시하는 것이다. 앞의 어느 논의와 같이 공중이 기술자의 판단을 신뢰해야 한다고 하면 기술자가 구두 또는 서면으로 보고할 때 그들이 제공하는 정보가 사실임을 나타내는 보증이 필요하다. 그렇지 않으면 공중이 일일이 그 정보를 확인하지 않으면 안 된다. 그러나 정보를 확인하기 위해서는 기술자가 교육과 경험으로부터 몸에 익힌 전문 지식이 필요하다. 공중은 기술적 보고에서는 기술자가 공평무사한 입장을 취할 것을 기대하고 있다. 즉 개인적인 이해나 소망에 의해 기술자의 판단이 영향을 받지 않는다는 의미이다.

공중은 기술자가 개인적인 소망에 좌우되지 말고 최선의 기술적 의사결정을 할 수 있는 것을 기대하고 있다.

유의해야 할 점은 성실함에는 다만 진실을 고하는 이상의 일이 자주 요구된다고 하는 것이다. 예를 들어 보고서에서 중요한 사항을 빠뜨려 버리면 독자에 사실과는 다른 설명을 하게 되고 독자는 부정확한 결론을 내릴 것이다. 그러므로 기술자는 관련된 정보를 빠뜨리거나 오해의 소지가 있는 정보를 제시해 독자를 잘못된 결론에 이끌지 않도록 노력을 해야 한다. 성실에 관한 마지막 요소는 기술자는 자기 자신의 잘못이나 실수를 인식 했을 때에는 그것을 인정해 고용주, 고객 혹은 공중이 자신이 이미 제공한 정보에 의한 오해를 하지 않도록 해야 한다는 점이다.

4) 이해 대립의 회피

기술자의 고용에 깊게 관련하는 윤리적 요구는 이해의 대립을 회피하는 것이다. 기술자의 고객에 대한 책임, 혹은 공중의 안전을 지킬 의무의 이행에 영향을 받을 때 이해의 대립이 일어난다. 예를 들어 기술자가 계약에 편의를 꾀하는 담보로 공급자로부터 선물을 받으면 그로 인해 이해의 대립이 생긴다. 이러한 경우 비록 기술자의 결정이 영향을 받지 않았고 그것이 외관상의 것이었다고 해도 실제 이해의 대립이 있었던 것과 같은 악영향으로 연결될 것이다. 그러므로 비록 외관상이라고 해도 가능한 한 이해의 대립을 피해야 하는 것이다. 이해의 대립을 피하기 어려운 경우도 있지만, 그때 기술자는 관계자 모두에 그 사실을 정직하게 알릴 의무가 있다. 이론상 기술자가 객관적이지 않으면 안 된다는 할 의무만으로도 기술자가 공평한 판단을 하는 것을 보증하지만 잠재적인 혹은 현재의 이해 대립을 개시하는 것으로 기술자의 의사결정에 의해 영향을 받는 사람들을 한층 더 보호할 수 있다.

5) 기밀의 보관 유지

기술자는 직무를 수행하기 위해서 자주 정보나 데이터를 맡기 때문에 비밀을 지킬 의무가 있다. 대부분 그것은 기밀 정보이며 기술자에게 그 정보의 사용을 허가했지만 엄연한 재산이다. 이 정보는 기술자의 것이 아니며 소유자의 재산이므로 기술자는 비밀을 엄수할 의무가 있다. 정보의 소유자는 대부분의 경우 고용주이며 종업원을 신뢰하고 있다. 그러나 묵비의 의무에 제한이 있는 것을 잊어서는 안 된다. 예를 들어 기술자는 정보의 소유권과 스스로의 경력 발전의 균형을 유지하는 일도 필요하다. 고용주는 기술자가 고용되고 있는 기간에 몸에 익힌 모든 지식을 묵비할 것을 바라지만, 기술자는 다음의 직장에서는 그 경험을 활용하고 싶어 한다. 이 경우에는 전의 고용주가 그 정보의 비밀을 적극적으로 지키려 하고 있는지 아닌지가 중점이 된다. 기술자는 얻은 지식 중에서 어디까지가 일반적인 기술 지식에 속하는지를 판정하지 않으면 안 된다.

그러나 기술자는 공중에 대해서 최고의 의무를 지므로 비밀을 지킬 의무는 공중의 안전을 지킬 의무보다 우선할 수는 없다. 즉 공중의 안전이 위협받을 경우 기밀 정보를 외부의 관계 기관에 폭로해 비밀을 지킬 의무를 저버려야 하는 경우도 있다. 예를 들어 자신의 회사가 제품의 제조과정에서 공중의 건강을 보호하는 법률에 위반하고 있다고 가정하자. 이미 논의한 것처럼, 이러한 정보를 외부의 관계 기관에 폭로하는 행동은 내부고발 혹은 공익통보로 불린다. 그것은 기술자에 대해서 극히 곤란한 일이며, 자신에게도, 고용주에게도, 그리고 주위 사람들에게도 나쁜 영향을 미칠 경우가 있다.

따라서 공중에의 위해(危害)를 회피하기 위해서 내부고발을 하려고 하는 기술자는 다른 여러 가지의 가치를 고려해 최적인 균형을 찾아내지 않으면 안된다. 이러한 결단은 기술자윤리의 진가를 따진다. 매우 드문 일이지만 결정적인 시련이다. 따라서 결단하기 전에 기술자는 내부고발이 내포하는 복잡성에 대해 전문가에게 상담해야 한다.

6) 가치와 공평에 근거한 결정

기술자의 결정은 진가와 공평에 기초를 두어야 하는 것이다. 만약 그들의 행동이 다른 요인에 의해 치우친 것이면(예를 들어 승진이나 보장을 줄 때에) 불필요한 폐해를 부를 가능성이 항상 있다. 극단적인 경우에는 편견에 의한 결정에 의해 안전하지 않은 기술이 만들어질 가능성도 있다. 또 인간관계 요소의 하나로, 누구에 대해서도 공평해야 한다는 것이다. 기술자의 의사결정에 영향을 받는 사람들을 공평하게 취급하는 것은, 정의의 한 요소이며, 기본적인 윤리상의 요청이다. 특히 기술의 발전에 기인하는 이익과 손해의 불균형 분배가 불공평을 일으키는 것에 관한 특별한 배려가 필요하다. 예를 들어 어느 기술의 운용에서 일부의 사람들만이 모든 손해를 보고 다른 사람들이 모든 이익을 얻는다고 하면, 거기에는 불공평이 존재하고 있다.

7) 인 권

모든 인간은 생명권, 음식과 주거를 얻을 권리, 차별되지 않을 권리, 공평하게 대해질 권리 등의 기본적 인권을 가진다. 기술자는 다른 사람의 기본적 인권을 존중하고 그것을 침해하는 행동에 참여하지 않아야 할 의무도 있다. 세계적인 비즈니스 환경 하에서 기술자가 자국보다 인권에 관한 상황이 좋지 않은 나라에서 일을 해야 하는 일도 있다. 그 때 스스로의 일이 인권보호에 미치는 영향에 대해 관심을 가지는 것이 특히 중요하다.

그 경우에는 기술자가 인권을 침해하는 행동을 멈추게 할 수 없을지도 모르지만, 최소한 그러한 행동에 참여하지 않을 의무가 있다. 기술자는 고용주의 인권 관련 기록을 사전에 조사해 두든가, 혹은 인권을 침해하는 어떠한 활동에도 참가 하지 않아도 좋다고 하는 조항을 계약에 포함하는 등의 대책을 강구해야 할 것이다.

8) 기술자의 권리

현행의 윤리 강령은 기술자의 의무에 초점을 맞추고 있다. 그러나 기술자에 윤리적인 행동을 재촉하려면 그 전문적 지식과 능력을 근거로 기술자의 기본적 권리도 존중해야 한다. 예를 들어 그들의 의견이 공정하게 청취될 권리, 혹은 불확실한 근거에 기초해 의사가 결정되었다고 생각되는 경우, 이의를 제기할 수 있는 권리를 가져야 하는 것이다. 또 공중이 위험에 처해지고 있는 경우에는 내부고발을 할 권리도 가져야 할 것이다. 그러나 이것은 반드시 내부고발을 해야 한다는 뜻만은 아니다. 즉 기술자는 내부고발을 하지 않아도 상관없지만 윤리적으로 행동할 권리를 가져야 할 것이다. 그 때문에 고용주나 의뢰인이 기술자와의 계약 조항을 존중하고 기술자는 비윤리적인 일에 참여하지 않을 권리도 가져야만 하는 것이다.

9) 재산권

기술자의 또 하나의 특별한 권리는 재산권이다. 고용주가 재산권을 요구하는 것과 같이, 기술자는 스스로 노동의 성과를 공유할 권리도 있다. 개개의 상황이 다르지만 기술자의 재산권은 고용 조건 또는 계약 조항에 명기하는 것에 의해 명확히 해 두는 것이 최적이다. 최소한, 기술자는 스스로의 실적에 의해 또는 기업 활동에 참가하고 있는 것에 따라 그들의 노동으로부터 얻을 수 있는 수익을 분담할 권리를 보장받아야 한다.

지적 재산이 기술자의 주된 성과물이 되고 있는 이 시대에는 장래를 명확하게 하는 것과 이러한 일이 전 세계에서 공평하게 다루어지는 것을 목적으로 하는 것이 특히 중요하다.

10) 지속적 발전이 가능한 지구 환경

만약 인간의 생존에 필요한 조건이 채워지지 않으면, 어떤 권리도 의미가 없어진다. 그 때문에 기술자는 적극적으로 지구 환경의 보호에 대해서 공헌할 의무도 있다. 기술은 자연 환경에 큰 손해를 주는 경우도 있고, 큰 이익을 주는 일도 가능하다. 이 복잡한 과정에서 기술자의 역할은 자연 자원을 잘 이용할 수 있는 설계를 선택하여, (그것이 적절한 경우에는) 참가하고 있는 기술 프로젝트에 대해서 환경 영향 조사를 주장하고 의사결정에 즈음하여 이익과 연결되지 않다고 하더라도 환경요인을 고려해 넣는 것이다. 기술자는 자연 환경 보전의 책임을 단독으로 질 수는 없지만 그들이 중요한 역할을 하는 프로젝트에서 본분을 다하는 것은 할 수 있을 것이다.

11) 사회나 세계에의 영향에 관한 배려

현대의 기술이 가지는 확산성에 근거해 기술자의 보다 넓은 의무는 스스로의 결정이 사회나 세계에게 주는 영향을 고려하는 것이다. 일찍이 기술자는 자신이 만든 제품의 안전성과 신뢰성에만 초점을 맞추어 다른 지역이나 보다 장기적인 시간 틀 안에서 그들의 제품이 주는 영향에 충분한 주위를 기울일 일은 없었다. 대부분 이러한 고찰은 제품의 사용자에 맡겨지고 있었다. 그러나 기술의 복잡성과 급속한 확산을 생각하면 기술의 설계 단계에서 이러한 배려가 이루어지지 않으면 안 된다는 것이다. 기술자는 기술이 가져올 가능성이 있는 영향, 특히 인간 가치에의 영향을 좀 더 독창적으로 생각해야만 한다.

극단적인 전문화와 협동화의 시대에(특히 교육이 기술적인 내용에 치우쳐 있는 경우에는) 이러한 고찰을 하는 것은 쉽지가 않다. 하나의 해결책은 기술자 교육 안에 인문·사회과학의 비중을 늘려 기술자가 종사하고 있는 일에 대해서 보다 넓은 시야를 가질 수가 있도록 하는 것이다.

12) 공개 토의에의 참가

마지막으로, 현대 기술의 특성에 따라 기술자는 기술에 관한 공개토론을 통해 광범위한 역할을 담당하지 않으면 안 된다. 그들은 전문 지식을 사용하고 공중이 기술 전체의 미래에 대해서 올바른 결정을 하게 할 의무가 있다. 기술의 미래는 불가피 한 것은 아니고, 인간의 선택에 의해 좌우된다. 그러나 지금까지 기술자는 그 선택 과정의 책임을 방기하고 정보를 알지 못하는 정치가와 대중이 혼자서 결정하도록 맡기는 경우가 너무 많았다. 기술자는 기술의 이용에 있어서 독재자가 되면 안 되지만 대중에게 의사결정에 필요한 지식이나 정보를 제공할 책임이 있다. 이 임무를 수행하기 위해 기술자는 기술적인 문제를 알기 쉽게 설명하고 대중과 커뮤니케이션을 할 수 있도록 노력해야 한다. 한편 대중에게 기술 지식에 관한 교육을 강화하는 일도 일반인의 사회 목표로 해야 하는 것이다.

2

일본의 원자력 산업

세계적인 시점에서 기술윤리를 보다 깊게 이해하려면 실제 기술적 결정의 예를 자세하게 조사하는 것이 유용하다. 일본원자력산업의 역사를 조사해 보니 과거 10년간 원자력 정책에서 전제로 하고 있는 안전성에 관해서 중대한 의문을 던지게 된 문제를 원자력 산업계가 경험하였고 기술자에 있어 곤란한 윤리적 문제가 발전 되었다. 다른 업계에서의 불상사도 겹쳐져 이러한 염려는 기술자윤리와 기업윤리에 관해서 많은 논의를 야기했다[5].

프랑스는 일본 보다 훨씬 많은 비율을 원자력에너지에 의존하고 있고, 미국은 약 2배의 원자로를 가지고 있다[6]. 그러나 일본은 특별한 조

---

5) 제9장에서 검토한 것처럼. 1990년대의 후반부터, 수많은 일보다 기업의 윤리적 불상사가 밝혀졌다. 이 점에 관해서는. Time Larimer, "Targeting Japan Inc.," Time Asia September 25, 2000; Tatsuo Sekine. "Firms Need New Corporate Ethics to Suit Times," The Daily Yomiuri, December 18, 2002.

6) Peter Landers, "Diary of Nuclear Accident: Japan Wasn't Ready, The Wall

건 때문에 세계에서도 독특한 원자력 정책이 채용되었다. 일본은 자연 자원이 부족한 나라이다. 전력 요구에 대응하기 위해서는 연료의 98% 를 수입할 필요가 있다. 또 일본은 산이 많은 나라로 토지의 70%는 주거에 적합하지 않다. 일본은 지진이 빈발하는 나라로, 예를 들어 1995년에는 한신 대지진이 일어났다. 또 일본은 핵 공격을 받은 유일한 나라이다. 이러한 이유로 일본 정부는 현행과 같은 원자력 정책을 결정했다. 지금은 전력 요구의 약 3분의 1을 원자력으로 채우고 있다. 그러나 핵 공격의 피해를 경험한 의심이 많은 국민을 설득하기 위해서 문제를 일절 일으키지 않을 것을 보증하고 절대 안전이라고 하는 기준 을 확립해야 했다[7]. 외국의 연료에 대한 의존도를 한층 더 감소하기 위해서 정부는 MOX(혼합 산화물 연료, mixed oxide) 혹은 플루서멀 (Plu-thermal) 계획으로서 알려진 핵연료 사이클 정책을 제정했다. 이 계획에서는 핵연료 사이클의 루프를 닫기 위해서 사용이 끝난 우라늄 (U)과 플루토늄(Pu) 연료를 리사이클 하게 되어 미래 어느 시장에서는 핵연료의 수입이 불필요하게 된다. 고속 증식로의 실험로를 몇 개인가 건설·운전해 최종적으로는 연료를 통상의 경수로로 이용할 수 있도록 하는 것이다[8].

이 정책은 두가지의 측면에서 윤리적 고찰에 영향을 주었다. 제 11 장에서도 검토한 것과 같이 기술의 이용에 있어서 인간적 요소를 고려 한다면 안전한 기술은 절대로 존재하지 않는다. 특히 복잡한 상호작용 시스템을 포함한 기술은 더욱 그렇다[9]. 그 결과 절대 안전이라는 생각

Street Journal. October 8, 1999, A17.

7) William Chapman, "Japan Shuts Down Reactor After U.S. Warning on Safety" Washington Post, April 15, 1979, All.

8) David E. Sanger, "The Breeder Reactor Was to Be Another Temple to Industrial Planning. Not Likely" New York Times, December 20, 1992, Fl.

9) 원자력 기술을 포함해 기술적인 복잡성에 관한 뛰어난 안내로서는, 다음의 문헌이 있다. Charles Perrow. Normal Accidents: Living with High-Risk Technologies, New York: Basic Books, 1984

은 기술의 실패와 그 실패를 숨긴다고 하는 측면에서 몇 개의 2차적인
윤리 문제를 일으켰다. 정부의 핵연료 사이클 계획에 대한 확고한 공약
은 일본의 원자력 미래에 대해 적절한 윤리적인 토론을 방해했다.

이 절의 목적은 일본의 원자력 이용이 타국보다 안전하지 않다고 하
는 것을 나타내는 것이 아니라(실제 그렇지 않으며), 위에서 말한 것과
같은 정책을 채택한 결과 기술자에게 향해진 윤리적 문제를 분석하고
그 결과로부터 어떠한 결론을 낼 수 있을까를 생각해 보는 것이다.

일본의 원자력 산업의 역사를 뒤돌아보면 그 초기에는 안전에 관해
서 극히 우수한 기록을 자랑하고 있다. 1966년에 최초의 원자로의 운
전을 시작한 이래, 냉각용 배관으로부터 미량의 누출 사고가 몇 번인가
일어났지만, 이 업계의 미래에 손상을 주는 사고는 없었다[10]. 그러나
1995년부터 상황이 바뀌기 시작한다. 츠루가에 있는 고속 증식로의 실
증로 몬주의 2차 냉각장치로부터 약 700kg의 나트륨이 누출 되었다.
방사성 물질이 환경 중에 방출된 것은 없고, 인적 피해의 보고도 없었
지만 관리자인 동력료·핵연료개발사업단(이하 「동력로핵연료개발사업
단」이하 「동연」이라 한다)이, 국민에게 공개하는 비디오테이프를 편집
해 나트륨 누락의 정도를 숨기려고 했으므로 여러 가지 보도와 비판을
받았다. 게다가 조사의 결과 명확한 처리 순서가 없어서 원자로의 운전
정지에 필요 이상의 시간이 걸린 것과 지역의 관계 당국에 즉시 연락
을 하지 않았던 것으로 판명되었다[11]. 이 사고에 의해 나고야 고등법
원은 2003년 안전심사 미비 등의 이유로 최초로 나라가 얻은 원자로
설치 허가를 무효로 하는 판결을 내렸다. 이 시점에서 몬주는 아직 운

---

10) 예를 들어 1981년에 츠루가에서 일어난 사고는 최근의 사고와 많은 공통점을
   가진다. 원자력 업계에서는 사상의 은폐가 반복해 발생한다. William Chapman,
   "56 Workers Contaminated in Japan's Nuclear Mishap," Washington Post,
   April 22, 1981, A21
11) "Reactor Coolant Leak Chills Japan's Nuclear Program," Japan Economic Institute
   Report, January 26, 1996.

전을 정지한 채로 있었다. 이것은 원자력발전 재판 사상 최초로 주민이 승소하고 나라가 패소한 판결이었다[12].

1997년에 같은 동연의 핵연료개발사업단의 토카이무라에 있는 핵연료 처리 공장에서 화재 폭발사고가 발생했다. 핵폐기물의 고체화에 이용되는 아스팔트가 자기 발화해 10시간의 화재가 계속된 후 폭발이 일어났다. 작업원 37명이 미량의 방사선에 노출되었지만 대중의 가장 중대한 관심은 사고 발생 후의 대응이었다. 업자는 작업원이 화재를 발견하여 소화 작업을 한 후에 진화를 확인했지만, 그 후 실제는 확인 작업이 이루어지지 않고 작업원의 사실과는 다른 증언을 하도록 지시를 받은 것을 인정했다.

사고 발생에서 14시간까지도 방사능 누락이 있었던 것을 당국에 연락하지 않았다. 사고 후에 나온 「원자력 안전 백서」는 기업의 안전 문화와 공중에의 정보 공개를 보다 중시할 것을 제언했다[13]. 이 밖에도 몇 가지의 문제가 다른 발전소 등에서 계속 일어나 원자력 산업의 안전성에 관한 기록과 업계의 대중 안전과 정보 공개에 대한 코미트먼트(commitment)에 회의적인 관심을 가지는 논설도 쓰여 지기 시작했다[14].

90년대의 가장 중대한 사고도 토카이무라에 있는 핵연료 재처리 공장에서 일어났다. 이 공장은 스미토모 금속광산주식회사의 자회사인 JCO에 의해 운영되고 있었다. 작업원 3명이 농축우라늄을 처리하고 있을 때 임계사고, 즉 제어되어 있지 않은 핵분열 반응이 일어나 버렸다. 임계는 18시간이나 계속되고 있었다. 이 사고는 최고를 7로 하는 평가방법 (국제 원자력 사고 평가 척도, INES)으로 보였을 때 레벨 5로 미국의 쓰

12) "High Court Nullifies Approval of Monju Reactor Program: Ruling Seen as Blow to Government Nuclear Energy Plan," Japan Times, January 28, 2003, 1.

13) "1997 Issue of the Nuclear Safety White Paper" STA TODAY, July 1998.

14) 예를 들어 Andrew Pollack, "After Accident. Japan Rethinks Its Nuclear Hopes," New York Times, March 25, 1997, A8, and "Fukui Nuclear Plant Accident Blamed on Metal Fatigue," The Japan Times International, August 1-15, 1999, 4

리마일 섬 발전소 사고와 같다. 1개월 이내에 3명의 작업원 중 2명이 방사선 피해로 사망하였으며 노출된 방사선은 평균 연간 선량 한도의 17,000배에 해당한다고 한다[15].

사고 후의 조사에 의하면 이 핵연료 가공 회사에는 많은 문제가 존재하고 있었다[16]. 작업원은 종사하고 있는 일에 대해 필요한 교육을 충분히 받지 않았다. 그들은 임계사고란 무엇인가라고 하는 것도 알지 못했다. 이것은 이 회사가 최초로 사업 허가를 신청할 때 임계사고는 일어나지 않는다고 선언하고 있었던 것에 기인한다. 또 하나의 사실은 혼합 과정에 있어 사업 허가를 위반하고 임계 현상 방지 조치가 없는 침전조를 사용하고 있었다. 작업원은 비밀인 사내 매뉴얼에 따라 작업하고 있었다[17]. 그들은 또 사내 매뉴얼조차도 위반해 1회에 안전 양의 7배를 침전조에 넣었다[18]. 감독자는 후에 시간문제와 경쟁에 관해서 회사가 압력을 받고 있던 것을 인정했다. 원자력안전위원회의 어느 보고에서 이 사고의 주된 요인은 회사가 경영적으로 효율을 추구한 결과 작업원의 윤리 의식 저하가 일어났기 때문이라고 쉽게 추측할 수 있다고 말했다[19].

과학기술진흥년도보고(Annual Report on Promotion of Science and Technology)에서는 이 사고가 「일본의 기술자윤리와 사회적 책임이 저하한다고 하는 위기를 일으켰다」라고 서술되었다[20].

---

15) "Chronology and Press Reports of the Tokaimura Criticality,"
    http://www.isis-online.org/Dublications/tokai.html
16) "A Summary of the Report of the Criticality Accident Investigation Committee,"
    The Nuclear Safety Commission, Provisional Translation. Rev.1, January 19, 2000.
17) "JCO Plant Lacked Proper Safety Measures," Japan Times International. October
    1-15, 1999, 13.
18) Peter Landers, "Diary of Nuclear Accident: Japan Wasn't Ready," The Wall Street
    Journal, October 8, 1999, A17.
19) "A Summary of the Report of the Criticality Accident Investigation Committee."
    The Nuclear Safety Commission, Provisional Translation. Rev.1, January 19, 2000.
20) "Annual Report on the Promotion of Science and Technology 2000: Towards

토카이무라의 이 공장은 원자력작업의 표지를 붙이지 않았었다. 이 공장은 토카이무라에 있는 15곳의 핵시설(일본에서 처음의 원자력 발전소를 포함)중의 하나이며, 이러한 시설은 10,000명(인구의 약 30%)을 고용하고 있다. 원자력 시설은 지방세의 약 60%를 납입하고 있었다. 그렇지만 원자력산업이 큰 역할을 담당하고 있음에도 불구하고 마을에는 긴급시 계획도 없고 회사에는 안전 매뉴얼조차 없었다. 임계 사고가 발생하고 나서도 JCO는 지방자치체에 1시간이나 후에 팩스로 연락을 했다[21]. 최초 현장에 출동한 소방대원에게는 임계가 일어나고 있는 것도 알리지 않았다. 나라의 대책팀 출동까지 10시간 이상이나 걸렸다. 결국 165명을 피난시켜 310,000명을 자택에 체류시켰다. 이로부터 사고의 대응이나 주민의 비상조치에 관한 지식이 부족한 것 또 정부의 각 레벨에서 연대가 이루어지지 않은 것이 드러났다[22]. 2003년 생존하고 있는 단지 한 사람의 작업원을 포함한 6명의 종업원과 JCO는 충분한 안전조치가 되지 않았다는 이유로 유죄판결을 받았다(피고는 죄상을 인정하고 있었다). JCO는 최대의 벌금인 100만 엔의 지불명령을 받았으며 조업을 영구히 정지하게 되었다[23].

임계사고가 계속되고 있는 동안도 정부 관계자는 원자력 정책을 긍정하고 있었다[24]. 그러나 정부에 대한 신뢰가 「최저」로 떨어져 과거에

the 21st Century(Summary)." Http://wwwwp.mextgo.jp/ekg2000/index.html.

21) "Tokaimura(Japan's Sep.30, 1999) Nuclear Accident: It's Causes, Health & Environmental Effects." The Tokaimura Report, Fall 1999.
Http://www-bcf.usc.edu/~meshkati/tefall99/part3.html
w.khou.com/news/stories/1290.htm1

22) Peter Landers, "Diary of Nuclear Accident: Japan Wasn't Ready," The Wall Street Journal, October 8, 1999, A17.

23) "Six JCO Employees Sentenced Over Fatal '99 Nuclear Accident: An Get Suspended Terms for Negligence that Left Two Dead," Japan Times, March 4, 2003, 1.

24) "Serious Accident Strengthens Doubts About Japan's Nuclear Power Industry," Japan Economic Institute Report, October 8, 1999.

는 각각 따로 따로 일어났다고 보여진 원자력 관련 사고 사이의 어떠한 관계성을 찾아내고자 하는 논설이 쓰이게 되었다[25]. 새로 제정된 정보공개법의 영향으로 원자력 관련 사상은 모두 보도되었으며 2003년 원자력 계획에 대한 반대는 한층 더 커졌다.

몇 개의 지방은 투표로 핵시설 건설의 연기 혹은 Mox 연료의 사용을 금지하게 되었다[26].

2002년부터 2003년에 걸쳐 원자력 산업의 위기는 최고조에 이르러 일본에 있는 52기 원자력 발전소의 대부분은 일시 정지되었다. 직접적인 원인은 도쿄전력이 16년간에 걸쳐서 정부가 정한 정기 점검기록과 수시 점검기록을 허위 보고했던 것이다[27]. 이 문제는 2000년 7월 경제 산업성의 내부고발 문서에 의해 2002년 8월에 발각되었다. 도쿄전력은 그동안 몇 번이나 고발자의 제기를 부정하고 경제 산업성의 원자력 안전 보안원도 강하게 조사하고 있지 않았던 것이 그 후 밝혀졌다. 보안원은 규정을 위반하고 도쿄전력에 고발자의 이름을 몇 번인가 가르쳐 주었다[28]. 이 스캔들의 원인은 정기 점검기록과 수시점검기록에서 원자로 슈라우드와 냉각 배관에 많은 균열이 있던 것을 숨기려고 했던 것이다[29]. 몇 개의 원자로 기압치도 격납 용기에 공기를 주입하는 과정에서 허위로 기록되었다. 도쿄전력은 허위 기재에 관해 이러한 금이나 분열은 안전성에 문제가 없기 때문에 보고하지 않았다고 설명했다[30].

---

25) 예를 들어 "One Accident Too Many," Japan Times International. October 1-15, 1999, p.20.

26) "Japan's Nuclear Regulator Says Sorry For Tokaimura Accident," Environmental News Service, July 7, 2000,
http://ens.lycos.com/ens/jul2000/2000L-07-07-12.html

27) "TEPCO HQ Officials" Ordered Cover-up Daily Yomiuri, September 8, 2002.

28) "GE Engineer Tipped Govt to Fake N-plant Records." DailyYomiuri, August 31, 2002 또 "Agency Named Tepco Informant: Leak Violates GO vernment's Identity-Concealment Policy," Japan Times, September 14, 2002, 2.

29) Michael Zielenziger, "Japanese Nuclear Officials Resign after Admitting Cover-up," Knight Ridder Newspapers, wire story, September 2, 2002.

그 후 다른 전력회사도 같은 균열을 무시했었던 것이 보고 되었다[31]. 원자력 전문가 몇 명은 정부가 너무 어려운 기준을 설정하고 있다고 비판하였으며 그 후 그러한 규정에 있어 실질적으로 원자로의 안전 운전에 영향을 준 문제만을 보고할 것을 요구하도록 바꿨었다[32]. 이러한 문제의 발각으로 아무도 물리적인 피해를 받지는 않았지만, 대중의 원자력 산업에 대한 신뢰는 손상되었다. 허위 보고 등이 거의 매주 연달아 발각되면서 정부의 규제 관청과 도쿄전력도 미디어의 엄격한 비판을 받게 되었다[33]. 2003년 5월까지 도쿄 지역의 전력 수요의 40%를 공급하고 있는 도쿄전력의 원자로 17기 모두가 일상의 보수 점검을 위해 혹은 부품의 균열 때문에 일시 정지되었다[34]. 도쿄전력은 광고 등에서 소비자에게 에너지 절약과 여름철 절전에 주의하도록 호소하기 시작했다[35]. 정부는 지금까지 원자력 정책을 계속 주장했다[36].

도쿄전력의 발전소 옆에 사는 주민은 발전소가 가져오는 경제적인 혜택과 원자력의 안전성 사이에서 고민하고 있었다[37]. 지방 당국은 원

---

30) "TEPCO Faked Inspection Data on Regular Basis," Daily Yomiuri, September 30, 2002.
31) "More Utilities Admit Reactor Cover-ups: Tokoku, Chubu Quiet on Cracked Pipes." Japan Times, September 21, 2002. 1. Also, "apan Atomic Power Hid Cracks: Nation's Oldest Commercial Reactor Joins Coverup Scandal," Japan Times, September 26, 2002, 2.
32) Jonathan Watts, "Cracks in Japan's Energy Sector," Christian Science Monitor, September 4, 2002. Also, "METI Seeks Law Revision to Beef up N-plant Safety," Daily Yomiuri, September 4, 2002.
33) 예를 들어 "Bosses Need Diligence. Vigilance," Daily Yomiuri, September 3, 2002, and "Toughen Safety Controls," The Asahi Shimbun, October 6, 2002.
34) "Tepco Shutting Down Last Reactor: Nation May Suffer Electricity Shortages in the Summer," Japan Times, April 15, 2003, 2.
35) "From the Vernacular Press: Power Politics," Japan Times, December 24, 2002, 14.
36) "Gathering Concludes that Nuclear Power is Essential to Japan," Japan Times, March 3, 2003, 2.
37) "Tokaimura Residents on Horns of Dilemma," Daily Yomiuri, March 4, 2003.

자로 재개의 요구에 점점 저항하게 하기 시작했다. 전력회사는 영향을 받은 지역 주민의 집을 방문해 사죄하고 앞으로 수정보완할 것을 약속함으로써 주민의 신뢰를 회복하고자 노력했다[38]. 일본의 원자력 에너지 이용은 역사적인 전환점에 이르고 있었다.

3

원자력 산업계의 행동 분석

이 장에서 제안한 국제적 기술윤리 강령을 기본으로 고찰하면 일본의 원자력산업에 관해 다양한 교훈을 얻을 수 있다. 우선 원자력 산업계의 행동에는 많은 문제가 있었던 것을 지적할 수 있다. 첫째로, 가장 큰 문제는 대중의 안전·건강·복리에 대한 배려가 불충분했다는 것이다. 이 사례는 안전과 이익이라고 하는 2개의 가치 대립을 예시하고 있다. 기업과 기술자는 다른 사람에 의해 촉박한 시간적 제약에 직면했다. 그러한 제약 아래에서는 대중의 안전을 위협하는 것과 같은 형태로 지름길을 택해 민첩한 방법으로 사태를 해결하게 될 가능성이 있다. 토카이무라 JCO 임계사고에서도 경제적 이익을 위해서 안전이라고는 말할 수 없는 작업 순서가 고안되고 있었다. 도쿄전력의 경우에는 기술자가 균열을 보고하면 정부의 규제로 수리를 위해서 원자로가 장기간 일시 정지될 수 있다는 것을 걱정했기 때문에 보고를 주저했다. 정부의 사고 보고서는 해당 시설에 대해 안전 문화가 결여되고 있다는 것을

---

38) "Energy Conservation Urged: Public to Feel Heat while Reactors Cool," Japan Times, March 8, 2003, 3.

몇 번이나 강조했다. 기술자는 이러한 측면의 책임을 소홀히 했다고 하는 점에서 대중에 대한 의무를 다하지 못했다.

또한 이러한 사고로부터 기업에서 긴급사태에 대비할 준비태세가 불충분했던 것이 밝혀졌다. 공중 및 당국에의 통보 지연은 공통되는 문제점이었다.

예를 들어 긴급 피난 계획을 책정하는 등 비상시의 대응 및 대중의 안전을 보호하기 위한 계획이 충분하지 못했던 것이 또 하나의 문제점이다. 그것은 정부의 책임이라고 하는 의견이 있을 지도 모르지만 기술자는 원자력에너지 분야의 전문가로서 적절한 준비나 순서를 취하도록 강하게 주장해야 한다. 기술의 설계자로서 그들은 1997년의 토카이무라 처리 공장 사고의 경우와 같은 기술의 부적절한 사용을 최소한으로 하는 노력을 하는 동시에 상상력을 가능한 발휘하여 만일 부적절한 사용이 있었을 경우 어떠한 결과가 일어나는지를 생각할 필요가 있다.

그렇지만 예를 들어 안전성을 전면에 내세운 원자력 정책과 같이 안전을 너무나 강조하는 것은 그 자체가 문제를 일으키는 경우도 있다. 최초부터 절대 안전이라고 하는 현실적으로는 달성 불가능한 기준에 그대로 따랐기 때문에 원자력 업계에서 다양한 문제가 발생하는 가운데 기술자는 스스로 잘못을 범하기 쉬운 상황에 놓였다. 정부의 규제가 위험을 전제로 한 것으로 바뀌기까지 대중의 신뢰는 실추하고 있었다. 신뢰는 한 번 잃으면 그것을 회복하는 것은 매우 힘들다. 정책의 제정을 지지할 때 기술자는 안전에 관련되는 것과 그렇지 않은 것을 분명히 구분할 필요가 있다. 한 번 안전에 관한 기준이 책정되었다면 그 기준은 엄격히 준수되지 않으면 안 된다. 그렇지 않으면 미끄러지기 쉬운 비탈길과 같은 전개가 기다리고 있다. 만약 1개의 규칙이 깨지면 그것이 안전성에는 관계가 없다고 판단될지라도 다른 규칙(비록 그것이 안전에 필수적인 것에서도)을 위반하는 것이 쉬워 질 것이다.

전문 능력을 최대한 발휘하여 직무를 수행할 의무를 기술자가 달성하지 않았던 것도 이러한 사고로부터 밝혀졌다. 예를 들어 JCO 사고의 사례로부터 안전이라는 것이 얼마나 전문적 능력과 깊은 관계에 있는지를 알 수 있었다. 지식을 빠뜨리고 있었던 것이 원인으로 작업원 등은 자기들 자신뿐만이 아니라 대중도 위험에 처해졌다.

여기서 작업원은 기술자가 아니라고 하는 사람이 있을지도 모르지만 기술자에게는 기술을 완전하게 이해할 수 없는 보통 작업원의 실수를 방지할 수 있는 것 같은 설계를 할 책임이 있다. 게다가 기술자는 스스로를 감독해 인재를 적절히 교육 훈련할 책임이 있으며, 또 자격이 없는 인원에 의해 일이 이루어지고 있는 경우 그것에 반대할 책임도 있다. JCO 사고는 회사가 비밀 매뉴얼로 작업순서를 정하고 있었지만 이것은 분명히 위험하다. 이 매뉴얼의 책정과정에서 기술자가 관여하고 있던 것이 틀림없다.

위의 모든 사건은 정직의 중요성과 부정직한 행동이 발각되었을 때에 신뢰 관계가 얼마나 붕괴할까를 이야기하고 있다. 원자력 산업은 발생한 문제의 정도를 항상 숨기려고 해왔다. 허위 보고와 정보조작은 일상적으로 행해지고 있던 것처럼 생각된다. 아마 고용주에 대한 기술자의 잘못된 충성심으로부터 적극적으로 이러한 과정에 참가했을 것이다. 그러나 최종적으로 진상이 밝혀졌을 때 원자력 산업계를 지키는 것이 아니라 비판을 늘리는 결과가 되었다. 회사와 그 이해관계자(스테이크홀더) 사이의 신뢰의 끈은 기업의 지속적 발전에 중요하다. 또 이해의 대립을 정말로 피하기 위해서는 지시를 분석하지 않고 따르는 맹목적인 충성이 아니라 객관적으로 사태를 평가하는 능력이 필요하다. 예를 들어 도쿄전력의 기술자 등은 회사가 지시한 정보 은폐에 가담하기 보다는 오히려 상사에게 문제점을 지적하는 것으로 보다 높은 충성심을 나타내는 일이 가능했을 것이다. 게다가 비록 기술자가 고용주에 대해서 올바른 일을 하고 있었다고 해도 그들은 고용주에 대한 책임과(윤리 강령에 의하면 최우선의) 대중에의 책임과의 사이에서 이해가 대립하는 상황에 놓여 있었다.

도쿄전력의 내부고발 사건은 비밀 엄수의 양면을 나타냈다. 내부고발자는 고용주에 대한 비밀을 지킬 의무와 안전성에 문제가 있는 것을 보고할 의무, 그리고 대중이 잠재적인 위험에 처해지는 사실 사이의 균형을 찾아내지 않으면 안 되었다.

다른 사례와 달리 고발자는 보도 관계에 통보하지 않고 적절한 감독 관청에 보고했다. 통보자에게는 고발에 의해 어떠한 개인적 이익도 발생하고 있지 않는 것으로 보아 공익의 동기와 같다. 한편 정부는 고발자의 이름을 도쿄전력에 알려 고발자를 보호하기 위한 법정비밀을 지킬 의무를 어겼다. 이 묵비 요구는 비윤리적인 행동이나 위법한 행위의 통보를 장려하기 위해서 제정된 법적 요청이다. 이 요청을 어긴 것은 공중에 대한 의무를 완수하려고 하는 다른 기술자의 의욕을 잃게 하는 것으로 연결될 것이다.

도쿄전력 사건으로부터 기술적 가치의 문제도 밝혀졌다. 결정은 당시의 상황에 관한 기술적인 가치가 아니고 정치적 및 경제적 기준에 의한 것이었다. 원자로를 장기간 정지시키지 않기 위해서 안전에 관해 당연한 주의를 기울이지 않았다. 한편 안전성과 관계가 없는 사소한 이유라고 해도 원자로를 정지하지 않으면 안되는 것 같은 기준은 애초에 대중의 불안을 완화시키기 위해서 제정된 것이며, 원자로의 안전성에 관한 실제의 기술적인 요구를 반영하고 있지 않다. 그 결과 기술자는 불필요한 규정과 회사의 이익 사이의 딜레마에 빠졌다. 결국에 도쿄전력이 직면한 결과에서 생각하면 잘못한 결정을 했다고 생각되지만 윤리적인 기술자가 왜 그와 같은 결정을 했는가는 이해할 수 있다. 이러한 딜레마의 해결책으로서는 실행 불가능한 시스템 내에서 어떻게 하려고 하는 것보다 기술자가 정책이 최초로 책정되는 단계인 프로젝트의 초기 단계에서 보다 현실적인 판단을 해야 할 것이다. 문제가 일어난 후에 규제는 변경되었지만 이 사례에서 밝혀진 바와 같이 한 번 잃은 대중의 신뢰를 회복하는 것은 쉽지 않다.

도쿄전력의 사례에서는 공평함에 관한 문제도 보였다. 도쿄전력의 원자로가 모두 정지하는 사태에 빠졌을 때 비용과 이익의 배분에 관한 문제가 밝혀졌다.

그 시점에서 도쿄의 주민은 2003년 여름, 전력 부족에 직면해야 할지도 몰랐다. 2003년의 여름은 냉하로 비가 많았기 때문에 다행히 전력 부족은 일어나지 않았지만 원자로를 설치하는 기술적인 요구에서 만약 사고가 일어났을 경우에 영향을 받는 사람들은 도쿄전력에서 전력 공급을 받고 있지 않는 주민일 필요가 있었다. 거기서 원자력 발전 입지 지역의 경제적 이익과 뜻하지 않은 사고의 잠재적 위해와의 균형이 잡히고 있는가 하는 의문으로 연결된다. 이 스캔들이 밝혀지기 전은 지방은 이것이 적절한 트레이드오후라고 믿고 있었다. 그렇지만 사고 후, 사람들은 다른 새로운 것을 염려하기 시작해 원자로를 새롭게 설치할 계획에 심대한 영향을 주고 있다.

이 문제와 밀접하게 관련된 것은 인권 존중의 문제이다. 왜냐하면 근처 지역 주민의 생명과 생활을 적절히 고려하면 전력회사는 많은 부정적인 결과를 초래하지 않아도 되었을 것이다. 예를 들어 사고가 일어났을 때 충분한 안전 예방 조치를 정비하는 것이다. 1999년 토카이무라의 사고 때에는 정부와 기업의 어느 쪽도 충분한 안전, 통고와 피난 조치를 하고 있지 않았다. 이것은 주민의 생명이 위험에 처하는 가능성이 높고, 그들의 생존권을 침해하게 된다. 게다가 농작물의 오염도 생계를 유지하는 수단을 위험에 처하게 한다는 점에서 인권침해이다. 원자력 안전의 전문가로서 기술자는 기술의 이용에 의해 발생할 수 있는 결과에 대해 이해를 촉진할 책임이 있을 것이다. 기술자는 임계 사고가 일어나지 않는다고 하는 JCO의 판단을 최초부터 용인해서는 안 되었다. 왜냐하면 고장 안전(fail-safe)의 기술은 절대적인 것은 아니기 때문이다.

기술자의 권리를 중시하면 일어난 문제의 대부분을 방지할 수 있었는지도 모른다. 이러한 사례에 관해 회사의 내부에서 실제로 어떠한 일이 일어났는지를 아는 것은 곤란하지만, 기술자의 권리를 존중하는 환경에서는 기술자의 의견을 공평하게 들어 줄 수 있으므로 보다 좋은 기술적인 결정을 할 가능이 높다.

기술자가 염려를 표명하는 것을 적극적으로 장려하는 것으로 인해 회사가 실제로 얻는 것이 클 것이다. 이 문제는 회사가 만들어 내온 기업 문화와 관계가 있다. 만약 비밀과 동료 집단을 기르는 문화라면 무리를 만드는 심리(herd mentality)의 부정적인 결과가 생겨 기술자가 자율적으로 의사결정 하는 것이 더욱 곤란하게 될 것이다. 예를 들어 도쿄전력의 원자력 기술자들의 부서는 본점 빌딩의 다른 층에 있어 이사들도 자유롭게 출입을 할 수 없었다고 하는 보도도 있다. 그들의 공동체는 「원자력마을」이라고 불려 마치 1개의 부족과 같이 행동하며 같은 사내의 다른 부서 사람들도 외부 사람이라고 생각하고 있었다고 한다. 이러한 집단 심리는 대중에 대한 배려보다는 오히려 자기들의 그룹을 어떻게 지키는가 하는 방향으로 향해지는 경향이 있다.

기술자의 지적 재산권 문제는 원자력 관련의 사례 중에서는 그렇게 명확하지 않다. 그렇지만 최근 일본 회사에 근무하는 연구자가 노벨상을 수상한 것에 관한 논의를 보면 이것이 미래 반드시 큰 문제가 될 것은 분명하다. 노벨상을 수상한 田中耕一(공학부 출신)은 스스로의 탁월한 연구로부터 특별한 이익을 요구하지는 않았다[39]. 이것에 반해 다른 연구자는 자신의 발명에 대한 거액의 보수를 요구해 자신이 근무하고 있던 회사와 발명자 특허에 대해 소송중이며 이 재판의 행방은 미래보다 중요한 지표가 될지도 모른다[40]. 일본의 기술자는 다른 모든

---

39) "Koichi Tanaka: Give Engineers the Attention they Deserve," Asahi Shimbun, November 11, 2002.
40) "Industry Hold Breath as Court Tallies Bill for Patent," Asahi Shimbun, Septe-

지역의 경우와 같이 현행 법률이 요구하고 있지 않아도 공평하게 처우되는 것이 당연하다. 장기적으로 보면 기술자뿐만 아니라 세계 사회 전체가 혜택을 받게 된다.

원자력 산업계가 원자력 이용의 주된 이점으로서 드는 것은 환경에 대한 영향이다. 원자력에너지는 확실히 상대적으로 깨끗한 에너지이다. 그렇지만 구 소련의 체르노빌 원자력 발전 사고가 일으킨 참상에서 보듯이 환경에 괴멸적인 영향을 미치는 경우가 있다.

일본에서 한층 더 상황을 어렵게 하고 있는 것은 원자력 발전소의 입지에 적절한 지역이 한정되어 있기 때문에 특정 지역에 집중하고 있어 대부분 많은 인구를 가지는 도시에 근접하고 있다는 것이다. 핵관련 시설의 설계에 있어서 전력회사 등은 여러 가지 환경에 대한 영향요인의 최적인 균형을 고려해 입지 지역의 주민에게 적절한 설명을 하여 스스로의 결정을 정당화해야 한다. 회사는 만일 사고가 일어났을 경우 환경에 대한 괴멸적인 영향이 국경을 넘어 확산할 가능성에 대해서도 생각하지 않으면 안된다. 예를 들어 도쿄전력은 카시와자키 카리와 한 곳에서 7기의 원자로를 운전하고 있다. 이와 같이 지리적인 요인으로 많은 원자로를 한 곳에 집중할 필요가 있는 상황에서는 철저한 분석이 필요하다. 15기의 원자력 관련 시설이 좁은 면적의 토카이무라에 입지하고 있다. 이와 같이 원자력 시설이 집중하면 괴멸적인 사고가 일어날 경우 지역 주민뿐만이 아니라 지구 전체에도 경제·사회·환경의 면에서 심대한 영향을 미친다. 따라서 입지 지역이 일자리나 세수입 면에서 원자력 산업에 크게 의존하고 있는 경우 지역 주민이 내리는 원자력 산업의 장래에 관한 의사결정이 얼마나 확실한 정보에 근거한 것인가 하는 문제도 있다.

이러한 문제를 윤리적으로 해결하려면 확실한 정보에 근거한 국민적

---

mber 21, 2002.

인 논의가 필요하다. 이것은 일본의 원자력 산업이라는 이번 사례만이 아니라 모든 기술에 적용된다. 기술자는 이러한 토론에 단지 회사의 홍보 담당자로서가 아니고 객관적이고 공정적인 분석자로서 참가할 의무가 있다. 만약 처음부터 대중이 원자력에너지를 생산한다는 일의 본질에 대해 잘 알고 있다면 그 후 일어난 문제를 많이 회피할 수 있었을지도 모른다. 왜냐하면 업계 전체는 완전히 다른 규제 아래 일을 할 수가 있었을 테니 말이다.

◆ 검토해야 할 과제

일본의 원자력 산업에 대한 논의는 계속되고 있다. 기술자는 이 논의에 어느 정도 참가하고 있는 것일까. 초기의 논쟁으로 기술자의 소리는 반영되고 있을까. 지금까지의 사건으로부터 우리는 교훈을 충분히 반영할 수 있었는지. 미래에 대해 확실한 결정을 할 수 있을까. 독자는 일본의 원자력 산업의 사례로부터 기술윤리에 관해서 한층 더 교훈을 얻길 바란다. 한층 더 논의를 할 수 있도록 몇 개의 화제를 제공한다.

- 일본인의 문화적 특징을 생각하면 기술자가 대중의 안전이 위협받고 있는 것을 알았을 경우 고용주를 고발하는 것을 기대하는 것은 공평한 일일까.
- 내부고발자를 보호하는 법률에 의해 내부고발을 한 기술자가 遭遇한 문제를 해결할 수 있는 것일까.
- 일본 원자력에너지의 미래 계획을 최초로 책정할 때 기술자는 어떤 구체적인 절차를 밟을 수 있을 것일까.
- 기술자가 윤리적인 환경을 확보하기 위해서는 일본의 가치 체계를 바꾸어야 하는지 만약 그렇다고 하면 어디를 바꿀 필요가 있는 것일까.

- 기술자는 원자력 산업의 실패에 어느 정도의 책임이 있는 것일까. 기술자, 작업원, 회사 경영층, 정부와 대중에 대한 책임의 정도를 평가해 보자.
- 기술자와 대중 사이의 신뢰 관계는 어느 정도 중요한가. 신뢰 관계를 형성하기 위해서는 무엇이 필요한가.
- 일본이 미래에 가능한 대체 에너지에 관한 토론 중에서 기술자는 어떤 역할을 해야 할 것인가.

15. Philosopher-Engineer를
목표로

AN ENGINEER ETHICS
AN ENGINEER ETHICS
AN ENGINEER ETHICS
AN ENGINEER ETHICS
AN ENGINEER ETHICS
AN ENGINEER ETHICS

1

기술 / 기술자윤리의 여러 가지 모습

본 과목에서는 기술자 개인이 일상적으로 직무를 수행하는 가운데 윤리적인 의사결정을 어떻게 해야 할 것인가, 윤리적 판단을 하는데 고려해야 할 「가치」란 무엇인가, 기업에서 기술자의 권리와 의무란 무엇인가, 국제사회에서 기술자는 어떻게 행동해야 할 것인가 등을 주로 취급해 왔다. 이와 같이 개인에게 초점을 맞춘 윤리에 관한 생각을 마이크로 에틱스(micro ethics)라고 부르기도 한다. 이것은 좀 더 큰 과학기술 전체와 사회의 관계 등에 대해서 고찰하는 매크로 에틱스(macro ethics)와 대비된다.

이러한 분류를 포함해 논의의 혼란을 피하기 위해 기술윤리는 그 고찰의 대상에 따라 메타·매크로·메조 미크로(메조와 미크로를 통칭해 미크로로 할 수도 있다)라고 하는 4개의 레벨로 분류할 수 있다.[1]

---

1) 이러한 여러 가지 제상에 대해서는, 札野順 「과학기술 윤리의 여러 가지 모습과 트랜스·디시프리나리티」, 『과학기술 사회론 연구』 제1호, 2002, pp.204-209 등을 참조.

표15-1 기술 / 기술 윤리의 4가지 모습

레 벨	대 상
Meta	과학 / 기술 그 자체의 본질
Macro	과학 / 기술과 사회의 관계
Meso	과학 / 기술에 관련하는 제도·조직 및 그것들과 개인과의 관계
Micro	과학 / 기술자 개인(혹은 개개의 기업 등)과 그 행동

기술자가 스스로 취해야 할 행동에 대해 고찰할 때, 메타·레벨에서
는 스스로의 활동 범위로 하는 지적 영역과 그 본질을 명확하게 할 필
요가 있다.

즉 기술의 전문직능자로서 「기술이란 무엇인가」 「그 목적이란 무엇
인가」라는 근본적인 문제에 관해 자신 나름의 대답을 발견하려고 하는
자세가 필요하다. 매크로 레벨에서는 과학기술이 사회에 큰 영향을 줄
수 있는 것을 고려해 과학기술과 사회 관계의 본연의 자세나 목표로
해야 할 방향을 전문가로서 자각할 필요가 있다. 제 3장에서 고찰한
것처럼 환경·생명·정보 등의 영역에서 기술의 급속한 발전에 기인하
는 지구 규모의 전대미문의 문제가 생겼기 때문에 그러한 문제에 대해
서 과학기술 전문가로서의 입지를 분명히 하는 것이 요청되고 있는 것
이다. 메조 레벨에서는 기술자 교육의 동등성에 관한 국제적 상호 인증
이나 기술자 자격제도로 대표되는 것 같은 제도나 조직에 관련된 문제
들이 있다. 미크로 레벨에서는 개개의 기술자가 일상의 업무 중에서 접
하는 윤리적 문제가 고찰의 대상이다.

2

마이크로 에틱스에서 매크로 에틱스로

본 과목에서 취급해 온 사례의 상당수는 메조 혹은 미크로의 영역에 속한다(메조와 미크로를 아울러 「미크로」라고 하는 견해도 있다). 실제 기술자가 일상적으로 업무를 수행하는데 문제가 되는 것은 대부분의 경우 이러한 미크로 및 메조 영역의 문제군이다. 그러나 과학기술의 전문화·고도화가 진행되는 가운데 매크로적 관점, 관점으로부터의 고찰도 그 중요성을 더하고 있다. 거기서 본 과목의 통계로서 미크로로부터 매크로로 시야를 확대해 보자. 지금까지는 기술자 개인의 문제를 중심으로 생각해 왔지만 시점을 인류 전체에 두고 과학기술과 사회의 관계를 생각해 보자. 또 시간에 관해서도 현재 우리가 직면하고 있는 문제에 초점을 맞추어 왔지만, 그것을 역사적인 관점을 가지고 생각해보자.

그런데 윤리적 문제 해결의 방법을 취급한 제 6장에서는 에틱스·테스트나 마이클 데이비스의 세븐 스텝 가이드를 소개했지만, 이 장에서는 또 하나의 견해를 소개한다. 그것은 윤리적 문제에 직면했을 때 「시간·공간·관계성을 확대해 상대화시켜 고찰하라」는 원칙이다. 즉 윤리적인 판단을 할 때에는 한 번 멈추어서 눈앞의 문제를 다른 시간적·공간적 시점으로부터 고찰하여 한층 여러 가지 관계성과 확대해 고찰하고자 하는 것이다. 예를 들어 현재 해결 불가능하게 생각되는 윤리적 문제도 그것을 구성하는 요소를 역사적으로 생각해 보면 그만큼 큰 문제가 아닌 경우도 있을 수 있고 현재 결정을 내리는 의사결정이 10년 후 또는 20년 후에도 통용될지를 생각해 보면 보다 좋은 아이디어가 떠오르는 일도 있다. 자신이 소속된 조직 안에서는 어쩔 수 없다고 생각되는 문제도 지역이나 일본 혹은 세계의 시점으로부터 보면 쉽게 해결할 수 있는 문제인 경우도 있다. 황금률이 가리키는 바와 같이 상대의 입장에 서는 것, 즉 관계성을 상대화하는 것에 의해 윤리적으로 보다 뛰어난 행위를 설계할 수 있는 경우도 있다. 아래에서는 기술자윤리를 「시간」에 관해서 확대하여 「역사적」인 시점을 가지는 일의 의의에 대해 고찰해 보자. 나아가 시간과 공간을 궁극의 곳까지 확대해 기술자가 가져야 할 능력에 대해 생각해 보자.

캠브리지대학의 역사학자가 「역사란 무엇인가」라고 하는 서적에서 「역사란, 현재와 과거의 대화이다」2)라고 말하고 있지만 시간 틀을 미크로로부터 매크로로 확대해 보는 것의 효용이란 무엇일까. 다양한 것을 들 수가 있지만, 가장 중요한 것은 윤리적 문제를 고찰할 때, 대국적인 시점을 확립시켜 발상의 전환을 촉진하는 것이다.

오늘날 우리의 신변에서는 많은 일이 어지럽게 움직이고 있다. 현대의 기술자에는 매일 방대한 일에 쫓겨 사물을 차분히 생각할 여유가 거의 없다. 따라서 1개의 목표가 설정되면 그것을 달성하기 위해서 가장 효과적인 방법을 고안해 최단의 길을 선택하고 곁눈도 팔지 않고 맹진하지 않을 수 없다. 그리고 1개의 일이 끝나는 무렵에는 벌써 다음의 일이 쌓여 있으므로 또 최단의 길을 선택하여 일을 정리해 가게 된다. 자신의 전문 분야에서의 연구·개발에 쫓겨, 특히 기업에서의 경우는 결정할 수 있던 기간 내에 성과를 올리지 않으면 안되기 때문에 자신의 일의 결과가 다른 분야나 일반 사회에게 주는 영향 등을 숙고하는 시간적인 여유가 없는 경우가 많을 것이다.

윤리적인 문제를 생각하려면 그러한 현실로부터 때로는 스스로를 해방시켜 대국적인 전망을 주는 것이 역사적 시점의 효용일 것이다. 항상 「미크로로부터 매크로로」라고 하는 문제의식을 가지는 기술자는 현재라고 하는 고견에 서서 과거를 뒤돌아보는 것으로 자신이 직면하고 있

---

2) E·H·카(清水幾太郎 譯), 『역사란 무엇인가』 岩波신서, 1962년

는 문제를, 예를 들어 오늘이나 내일 등이라고 하는 근시안적인 시간 틀에 얽매이지 말고 대국적으로 파악하는 시점을 가질 수가 있다. 과학 기술의 여러 문제에 깊이 관련하여 그 해결을 목표로 하는 사람들은 그러한 방법으로 과학·기술·사회 그리고 자연의 상호 관계를 이해하고 그중에 결정적인 역할을 완수할 중요 인자를 찾아낼 수가 있다. 또한 그러한 결정 인자에 관한 지식을 가지고 현재 자신 또는 자신이 속하는 조직이 가지는 문제점을 재인식할 수 있을 것이다.

3

「우주의 역사를 하루에 비유하면」

- 코즈믹·캘린더부터 보이는 것 -

그림 15-1은 천문학자의 고 컬 세이간(Carl Saean, 1934~1996)이 우주의 시작으로부터 현재까지를 1년에 비유한 이른바 코즈믹 캘린더이다3). 즉 약 150억년 전으로 생각되고 있는 우주 생성의 순간 「빅 뱅」이 캘린더의 시작으로 지금 현재가 새로운 해의 최초의 1초라고 생각한다(이 캘린더의 1초가 실제의 시간의 약 475년에 해당한다).

그렇다면 지구의 탄생은 9월 14일경으로 인류가 지구상에 등장했던 것이 그믐날 오후 10시 30분 무렵이라는 것이 된다. 그리고 현재 우리가 누리고 있는 과학기술의 기원인 근대 과학이 서구에 태어났던 것이 그믐날의 밤 12시 59분 59초이다. 즉 우리 인류는 코즈믹 캘린더에 의

---

3) Carl Sagan. Dragon of the Eden(New York: Random House, 1977).

하면 불과 1초에도 못 미친 동안에 근대 과학기술 문명을 구축하는 것과 동시에, 잠재적으로는 우리 자신을 포함하여 지구를 파괴할 수 있는 거대한 에너지나 생물의 유전자를 컨트롤하는 지식과 능력을 손에 넣었던 것이다. 이 캘린더는 인류의 위대함을 가리키는 한편, 유구의 시간의 흐름 중에 인류의 역사가 차지하는 위치가 얼마나 짧은가를 가르쳐 준다. 또 이러한 시점에서 보면 윤리적인 문제에 직면하고 있는 기술자를 둘러싸는 모든 조건이 비록 매우 강하게 고정된 것으로 우리들은 바꿀 수가 없는 것 같이 생각되었다고 해도 역사적으로 보면 그저 국소적인 현상에 지나지 않고 완전히 변경 불가능한 것은 아닌 것을 알 수 있다.

조금 스케일을 바꾸어 보자. 19세기의 마지막 해 즉 1899년에 세계의 인구는 16억인에서 17억인 정도로 에너지 수요는 석유 환산으로 연간 약 5억 톤이었다고 여겨지고 있다[4]. 그리고 100년 후의 2000년의 인구는 약 60억 명으로 에너지 소비는 연간 약 92억 톤에 이르고 있다. 불과 1세기, 즉 코즈믹 캘린더에서는 4분의 1초정도의 사이에 인구는 약 4배, 에너지 소비량은 약 18배로 급증하고 있다. 1인당의 에너지 소비량은 약 5배 증가되지만 전 세계 인구의 대부분을 차지하는 도상국 사람들의 에너지 소비량은 그만큼 증가하지 않기 때문에 구미제국 및 일본 등 과학기술의 이입 발전에 성공한 선진 제국의 사람들이 증가분을 소비하고 있는 것이 된다. 1987년의 시점에서 일본인 1인당 에너지소비량은 중국인의 약 6배, 아프리카 제국, 예를 들어 에티오피아와 비교하면 약 150배이다[5].

---

4) 인구 증가와 에너지 문제에 대해서는, 鳥井弘之 「전망: 21세기의 과학기술 방법」, 『日經 사이언스』 1990년 등을 참조.
5) 에너지 백서

Cosmic Calendar(From The Dragons of Eden-Carl Sagan)
Pre-December Dates

Big Bang	January1
Origin of Milky Way Galaxy	May1
Origin of the solar system	September9
Formation of the Earth	September14
Origin ogf life on Earth	~September25
Formation of the oldest rocks known on Earth	October2
Date of oldest fossils(bacteria and blue-green algae	October9
Invention of sex(by microorganisms)	~November1
Oldest fossil photosynthetic plants	November12
Eukaryotes(first cells with nuclei)flourish	November15

December

Sunday	Monday	Tuesday	Wednesday	Thursday	Friday	Saturday
	1 Significant oxygen atmosphere begins to develop on Earth	2	3	4	5 Extensive vulcanism and channel formation formation on Mars.	6
7	8	9	10	11	12	13
14	15	16 First Worms.	17 Precambria-nends. Paleozoic Era and Cambrian Period begin. Invertebrat-es flourish.	18 First oceanic plankton. Trilobites flourish.	19 Ordovician Period. First fish, first vertebrates	20 Silurian Period. First vascular plants. Plants begin colonization of land

Sunday	Monday	Tuesday	Wednesday	Thursday	Friday	Saturday
21 Devonian Period begins.First insects. Animals begin colonization of land	22 First amphibians. First winged insects.	23 Carbonifero us Period. First trees. First reptiles.	24 Permian Period begins. First dinosaurs.	25 Paleozoic Era ends. Mesozoic Era Begins.	26 Triassic Period. First Mammals.	27 Jurassic Period. First birds.
28 Cretaceous Period. First flowers Dinosaurs become extinct	29 Mesozoic Era ends. Cenozoic Era and Tertiary Period begin. First cetaceans. First primates.	30 First evolution of frontal lobes in the brains. First hominids. Giant mammals flourish.	31 End of Pliocene Period. quaternary (Pleistocene and Holocene) Period. First humans.			

December 31

Origin of Proconsul and Ramapithecus, probable ancestors of apes and men	~1: 30 p.m.
First humans	~10: 30 p.m.
Widespread use of stone tools	11: 00 p.m.
Domestication of fire by Peking man	11: 46 p.m.
Beginning og most recent glacial period	11: 56 p.m.
Seafarers settle Australia	11: 58 p.m.
Extensive cave painting in Europe	11: 59 p.m.
Invention of agriculture	11: 59: 20 p.m.
Neolithic civilization; first cities	11: 59: 35 p.m.
First dynasties in Sumer, Ebla and Egypt; development of astronomy	11: 59: 50 p.m.
Invention of the alphabet; Akkadian Empire	11: 59: 51 p.m.
Hammurabic legal codes in Babylon; Middle Kingdom in Egypt	11: 59: 52 p.m.

Bronze metallurgy; Mycenaean culture; Trojan War; Olmec culture; invention of the compass	11: 59: 53 p.m.
Iron metallurgy; First Assyrian Empire; Kingdom of Israel; founding of Carthage by Phoenicia	11: 59: 54 p.m.
Asokan India; Ch`in Dynasty China; Periclean Athens; birth of Buddha	11: 59: 55 p.m.
Euclidean geometry; Archimedean physics; Ptolemaic astronomy; Roman Empire; birth of Christ	11: 59: 56 p.m
Zero and decimals invented in Indian arithmetic; Rome falls; Moslem conquests	11: 59: 57 p.m.
Mayan civilization; Sung Dynasty China; Byzantine empire; Mongol invasion; Crusades	11: 59: 58 p.m.
Renaissance in Europe; voyages of discovery from Europe and from Ming Dynasty China; emergence of the experimental method in science	11: 59: 59 p.m.
Widespread development of science and technology; emergence of global culture; acquisition of the means of self-destruction of the human species; first steps in spacecraft planetary exploration and the search of extraterrestrial intellgence	Now: The First second of New Tear`s Day

그림15-1 코즈믹·캘린더

20세기에 지구가 급속히 더러워진 이유를 잘 안다. 동시에 도상국의 산업화가 진행되어 선진 제국과 같은 레벨로 에너지를 사용하게 되면 도대체 어떠한 사태가 일어나는지 염려하지 않을 수 없다.

그럼 선진 제국의 사람들은 무엇을 위해서 그만큼의 대량 에너지를 필요로 하는 것인가. 많은 식자(識者)가 지적하듯이 현대 사회에 있어 가장 큰 이유는 분명하게 경제활동의 촉진이다. 혹은 경제적인 이익 및 쾌적함이라고 하는 「가치」의 추구라고 해도 괜찮을지도 모른다.

인간은 쾌적함을 추구해 「불」을 시작으로 하는 다양한 기술을 사용 자연을 착취해 왔다. 특히 16~17세기 이후는 갈릴레이나 뉴턴으로 대표되는 자연철학자들이 「과학 혁명」을 일으켜, 「근대 과학」을 서구에 성립시켜 그 성과를 기본으로 18세기부터 19세기에 걸쳐 「산업혁명」에 성공했다. 그 후 인류의 자연 착취 속도는 확실히 가속도적으로 증가해 왔다. 20세기의 모습은 앞에 서술한 바와 같다. 그럼 역사적으로 보아 이러한 자연을 스스로의 이익을 위해 이용한다고 하는 발상은 어디에서 시작된 것일까. 이 문제에 대답하려고 한 역사가는 중세 기술사의 권위인 린 화이트(Lynn White Jr.)가 있다. 그는 1967년에 발표한 논문 「오늘의 생태학적 위기의 역사적 근원」 중에서 당시 벌써 큰 문제가 되고 있던 환경파괴의 원인이 그리스도교가 가진 자연에 대한 태도 및 인간 중심적인 세계관에 관계있다고 주장해 큰 반향을 야기했다6). 성서의 「창세기」 등에 보이듯이 그리스도교의 교의에 의하면 이 세계의 모든 것은 신에 의해 창조된 것으로 그중에서 우리 인간에게는 특별한 위치가 주어지고 있다. 신이 스스로의 모습을 닮은 상으로서 만들었던 것이 인간으로 그 외의 모든 피조물은 인간의 생존을 위해서 신이 준비된 것으로 여겨진다.

자연 즉 동식물을 포함한 다른 모든 피조물과 인간 사이에는 분명한 구별이 있으며 게다가 신은 인간에게 스스로의 이익을 위해서 다른 피조물을 이용하는 지배권을 주었다고 여겨지고 있는 것이다. 즉 자연을 착취하는 일이 신의 뜻이라고 한다. 인간 중심적인 사상이 그리스도교 도리와 깊게 결합되고 있다는 것이 화이트의 지적이다.

여기서 곧바로 자연을 무질서하게 착취하는 것, 즉 지구 환경의 파괴의 원인이 그리스도교이라고 하는 것은 단락적으로 화이트 자신이 주장하는 것과 다르다. 그러나 이러한 그리스도교적 자연관이 일본을 시작으로 해 세계 많은 지역의 원시 종교에서 볼 수 있는 애니미즘적, 즉 자연물 안에 신적 혹은 영적 존재를 인정하는 자연관과 완전히 다르다는 것은 분명하다. 또 애니미즘적인 세계에서 자연물의 파괴는 곧 신적인 것의 파괴를 의미이기 때문에 환경파괴가 간단하게는 일어날 수 없

---

6) 인＝화이트, Jr(青木靖三 譯) 「기계와 神: 생태학적 위기의 역사적 근원」 미스즈書房. 1999년.

다고 생각된다. 화이트도 논문의 마지막 편에서 작은 새에게까지 설교하고 태양을 형제, 달을 자매라고 부르며 모든 피조물의 평등성과 만물에 대한 사랑을 주창한 아시지의 성 프란체스코의 생각이 정통 그리스도교적인 세계관을 대신하는 사고의 틀이라고 있다. 만약 현재 생태학적인 위기의 근원이 그리스도교가 가지는 자연에 대한 거만한 태도와 거기로부터 태어난 서구의 과학·기술이라고 하면 위기의 해결을 그 어느 쪽에서도 기대할 수 없다고 화이트는 주장하며, 「나는 프란체스코를 생태학자의 성자로 추천하고 싶다」(靑木靖三 譯) 라는 문장에서 논문을 서술하고 있다.

화이트의 논문에 관해서는 찬반양론이 있어 특히 신학 관계자로부터는 통렬한 비판을 받을 수 있었다. 그러나 그의 해석이 올바른지 어떤지와는 별개로 그의 주장은 기술자 윤리 특히 지구 환경 문제를 생각하는 하나의 관점을 시사한다. 더욱 중요한 점은 인간과 다른 피조물을 완전하게 구별하는 그리스도교적 이원론을 극복하고 새로운 자연관의 구축을 지향하는 "발상의 전환"의 필요성이다. 과학기술의 역사를 뒤돌아보면 「혁명」이라고 부르는 것에 적합한 사고 틀의 대전환 혹은 자연관의 변혁이 몇 번이나 발생했던 것을 알 수 있다. 예를 들어 천 수백년간 「진리」라고 생각된 아리스토텔레스의 세계관·운동론은 「과학 혁명」의 시대 뉴턴 역학에 의해 덮여졌다. 그 뉴턴의 역학적인 학문적 세계관도 20세기의 초두에는 상대론 또는 양자론의 대두에 의해 발본적인 변혁이 이루어졌다. 그 외에도 많은 「과학 혁명」이 있었다. 이러한 과학의 역사로부터 인간의 자연에 대한 생각이나 태도 혹은 과학적 지식이 보편적이고 정적인 것이 아니라 시대나 문화, 사회와 밀접하게 서로 관련되는 가변적이고 동적인 것이라는 것을 배울 수가 있다. 즉 인류는 지금까지의 인간 중심적인 자연관을 넘어 지구 환경을 지키면서 보다 풍부한 세계를 목표로 하는 새로운 사고 틀과 과학기술과 사회의 새로운 관계를 구축할 수 있다고 기대해도 좋을 것이다.

그럼 코즈믹 캘린더의 다음의 5분의 1초, 즉 21세기에는 어떤 관계가 있을 수 있는 것일까.

4

「미래는 우리를 필요로 하고 있을까」

Sun Microsystems 의 공동 창설자로 이 회사 수석 과학자인 빌 죠이(Bill Joy)는 정보기술이라고 하는 과학기술의 최첨단으로 큰 공헌을 하여 「인터넷의 에디슨」이라고도 불리는 시대의 총아이다(2003년 9월에 이 회사를 퇴직했다). 이 인물이 20세기 마지막 해 2000년 4월에 「미래는 우리를 필요로 하고 있을까(Why the future doesn't need us)」라는 충격적인 논문을 발표했다[7]. 그 안에서 스스로가 그 진보에 크게 기여한 컴퓨터 기술을 포함해 21세기의 과학기술이 가지는 위험성에 대해 경종을 울렸다. 이 논문에 관해서는 여러 가지 비판도 있지만 기술자 단체 or 공동체 리더의 발언으로서 주목해야 할 것이다. 그 내용을 간단하게 정리해 보자[8].

죠이는 21세기에 급격한 발전을 이룰 것으로 생각되는 과학기술의 3분야 유전자 공학(genetic engineering)·나노테크놀로지(nano-technology)·로봇(robotics)의 3분야(각각의 머리글자를 취해 「GNR」이라고 부른다)에 주목하고 컴퓨터의 능력이 비약적으로 향상함으로 인해 이러한 분

---

7) Bill Joy. "Why the future doesn't need us," Wired. Issue 8.01(April, 2000).
8) 이 통계에는, 辻篤子에 의한 신문기사 「과학기술에 제한을」아사히신문, 2001년 8월 29 일자를 참조하고 있다.

야에서 인류를 멸할 수 있는 기술이 개발될 가능성을 지적한다. 유전자 공학의 분야에서는 예를 들어 감염력을 강화한 인플루엔자나 특정의 인종만이 감염하는 인조 병원체 등을 가까운 미래에 만들 수 있게 된 다고 예측한다. 게다가 핵폭탄 등이(방사성 물질의 인체나 환경에의 영 향을 제외하고) 일시적인데 대해 인조병원체는 자기 증식 기능을 가질 가능성이 높기 때문에 광범위한 영향이 있다고 생각된다(2002년부터 2003년의 SARS 문제를 생각하길 바란다). 또 2030년까지는 2000년 당 시에 비해 100만 배의 능력을 가진 컴퓨터가 개발된다고 예측한 후 그 능력을 구사하면 나노테크놀로지나 로봇공학에 대해서도 자기 복제 능 력을 가진 나노스케일의 극미 인공물이나 고도의 지능과 자기 복제 기 능을 가진 로봇이 개발될 것이라고 하고 있다. 물론 이러한 기술이 인 류의 복리에 큰 공헌을 할 것을 인정하면서도 죠이는 그 잠재적인 위 험성을 크게 염려하고 있다.

게다가 이러한 기술은 20세기를 특징짓는 핵병기의 개발과 같이 거 국적으로 거대 프로젝트(이른바 맨하탄 계획)를 조직하지 않아도 소규 모의 시설에서 개발이 가능하다고 죠이는 지적한다. 맨하탄 계획은 당 시(1940년대 전반)의 금액으로 20억 달러를 소비하여 30곳 이상의 시 설을 건설해 총계 12만 명의 과학자·기술자를 동원한 국가 프로젝트이 었지만 GNR은 경우에 따라서 개인이 자택의 차고에서 퍼스널 컴퓨터 를 사용해 개발할 수가 있다.

이전에는 대형 계산기를 이용해 며칠이나 걸린 **뼈**가 접히는 계산도 지금은 개인의 컴퓨터로 처리가 가능하며 많은 직원이 총 출동으로 몇 개월이나 걸린 조사가 지금은 인터넷을 사용해 간단하게 조사할 수 있 다. 이러한 환경 속에서 GNR의 개발은 상상 이상으로 용이할 것이다.

또 컴퓨터를 포함한 IT기술의 발전에 의해 정보 전달의 스피드와 규 모는 급증하고, GNR에 관해서도 한번 새로운 지견이 나오면, 예를 들 어 그것이 큰 위험성을 포함한 것일지라도 그 정보는 인터넷을 통해

퍼져서 관리가 불가능할 것이다. 악의를 가진 범죄자나 테러리스트들에게도 이러한 정보는 공유될 가능성이 높다.

따라서 죠이가 말하기를 21세기의 인류는 「승객 전원이 언제라도 '추락 버튼'을 누를 수 있는 상태로 날고 있는 제트기」를 타고 있는 것이며 이러한 과학기술은 개인에게 종으로서 인류의 운명을 결정하는 능력을 주게 된다고 하고 있다.

거기서 우리는 위험성을 잉태한 과학기술에 관해서는 위험 평가를 충분히 실시하여 위험성이 예상되는 경우에는 연구·개발을 제한하여 정보의 공개에도 배려가 필요하다고 주장한다. 핵병기의 출현을 막을 수 없었던 20세기 과학기술 전문가들의 실패를 반복해서는 안 된다고 죠이는 경고한다. 게다가 위험한 기술의 창출이나 확산을 막기 위해서 21세기 과학기술에 관한 윤리 규범을 제창하고 있다.

표 15-2 빌 죠이가 제창하는 과학기술에 관한 윤리 규범
(위험한 기술을 막는 5개의 원칙)

1. 의료의 「Hippocrates의 맹세」를 모방하여 과학자·기술자가 대량 파괴 병기로 연결되는 연구개발에의 비(非) 종사를 맹세한다.
2. 신기술의 위험이나 윤리 문제를 검토하는 국제적인 장소를 만든다.
3. 제조자 책임의 개념을 넓혀 민간 기업도 기술의 결과에 책임을 진다.
4. 위험이라고 판단된 기술이나 지식을 국제적으로 관리한다.
5. 위험한 지식의 탐구나 기술 개발은 하지 않는다.

죠이가 가리킨 미래상은 너무나 비관적이다. 과학기술은 그가 말한 바와 같이 제한되지 않으면 안 된다고 갑자기 주장하면 많은 사람들이 반발할 것이다. 그의 비판은 지금까지 몇 번이나 반복하여 온 과학기술 비판에 지나지 않는다고 비난하며 21세기의 러다이트 운동과 비유하는 일도 가능할 것이다. 그러나 과학기술과 사회라고 하는 매크로적인 관계를 고려하여 분명히 1개의 중요한 관점을 제시해 주고 있다.

21세기의 기술자는 죠이의 비판을 무시하고 일을 진행시킬 수는 없다. 기술을 한층 더 진전시키기에 즈음해서는 그의 염려를 불식할 수 있는 가능한 설명을 기술자 스스로가 할 수 없으면 안 된다. 죠이의 미래상이 비관적이라고 한다면 낙관적으로 있을 수 있는 과학기술과 사회의 관계에 대해 창조적인 「설계」를 실시하여 설계에 따른 세계를 구축해 나가지 않으면 안 된다. 그러한 세계에 대해 공중과의 사이에 인폼드 콘센트를 확립하여 의견 일치를 구축하기 위해서 기술자는 스스로의 「재능·지식·상상력」을 활용해야 한다. 어쨌든 이러한 시대이기 때문에 더욱 과학기술을 담당하는 기술자의 넓은 시야에선 매크로적인 의미에서의 「기술자윤리」가 기대되고 있다.

5

Philosopher-Engineer를 목표로

그럼 21세기의 기술자란 어떠한 기술자인 것일까. 제1장에서 말한 것처럼 ABET를 시작으로 하는 세계의 기술자 교육 인정 조직은 전문적 지식이나 능력만이 아니고, 폭넓은 교양이나 커뮤니케이션 능력을 가진 새로운 형태의 엔지니어 상을 나타내고 있다. 게다가 제1장에서 논의한 기술자윤리에 관한 정의가 인정된다고 한다면 「인류의 이익」이란 무엇인가라고 하는 「가치」에 관한 근본 문제에 당사자로서 대치할 수 없으면 안 된다. 게다가 과학기술과 직접 관련되는 「가치」만이 아니라 그 외의 다양한 「가치」에 대해서도 균형을 유지하며 최적인 「판단」을 할 수 없으면 안 된다.

  이러한 판단은 때로는 정치적인 것이 되어 와인버그가 말하는 과학
기술을 넘은 영역에서의 의사결정의 세계, 즉 트랜스 사이언스의 문제
이다.

  확실히 빌 죠이도 말했듯이 21세기 과학기술의 성과를 사용하면 개
인이 종으로서 인류를 멸망시킬 가능성도 있다. 그 개인이 우수한 기술
자라면 더욱더 그러할 것이다. 기술자의 의사결정이 미치는 영향은 오
늘날 매우 크다. 이와 같이 강한 영향력을 갖고 트랜스 사이언스의 영
역에서도 공헌할 수 있는 기술자는 단지 기술의 「전문가」일 뿐만 아니
라 기술의 본질이나 목적 등 메타 레벨의 여러 문제도 고찰할 수 있는
「철학인(philosopher)」이 아니면 안 된다.

  당돌한 것 같지만 극히 강한 영향력을 가지는 통치자의 이상형에 관
해서 플라톤이 흥미로운 견해를 남기고 있으므로 소개한다. 플라톤은
기원전 387년경 아테네의 교외 학원 아카데미아를 창설했다. 이 철학
학교는 로마 제국의 유스티니아누스 화제에 의해 폐쇄된 후 529년까지
900년 이상이나 존속했다[9]. 이것은 그가 이상으로 하는 「철학인 통치
자(philosopher-king)」를 기르기 위한 학교인지 아닌지는 논의가 분분하
지만 플라톤은 「국가」 안에서 「통치자」를 위한 교육에 대해 자신의 학
설을 말하고 있다. 플라톤 시대의 아카데미아도 Platon의 이데아론적
사고를 반영하여 수학적 과목(정수론·기하학·천문학·음악이론)과 철학
적 문답법(디알렉티케)을 중심으로 한 교육과정을 가지고 있었다고 한
다[10]. 사실인지는 확실하지 않지만 아카데미아의 학생은 거의 20세에
입학하여 그 후 10년간은 수학적 과목을 배우고, 그 후 5년간은 철학
적 문답법을 통해 사물의 본질을 보고 힘을 기른다. 그 후 스스로가

---

9) 아카데메이아에 관해서는, 예를 들어 廣天洋一 「Platon의 학원 아카데메이아」
  講談社 학술 문고. 1999년 등을 참조.
10) Platon(藤澤令夫 譯) 「국가(하)」岩波 서점. 1979년의 제7권 및 이 책에 대한
  역자의 「해설」(pp.482-483) 등을 참조.

통치해야 할 국가를 포함해 실제사회를 경험·관찰하고 50세가 되어 겨우 통치자로서의 책무를 지게 된다. 플라톤이 철학인 통치자의 육성을 목표로 한 것은「국가의 정의도 개개인 정의도, 단지 철학으로부터야말로 이것을 확인할 수 있다. 따라서 올바른 의미로 한편 진실로 철학하고 있는 사람들이 나라의 정치적 지배의 지위에 오르던가, 그렇지 않으면 현재 실제로 국가에서 권력을 갖고 있는 사람들이 어떠한 신의 배분을 타고나 철학하는 것 같이 될지의 어느 쪽인지가 실현되지 않는 한 인류가 재난을 면할 수는 없을 것이다」(플라톤,「제7서간」, 326 A ~ B)라는 그의 신념에 근거하는 것이다. 정치를 하는 것은 사물의 본질을 확인하는「철학인」으로서「철학」적 사고를 하지 않으면 안 된다고 생각했던 것이다. 플라톤은 국가의 정치적 지배자는 인간 사회의 현실적인「가치」의 세계를 초월하여 철학적으로 이데아 세계의「가치」를 이해할 수 없으면 안 된다고 생각하여 15년간에 걸쳐 교육을 필수 조건으로 했다. 즉 통치자로서 정치상의 여러 문제를 현실적「가치」에 적절한 밸런스를 주는 것으로 해결하기 위해서는 수학적·논리적 사고력을 가진「철학인」으로서의 능력이 불가결하다고 생각했던 것이다.

다른 방면에서 현재에 눈을 돌리면 21세기의 기술자는 페로포네소스 전쟁 후의 혼란기에 있던 고대 그리스의 도시 국가를 통치한 왕들보다도 훨씬 큰 영향력을 가진 것은 분명하다. 그런데 그 영향력에 어울리는 교육이나 사회적 지위가 준비되어 있다고는 생각하기 힘들다.

근대 과학은 어떤 의미에서 모든 사회적·문화적·정치적인「가치」를 잘라 버려「사실 명제(~이다, be)」만을 취급하는 것으로 17세기에 성립하여 그 후 급속한 발전을 계속해 왔다. 그 과정에서 윤리적인 물음, 즉 행위의「선악」등의「가치」에 관한 언명이나, 이루어야 할 행위 등의 어느「규범」에 관한 언명(즉「당위명제(해야 한다, ought to be)」을 계속 배제해 왔다. 그 기본에는 Platon이 중시한 수학적·논리적 사고가 있다. 그러나 Platon은 수학적인 모든 과학을 예비적인 것이라 생각하고 그것

들을 배우고 나서 15년간의 실천을 「철학인 통치자」가 되기 위해 필요
한 조건으로 한 것을 잊어서는 안 된다. 급속히 발전하는 과학기술의 담
당자를 육성하기 위해서 우리는 지금까지 벌써 완성되었던 과학기술의
성과를 기본으로 눈앞의 문제를 얼마나 푸는가, 즉 "How"의 지식을 전수
하는 것에 쫓겨 왔다. 20세기 후반의 「공학 교육」은 「얼마나 알까」 「얼마
나 만들까」를 가르치려고 하는 시도이었다. 그러나 과학기술이 가지는
거대한 영향력이기 때문에 「무엇을 알아야 하는가」 「무엇을 만들어야
하는가」 「왜 그것들이 필요한가」라고 하는 문제 설정이 요구되고 있다.
즉 과학기술의 실천에 관해서 "What", "Why"의 문제를 스스로 발견하
여 자율적으로 판단할 수 있는 능력을 가진 기술자를 육성하는 「21세기
의 기술자 교육」이 필요하다. 그리고 그 교육이 낳는 21세기의 기술자
란 Platon이 통치자에게 요구한 것과 같은 능력을 가진 기술 전문가 즉
「철학인 기술자(philosopher-engineer)」가 아니면 안 된다. 빌 죠이가 염
려하는 것 같은 비관적인 결말을 부르지 않기 위해서 기술자는 수학적·
논리적으로 사실 명제를 취급할 수 있는 협의의 전문 능력과 과학기술
의 본질과 사회와의 관계를 깊게 통찰하고 게다가 현실적으로 인간의
행동과 사회를 지배하고 있는 다양한 가치를 이해하는 능력을 가진 철
학인 기술자여야만 하는 것이다.

　21세기의 「철학인 기술자」를 목표로 하는 기술자에게 있어 기술자윤
리는 「주변 영역」에 있는 일반교양 혹은 장식물적인 것이 아니다. 제1
장에서 논의한 것처럼 기술자란 인류의 이익이라는 「가치」를 위해서
수학적·과학적 지식과 능력을 사용하여 공헌하는 전문 직업이라고 한
다면 과학기술의 가치와 그 이외의 가치 사이의 균형을 이루면서 최적
인 「행위」를 「설계」하고 그것을 실행하는 능력, 즉 「기술자윤리」는 스
스로의 본질과 관련되는 「핵심적 능력(core competence)」이라고 할 수
있다. 즉 기술자윤리를 배우는 것은 21세기의 「철학인 기술자」를 목표
로 하는 사람들에게 마땅히 거쳐야 할 과정인 것이다.

기술자윤리

-자료편-

-자료 1-
정보처리 학회 윤리 강령

전 문

우리 정보처리 학회 회원은 정보처리 기술이 국경을 넘어 사회에 강하고 넓은 영향력을 가지는 것을 인식하고, 정보처리 기술이 사회에 공헌해 공익에 기여할 것을 바라며 정보처리 기술의 연구, 개발 및 이용에 즈음해서는 적용되는 법령과 함께 다음의 행동 규범을 준수한다.

1. 사회인으로서

  1.1 다른 사람의 생명, 안전, 재산을 침해하지 않는다.

  1.2 다른 사람의 인격과 사생활 or 사적자유를 존중한다.

  1.3 다른 사람의 지적 재산권과 지적 성과를 존중한다.

  1.4 정보 시스템이나 통신 네트워크의 운용 규칙을 준수한다.

  1.5 사회에 있어서의 문화의 다양성에 배려한다.

2. 전문가로서

  2.1 끊임없이 전문 능력의 향상에 노력하고 업무에 대해 최선을 다한다.

  2.2 사실이나 데이터를 존중한다.

  2.3 정보처리 기술이 가져오는 사회나 사용자에의 영향과 위험에 대해 배려한다.

  2.4 의뢰자와의 계약이나 합의를 존중하고 의뢰자의 은닉 정보를 지킨다.

3. 조직 책임자로서

3.1 정보 시스템의 개발과 운용에 의해 영향을 받는 모든 사람들의 요구에 응해 그 존엄을 해치지 않게 배려한다.

3.2 정보 시스템의 상호 접속에 대해 관리 방침이 다른 정보 시스템이 존재하는 것을 인정하고 그 접속이 어떠한 사람들의 인격도 침해하지 않게 배려한다.

3.3 정보 시스템의 개발과 운용에 대해 자원의 정당하고 적절한 이용을 위한 규칙을 작성해 그 실시에 책임을 진다.

3.4 정보처리 기술의 원칙, 제약, 리스크에 대해 자기가 속하는 조직의 구성원이 배울 기회를 마련한다.

주

본 강령은 반드시 회원 개인이 직면하는 모든 상황에 적용할 수 있다고는 할 수 없으며 연구 영역에 있어서의 다른 윤리 규범과의 모순이 생기는 것이나 개개의 장면에 대해 어느 조항에 준거해야 하는가가 불명확(구체적인 행동에 대해서 상호의 조항이 모순 되는 경우를 포함한다)한 일도 있을 수 있다. 따라서 구체적인 장면의 준거 조항 선택이나 우선도 등의 판단은 회원 개인의 책임에 맡길 수 있는 것으로 한다.

부 기

1. 본 강령은 헤세이 8년(1996년) 5월 20일부터 시행한다.

2. 본 강령의 해석 및 재검토에 대해서는 필요에 따라서 위원회를 설치한다.

-자료 2-
전기학회 윤리 강령

전기학회 회원은 전기 기술에 관한 학문의 연구와 그 성과의 이용에 있어서 전기 기술이 사회에 대해서 영향력을 가지는 것을 인식하고, 사회에의 공헌과 공익에의 기여를 바라며 다음의 강령을 준수한다.

1. 인류와 사회의 안전, 건강, 복지에 공헌하도록 행동한다.
2. 스스로의 자각과 책임에 있어서, 학술의 발전과 문화의 향상에 기여한다.
3. 다른 사람의 생명, 재산, 명예, 사적자유를 존중한다.
4. 다른 사람의 지적 재산권과 지적 성과를 존중한다.
5. 모든 사람들을 인종, 종교, 성, 장해, 연령, 국적에 관계없이 공평하게 취급한다.
6. 전문 지식의 유지·향상에 힘쓰며 업무에 대해 최선을 다한다.
7. 연구개발과 그 성과의 이용에 즈음해서는 전기 기술이 가져오는 사회에의 영향, 위험에 대해 충분히 배려한다.
8. 기술적 판단에 즈음해 공중이나 환경에 해를 미치는 우려가 있는 요인에 대해서는 이를 적당한 때에 대중에게 분명히 알린다.
9. 기술상의 주장이나 판단은 학문적 이론과 사실, 데이터에 의거해 성실하고 공정하게 실시한다.
10. 기술적 토론의 장에서는 솔직하게 다른 사람의 의견이나 비판을 요구하며 그에 대해 성실하게 논평을 실시한다(1998년(헤세이 10년) 5월 21일 제정).

-자료 3-
전자 정보통신 학회 윤리 강령

기본이념

전자 정보통신 학회원(이하 본 학회원)은 전자정보통신 기술의 전문 가로서 각자의 전문 기술의 연구, 개발, 실시를 통해서 전 인류 사회의 행복과 복지에 공헌하도록 노력한다.

1. 본 학회원은 전문가 및 한 사람의 개인으로서 다음의 각 항을 준 수한다.[기본방침]
   1.1 공정과 성실을 존중한다.
   1.2 다른 사람에게 피해를 주는 것을 예방한다.
   1.3 다른 사람의 권리를 침해하는 것을 피한다. 다른 사람의 권리 에는 소유의 권리, 사적자유의 권리 등이 포함된다.
2. 본 학회원은 그 직무의 수행에 있어 다음의 각 항을 준수한다. [사회적 책임]
   2.1 전자정보통신 기술의 진전과 그 성과가 주는 사회적 책임을 자각한다.
   2.2 전자정보통신 기술의 진전에 의해 생기는 사회적 영향에 대 해 객관적 사실을 분명히 하도록 노력한다.
   2.3 상기의 사실을 사회에 주지하도록 노력한다.
3. 본 학회원은 그 직무의 수행에 있어 다음의 각 항을 준수한다. [사회적 신뢰]
   3.1 직무상 얻은 비밀을 외부에 누설하지 않는다.
   3.2 직무상 얻은 비밀을 자신 및 다른 사람의 이익을 위해서 사

용하지 않는다.

3.3 업무상 서로 합의 후에 주고 받은 계약, 이해 사항, 책임 분담 등의 조항은 이것을 존중한다.

3.4 현행의 법제도(특히 전자정보통신에 관련하는 법제도)에 대한 지식을 항상 갱신하여 그 학습에 노력한다.

4. 본 학회원은 그 직무의 수행에 있어 다음의 각 항을 준수한다.

[품질보증]

4.1 전자 정보통신 기술로부터 얻을 수 있는 성과인 품질 보증에 노력한다.

4.2 전자 정보통신 기술의 품질 보증 목표를 설정하여 거기에 준거해 행동한다.

4.3 전자 정보통신 기술의 품질 보증 체제를 만들어 그 유지 향상에 노력한다.

4.4 전자 정보통신 기술의 품질 보증을 가능하게 하기 위한 기술의 향상에 노력한다.

5. 본 학회원은 그 직무의 수행에 있어 다음의 각 항을 준수한다.

[지적재산권]

5.1 다른 사람의 창의 연구를 존중한다.

5.2 저작권, 특허권, 그 외의 지적 재산권을 침해하지 않는다.

5.3 자신의 지적 재산 보호·이용에 대해서도 주의를 게을리 하지 않는다.

6. 본 학회원은 그 직무의 수행에 있어 다음의 각 항을 준수한다.

[네트워크액세스(접근)]

6.1 네트워크에의 접근은 허용하고 있는 공정(프로세스) 혹은 자원에 한정한다.

6.2 다른 사람이 관리하는 시스템에 허가없이 침입하지 않는다. 또 다른 사람의 통신에 부정하게 접근하지 않는다.

6.3 네트워크에 대해서 정보를 제공할 때는 확실한 정보만을 제공한다.

6.4 네트워크로부터 정보를 획득할 때는 그 결과에 대해 자기책임의 원칙을 승낙한다.

6.5 네트워크 내의 행동은 공창의 정신에 근거해 실시한다.

7. 본 학회원은 그 직무의 수행에 있어서 다음의 각 항을 준수한다. [연구개발]

7.1 전자 정보통신 기술의 연구개발에 대해 상호의 입장을 존중하고, 자유로운 토론을 실시할 수 있는 장소가 만들어지도록 노력한다.

7.2 전자 정보통신 기술의 연구개발에 대해 장기적 시야에서 안전하고 신뢰할 수 있는 국제적 정보사회의 건설을 목표로 한다.

8. 본 학회원은 그 직무의 수행에 있어 다음의 각 항을 준수한다. [실시기준]

8.1 네트워크상에서의 홍보, 발표에 있어서 절도 있는 태도를 유지한다.

8.2 상호계발, 상호평가 체제를 추진한다.

8.3 사회의 반응을 항상 파악하는 체제의 확립에 협력한다.

9. 본 학회원이 자신이 소속하는 조직 내에서 관리적 입장에 있을 때는 상기 항목을 자기 자신이 준수할 뿐만 아니라, 아래와 같은 항목을 실시하지 않으면 안 된다. [관리자 기준]

9.1 자기의 관리 하에 있는 구성원에 대해서도 그 준수를 재촉한다.

9.2 품질보증, 지적재산권 보호, 요원의 교육훈련 등의 체제의 정비 및 향상을 위한 방책을 설정하여 사람 및 자재의 합리적 배분에 배려한다.

부 기

1. 이 강령은 1998년(헤세이 10년) 7월 21일부터 시행한다.

2. 본 강령의 해석 및 개폐는 필요에 따라서 위원회를 설치해 실시한다.

-자료 4-
토목 기술자의 윤리 규정

전 문

1. 1938년(쇼와 13년) 3월 토목학회는 「토목 기술자의 신조 및 실천 요강」을 발표했다. 이 신조 및 요강은 1933년(쇼와 8년) 2월에 제안되어 토목학회 상호 규약 조사위원회(위원장 靑山士, 前 토목학회 회장)에 의해 성문화되었다. 1933년 일본은 국제연맹의 탈퇴를 선언하고, 蘆溝橋 사건을 계기로 중일전쟁, 태평양전쟁에 향하고 있었다. 이러한 왕성한 시대에 「토목 기술자의 신조 및 실천 요강」을 책정한 견문과 학식은 토목학회의 긍지이다.

2. 토목학회는 토목 사업을 담당하는 기술자, 토목공학과 관련되는 연구자 등에 의해 구성되어 1) 학회로서의 회원 상호의 교류, 2) 학술·기술 진보에의 공헌, 3) 사회에 대한 직접적인 공헌을 목표로 활동하고 있다. 토목학회가 이번 「토목 기술자의 신조 및 실천 요강」을 개정하여 새롭고 윤리 규정을 제정한 것은 현재 및 미래의 토목 기술자가 담당해야 할 사명과 책임의 중대함을 인식한 것과 다름없다.

기본 인식

1. 토목 기술은 유사 이래 오늘날에 이를 때까지 사람들의 안전을 지키고 생활을 풍부하게 하는 사회 자본을 건설하여 유지·관리하기 위해서 공헌해 왔다. 특히 기술의 커다란 발전에 의지한 현대 문명은 인류의 생활을 비약적으로 향상시켰으나 기술력의 확대와 다양화와 함께 그것이 자연 및 사회에 미치는 영향도 복잡화 되

고 증가하기에 이르렀다. 토목 기술자는 그 사실을 깊이 인식하고 기술의 행사에 있어 항상 자기를 율 하는 자세를 견지하지 않으면 안 된다.

2. 현대의 세대는 미래 세대의 생존 조건을 보증해야 하는 책무가 있으며 자연과 인간이 공생하는 환경의 창조 및 보존은 토목 기술자에 있어서 영광된 사명이다.

윤리 규정

토목 기술자는

1. 「아름다운 국토」, 「안전하고 안심할 수 있는 생활」, 「풍부한 사회」를 만들어 개선. 유지하기 위해서 그 기술을 활용하며 품위와 명예를 존중하고 지덕을 가지고 사회에 공헌한다.

2. 자연을 존중하고 현재 및 미래의 사람들의 안전과 복지 및 건강에 대한 책임을 최우선하여 인류의 지속적 발전을 목표로 자연 및 지구 환경의 보전과 활용을 꾀한다.

3. 고유의 문화에 기인한 전통 기술을 존중하고 첨단기술의 개발 연구에 노력해 국제 교류를 진전시켜 상호의 문화를 깊게 이해하고 인류의 복리 고양과 안전을 도모한다.

4. 자기가 속하는 조직에 사로잡히는 일 없이 전문적 지식, 기술, 경험을 근거로 종합적 견지에서 토목 사업을 수행한다.

5. 전문적 지식과 경험의 축적에 근거해, 자기의 신념과 양심에 따라 보고 등을 발표하고 의견을 개진한다.

6. 장기성, 대규모성, 불가역성을 가지는 토목 사업을 수행하기 위해 지구의 지속적 발전이나 사람들의 안전, 복지 및 건강에 관한 정보를 공개한다.

7. 대중, 토목 사업의 의뢰자 및 자신에 대해서 공평하고 치우치지

않는 태도를 유지해 성실하게 업무를 수행한다.

8. 기술적 업무에 관해서 고용자 혹은 의뢰자의 성실한 대리인 또는 수탁자로서 행동한다.

9. 인종, 종교, 성, 연령에 관계없이 모든 사람들을 공평하게 대한다.

10. 법률, 조례, 규칙, 계약 등에 따라 업무를 실시하고 부당한 대가를 직접 또는 간접으로 주거나 요구하며 받지 않는다.

11. 토목 시설·구조물의 기능, 형태, 및 구조 특성을 이해하고 그 계획, 설계, 건설, 유지, 혹은 폐기에 있어 첨단기술뿐만 아니라 전통 기술의 활용을 도모하고 생태계의 유지 및 미의 구성 및 역사적 유산의 보존에 유의한다.

12. 자신의 전문적 능력의 향상을 꾀하고 학리·공법의 연구에 힘써 진행하여 그 결과를 학회 등에 공표하여 기술의 발전에 공헌한다.

13. 자신의 인격, 지식, 및 경험을 활용하여 인재 육성에 노력하고 그러한 사람들의 전문적 능력을 향상시키기 위한 지원을 실시한다.

14. 자기의 업무에 대해 그 의의와 역할을 적극적으로 설명하고 그에대한 비판에 성실로 대응한다. 필요에 따라서는 자기 및 다른 사람의 업무를 적절히 평가하고 적극적으로 견해를 표명한다.

15. 본 회가 정하는 윤리 규정에 따라 행동하고 토목 기술자의 사회적 평가의 향상에 부단한 노력을 거듭한다. 특히 토목학회 회원은 솔선해 이 규정을 준수한다.

(1999년 5월 7일 토목학회 이사회 제정)

-자료 5-
일본건축학회 윤리 강령·행동 규범

1999년 5월 31일 총회 의결 1999년 6월 1일 실시

윤리 강령

일본건축학회는 각 지역의 고유 역사와 전통, 문화를 존중하고 지구 규모의 자연 환경과 지혜와 기술을 공생시켜, 풍부한 인간 생활의 기반이 되는 건축의 사회적 역할과 책임을 자각하고 사람들에게 공헌하는 것을 사명으로 한다.

행동 규범

일본건축학회의 회원은

1. 인류의 복지를 위해서 스스로의 예지와 학술·기술·예술을 기른다. 능력을 경주하고 용기와 열의를 가지고 건축과 도시 환경의 창조를 목표로 한다.
2. 깊은 지식과 높은 판단력을 가지고 사회생활의 안전과 사람들의 생활 가치를 높이기 위한 노력을 아끼지 않는다.
3. 지속 가능한 발전을 목표로 하여 자원의 유한성을 인식함과 동시에 자연이나 지구환경을 위해서 폐기물이나 오염의 발생을 최소한으로 한다.
4. 건축이 근린이나 사회에 미치는 영향을 스스로 평가하여 양질의 사회자본 충실과 공공의 이익을 위해서 노력한다.
5. 사회에 대해서 부당한 손해를 가져 올 수 있는 어떠한 가능성도

공적으로 하여 배제하도록 노력한다.

6. 기본적 인권을 존중하고 다른 사람의 지적 성과, 저작권을 침범하지 않는다.

7. 스스로의 전문 분야에 있어 정보를 발신함과 동시에 회원 상호는 물론 타의 직능 집단을 존중하여 협력을 아끼지 않는다.

-자료 6-
일본 기계 학회 윤리 규정

전 문

본회 회원은 진리의 탐구와 미답 분야의 개척을 통해 기술의 혁신에 도전하여 사회와 사람과의 활동을 지지하며 산업과 문명의 발전에 노력한다. 그리고 인류의 안전, 건강, 복지의 향상·증진과 환경의 보전을 위해서 그 전문적 능력·기예를 최대한으로 발휘할 것을 추구한다.

또 과학기술이 인류의 환경과 생존에 중대한 영향을 주는 것을 인식하고 기술 전문직으로서 직무를 수행하는 데 있어 스스로의 양심과 양식에 따르는 자율성 있는 행동이 과학기술의 발전과 그 성과의 사회 환원에 있어 불가결한 것을 명확하게 자각하고 사회로부터의 신뢰와 존경을 얻기 위해서 이하에 정하는 윤리 강령을 준수할 것을 맹세한다.

강 령

1. (기술자로서의 책임) 회원은 스스로 전문적 지식, 기술, 경험을 살려 인류의 안전, 건강, 복지의 향상·증진을 촉진하기 위하여 최선을 다한다.
2. (사회에 대한 책임) 회원은 인류의 지속 가능성과 사회 질서의 확보에 있어 유익하다는 스스로의 판단에 따라 기술 전문직으로서 스스로 계획에 참여하는 계획·사업을 선택한다.
3. (자기 연마와 향상) 회원은 항상 기술 전문직상의 능력·기예의 향상에 노력하고 과학기술에 관련되는 문제에 대해서 항상 중립적·객관적인 입장에서 정직하고 성실하게 토의하고 책임을 지며 결론

을 이끌어 실행하도록 부단한 노력을 거듭한다. 이로써 기술자의 사회적 지위의 향상을 위해 노력한다.

4. (정보의 공개) 회원은 관여할 계획·사업의 의의와 역할을 대중에게 적극적으로 설명하고 그것이 인류 사회나 환경에 미치는 영향이나 변화를 예측 평가하는 노력을 게을리 하지 않으며 그 결과를 중립성·객관성을 가지고 공개하는 것에 유의한다.

5. (계약의 준수) 회원은 전문직무상의 고용자 혹은 의뢰자의 성실한 수탁자 혹은 대리인으로서 행동하고 계약 후에 얻은 직무상의 정보에 대해 기밀 보관·유지의 의무를 완수한다. 그러한 정보 중에 인류 사회나 환경에 중대한 영향이 예측되는 사항이 존재할 경우 계약자 사이에 정보 공개의 이해를 얻을 수 있도록 노력한다.

6. (다른 사람과의 관계) 회원은 타사와의 능력·기예의 향상에 협력하고 전문직상의 비판에는 겸허하게 귀를 기울여 진지한 태도로 토론함과 동시에 다른 사람의 업적인 지적 성과, 지적 재산권을 존중한다.

7. (공평성의 확보) 회원은 국제사회에서 다른 문화의 다양성을 배려하고 개인의 속성에 의해 차별하지 않고, 공평하게 대해 개인의 자유와 인격을 존중한다.

1999년 12월 14일 제정

-자료 7-
일본원자력학회 윤리 규정

2001년 5월 23일 제433회 이사회 승인
2001년 6월 27일 제43회 통상총회 결정
2003년 1월 28일 제449회 이사회 개정 승인

원자력은 인류에게 큰 이익을 가져오는 것과 동시에 큰 화(禍)를 초래할 가능성이 있다. 이것을 우리 일본원자력학회원은 항상 깊이 인식하고 원자력에 의한 인류의 복지와 지속적 발전 및 지역과 지구의 환경 보전에의 공헌을 추구한다.

그 때문에 원자력의 연구, 개발, 이용 및 교육에 임하기에 즈음해 공개 원칙의 아래에서 스스로 지식·기능의 연찬을 쌓아, 자기의 직무와 행위에 긍지와 책임을 가짐과 동시에 항상 스스로를 반성하고 사회에 있어서의 조화를 꾀하도록 노력하고 법령·규칙을 준수하고 안전을 확보한다.

이러한 이념을 실천하기 위해 우리 일본원자력학회원은 그 마음가짐과 언행의 규범을 여기에 제정한다.

헌 장

1. 회원은 원자력의 평화적 이용에 철저를 기하고 인류가 직면하는 모든 과제의 해결에 노력한다.
2. 회원은 대중의 안전을 모든 것에 우선시켜 그 직무를 수행하고 스스로의 행동을 통해서 대중이 안심할 수 있도록 노력한다.

3. 회원은 스스로의 전문 능력 향상을 꾀하며 아울러 관계자의 전문 능력도 향상하도록 노력한다.
4. 회원은 스스로의 능력 파악에 노력하고 그 능력을 넘은 업무를 실시하는 것으로 인해 사회에 중대한 피해를 주는 일이 없게 행동한다.
5. 회원은 자신이 가지고 있는 정보가 올바른지 확인하도록 유의해 공개를 취지로 설명 책임을 완수하고 사회에서 조화를 꾀하도록 노력한다.
6. 회원은 사실을 존중하고 공평·공정한 태도로 스스로 판단을 내린다.
7. 회원은 스스로의 업무에 관한 계약이 본 헌장의 다른 조항에 저촉하지 않는 한 그 계약 내에서 성실하게 행동한다.
8. 회원은 원자력에 종사하는 것에 긍지를 가지고 그 일자리의 사회적인 평가를 높이도록 노력한다.

행동의 안내

본 윤리 규정은 일본원자력학회원의 전문 활동에 있어서 마음가짐과 언행의 규범에 대하여 기록한 것이다. 우리 회원은 이것을 자기 자신의 말로 다시 고쳐 전문 활동의 이정표로 하는 것을 선언한다.

우리를 둘러싼 환경은 유한하며 인류만의 것이 아니므로 회원은 지역과 지구의 환경보전에 대한 최대한의 배려 없이는 인류의 복지와 지속적 발전을 바랄 수 없다는 인식에서 행동한다.

일본원자력학회의 회원은 정회원, 추천회원, 학생회원으로 구성되는 개인회원 외에 찬조회원인 기업 또는 단체도 포함된다. 본 윤리 규정에는 개인회원으로서 지켜야 할 것 뿐만 아니라 기업이나 단체조직이 지켜야 할 사항이 많이 포함되어 있다.

한편 조직의 구성원은 조직의 이익을 우선시하고 조직의 책무를 경시하는 경우가 있지만, 개개인의 책임을 완수하는 일 없이 조직의 책무를

완수할 수 없다는 것을 명시한다. 또 찬조회원인 기업 또는 단체는 본
윤리 규정을 준수하도록 솔선해서 조직 내의 체제 정비에 노력한다.

본 윤리 규정은 회원의 전문 활동에 관하여 정한 것이지만, 비회원으
로 인해 발생하는 원자력 분야의 문제에 대해서도 우리 회원은 일정한
책임을 가지는 것을 자각한다. 즉 회원은 원자력의 분야에 있어 지도자
적 역할을 완수하는 것으로 비회원도 포함해 원자력 관계자의 윤리를
향상시키도록 노력한다.

좋은 사회인이기 위해서는 계약을 존중해야 한다. 그러나 법률을 위반
하는 계약은 무효라는 점을 우리 회원은 확실히 한다.

아래에 적은 조항은 전문과 헌장으로 말한 규범을 실현하기 위해 생
각해야 할 일이다. 우리는 여기에 서술한 모든 조항을 동시에 지킬 수
없는 장면에 맞서는 일도 인식하고 있다. 그러한 상황에서 한 조항의
준수만을 위해 보다 중요한 조항을 무시하지 않도록 주의하는 것이 중
요하다. 많은 조항을 교조주의적으로 믿는 것이 아니라 윤리적으로 보
다 좋은 행동을 탐색하여 실행할 것을 맹세한다.

각 회원의 윤리관은 세부까지 완전하게 일치하고 있는 것은 아니며,
어느 정도의 다양성은 허용되는 것이다. 그러나 그 다양성의 폭에 대해
서도 명시해 나가도록 향후 노력한다. 또 규범은 시대와 함께 변화하는
것도 염두에 두어 우리는 본 윤리 규정을 다시 고쳐 갈 것을 약속한다.

〈원자력 이용의 기본방침〉

1-1. 원자력의 평화적 이용은 원자력 발전에 관련하는 분야로부터 이
학·의료·농업·공업 등의 방사선이나 동위체의 이용 기술에 관련
하는 분야까지 극히 다방면에 걸치고 있어 본회의 전문 분야는
이러한 모든 분야와 관련하고 있다. 회원은 전문으로 하는 기술이
그 크고 작음과 상관없이 재화를 부를 가능성이 있다는 것을 인식
하고 그 기술을 통해서 인류의 복지에 공헌하도록 행동한다.

〈평화적 이용에의 한정〉

1-2. 원자력의 이용은 평화를 목적으로 한정한다. 회원은 스스로의 존엄과 명예에 근거하여 핵병기의 연구·개발·제조·취득·이용에 일체 참가하지 않는다.

〈모든 과제 해결에의 노력〉

1-3. 인류 생존의 질 향상, 쾌적한 생활의 확보를 위해서는 경제의 지속적 발전과 에너지의 안정공급, 환경의 보전이라고 하는 과제를 함께 달성하는 것이 필요하지만, 거기에 도달하는 이치는 분명하지 않다. 이에 이바지하기 위해 회원은 원자력의 평화적 이용을 위한 구체적 방법을 찾아 활용하도록 부단한 노력을 쌓는다.

〈안전 확보의 노력〉

2-1. 회원은 원자력 기술의 취급을 잘못하면 인류의 안전을 위협할 가능성이 있다는 것을 잘 이해하고, 안전 확보를 위해 항상 최대한 노력한다.

〈안전 지식·기술의 습득〉

2-2. 회원은 원자력·방사선에 관련하는 사업, 연구, 제작업에 대해 법령·규칙을 준수하는 것은 물론 안전을 확보하기 위해서 필요한 전문지식·기술의 향상에 노력한다.

〈효율 우선에의 훈계〉

2-3. 회원은 원자력·방사선 관련 시설에 대해 안전성이 확인되지 않은 효율화를 실시하지 않는다. 효율화 즉 진보와 착각해 안전성의 충분한 확인없이 설비나 작업을 변경하지 않는다.

〈경제성 우선에의 훈계〉

2-4. 회원은 원자력·방사선 관련 시설의 운전 관리에 있어서, 경제성을 안전성에 우선시키지 않다. 또 자금이 부족하다고 하여 안전성이 저하한 상태를 방치하지 않는다.

〈안전성 향상의 노력〉

2-5. 회원은 운전 관리하는 시설의 안전성 향상에 노력한다. 안전성이 손상되는 상태를 스스로의 권한으로 개선할 수 없는 경우에는 권한을 가지는 사람에게 제언하여 개선되도록 노력한다. 덧붙여 원자력에 관한 모든 활동에 대해 권한을 가진 자는 그 직위가 중책임을 자각하고 안전성 향상에 최대한 노력한다.

〈신중함의 요구〉

2-6. 회원은 원자력·방사선 관련의 작업에 대해 항상 신중하게 행동한다. 지금까지 내외의 원자력 시설에 대해 작업의 완료를 서두르거나 순서를 소홀히 해 큰 사고가 발생한 사례를 상기해 교훈으로 한다.

〈기술 성숙의 과신(過信)에의 훈계〉

2-7. 회원은 원자력 기술이 성숙했다고 해서 안전성을 과신하지 않는다. 원자력 개발의 역사는 아직도 1세기에 못 미친다. 앞으로도 새로운 기술적 문제가 나올 수 있기 때문에 긴장감을 가지고 새로운 사상이 발생하는 것에 대해 경계심을 유지한다.

〈대중의 안심〉

2-8. 대중의 안심은 원자력 기술을 취급하는 사람에 대한 대중의 신뢰감에 의해 강화된다. 회원은 스스로의 행동을 엄격히 하고 안전을

확보하는 노력을 통해 대중이 안심할 수 있도록 노력한다. 대중에게 「안심」을 강요하지 않는다.

〈회원의 안심에의 훈계〉

2-9. 회원은 대중의 안심을 추구하는 것으로 스스로가 안심해서는 안된다. 대중의 안심은 원자력 기술을 취급하는 사람이 그 위험성을 충분히 인식하고, 긴장감을 갖고 작업함으로써 얻을 수 있다.

〈신지식의 취득〉

3-1. 회원은 전문가로서 항상 자기 연찬에 힘써 관계되는 법령이나 규칙, 날마다 진보하는 학문·기술을 배워 자신의 전문 능력을 기른다. 낡은 정형적인 지식만을 가지고 전문가로서 행동하는 것은 조심한다.

〈경험으로부터의 학습과 기술의 계승〉

3-2. 회원은 경험으로부터 교훈을 배워 얻는다. 특히 원자력 시설의 사고나 고장의 경험에서 가능한 한 많은 것을 배워 그 재발 방지에 노력하는 것과 동시에 기술·지견의 계승에 노력한다.

〈관계자의 전문 능력 향상〉

3-3. 회원은 전문가로서 스스로 연찬에 힘쓸 뿐만 아니라, 전문 능력을 가진 주위의 사람, 특히 스스로의 감독 하에 있는 사람의 전문 능력 향상에도 노력하여 기회를 주도록 노력한다.

〈정확한 지식의 획득과 전달〉

3-4. 회원은 항상 정확한 지식의 획득에 노력해 그 지식을 주위의 사람에게 전한다.

〈능력 향상을 위한 환경 정비〉

3-5. 회원은 소속된 조직에 대해 자기 자신이나 주위 사람이 전문 능력의 향상을 저해하는 환경에 있을 때는 그 환경을 바꾸도록 노력한다.

〈자기 능력의 파악〉

4-1. 회원은 수행하려는 업무가 스스로의 능력 부족으로 인해 안전을 해칠 우려가 없는지 항상 겸허하게 자문한다.

〈소속 조직의 재해 방지〉

4-2. 회원은 소속된 조직이 안전 확보를 위해 충분한 노력을 하고 있는가를 지켜보고 필요에 따라 구성원의 의식 개혁을 꾀하며 또 조직을 변혁하도록 노력한다.

〈다른 조직에 의한 감사〉

4-3. 회원은 소속된 조직이 스스로 안전 확보를 위한 노력을 하고 있을 뿐만 아니라, 적절한 다른 조직의 감사를 받아 합격하고 있는지 를 지켜본다. 적절한 감사 체제가 없는 경우에는 그것을 마련하도록 노력한다.

〈공적 자격에 관한 법령 준수〉

4-4. 회원은 원자력 분야의 공적 자격을 필요로 하는 업무를 자격 없이 실시하지 않고, 무자격자에게 시키지 않는다.

〈공적 자격의 존중〉

4-5. 회원은 소속된 조직이 원자력 분야의 공적 자격을 존중하고 있는지를 보고 충분히 존중하고 있지 않는 경우에는 존중하도록 한

다. 조직은 소속원의 공적 자격 취득에 적극적으로 임하여, 공적
자격 취득자를 우대한다.

〈정확한 정보의 취득과 확인〉

5-1. 회원은 전문가로서 올바른 정보를 취득하여 그 올바름을 스스로
확인한다. 안전과 관계되는 정보는 대중이나 환경에 큰 영향을
줄 가능성이 있으므로 특히 꼼꼼히 주위를 기울인다.

〈정보의 공개〉

5-2. 원자력의 안전에 관계되는 정보는 적절하고 적극적으로 공개한
다. 적절한 공개를 위해 조직은 미리 정보 공개에 관한 순서를
정해 두는 것이 바람직하다. 회원은 그 정보가 비록 자기 자신
이나 소속하는 조직에 불이익이어도 공개한다. 정보의 의도적
은폐는 사회와의 양호한 관계를 파괴한다.

〈비밀을 지킬 의무와 정보 공개〉

5-3. 회원은 조직의 비밀을 지킬 의무와 관련되는 정보라 할지라도
대중의 안전을 위해서 필요한 정보는 신속하게 공개한다. 이 경
우, 조직은 비밀을 지킬 의무를 위반한 책임을 물어서는 안 된
다. 하물며 조직 내에서 부당한 취급을 해서도 안 된다.

〈비공개 정보의 취급〉

5-4. 원자력과 관련되는 정보라고 해도 핵불확산이나 핵물질 방호,
공중의 안전·이익 등을 위해서 공개하지 않은 것이 바람직한
것에 대해서는 공개할 필요가 없다. 다만 그 경우에도 회원은
미리 그것을 명시하여 공개할 수 없는 이유를 설명한다.

〈설명 책임〉

5-5. 회원은 전문의 업무에 대해 그 목적·방법을 주위의 사람 모두에 설명할 책임이 있다. 특히 전문가가 아닌 주위의 사람에게는 알기 쉽게 설명할 책임이 있다.

〈사회에 있어서의 조화〉

5-6. 회원은 전문적인 지식의 설명에 대해 일방적인 가치관을 강요함이 없이 사회에서의 조화에 노력한다.

〈조직 내의 체제 정비〉

5-7. 회원은 소속된 조직에서는 구성원이 윤리에 관련되는 문제를 자유롭게 이야기해 할 수 있는 체제가 되어 있는지를 지켜보고 불충분할 때는 조직을 변혁하도록 노력한다.

〈과학적 사실의 존중〉

6-1. 회원은 사실을 존중하고 과학적으로 명백한 실수에 대해서는 의연한 태도로 그 잘못을 지적하고 시정하도록 노력한다.

〈과학적 사실의 보급〉

6-2. 회원은 전문 지식을 알기 쉬운 형태로 넓혀, 대중이 이성적으로 스스로 판단할 수 있도록 정보를 제공하는 것에 노력한다.

〈스스로의 판단〉

6-3. 회원은 주어진 정보를 무비판으로 받아들이지 말고 정보수집에 노력한 다음 그와 관련된 전문 능력에 의해 스스로 판단한다.

〈성실한 행동〉

7-1. 회원은 고용자의 대리인 혹은 의뢰자의 수탁자로서 업무에 종사할 경우, 고용자 혹은 의뢰자의 승낙 없이 다른 단체 또는 스스로를 포함한 다른 개인의 이익을 추구하는 것을 피한다.

〈보수 등의 정당성〉

7-2. 회원은 업무에 충실하고 상납(上納) 등을 받지 않는다. 상납 등의 접수는 비록 그것이 고용자나 의뢰자의 이익을 해치는 것이 아닐지라도 자유 경쟁을 해쳐 사회의 이익을 침범하는 업무에 대한 보수 등은 항상 그 정당성을 다른 사람에게 설명할 수 있어야 한다.

〈조직의 사적 이용〉

7-3. 회원은 근무시간 내에 본무 이외의 업무를 실시하는 일을 포함해 소속하는 조직의 승낙·허가 없이 조직에 귀속하는 인적·물적·지적 자원 등의 재산권을 침범하지 않는다.

〈이해관계의 상반의 회피〉

7-4. 회원은 고용자의 대리인 혹은 의뢰자의 수탁자로서 업무를 실시할 때 이해관계가 어긋나지 않도록 노력한다. 스스로가 소속하는 조직을 규제·감독하는 입장에 있는 조직의 대리인 또는 수탁자로서 규제·감독에 관한 업무를 실시하는 일은 조심한다. 새로운 업무를 실시할 때 잠재적인 이해관계를 포함하여 이해관계가 있는 업무를 이미 하고 있는 경우에는, 이것을 고용자 또는 의뢰자에게 알린다.

〈지도자의 규범〉

8-1. 조직 안에서 지도적 입장에 있는 사람은 조직 내의 모범이 되
도록 업무상의 책임과 업무에 관련된 설명 책임을 충분히 인식
하여 행동한다.

〈전문 분야 등의 연찬과 협조〉

8-2. 회원은 전문으로 하는 분야에 대해 미지 영역의 탐구 등 도전
정신을 발휘하여 자기 연찬에 힘쓰는 것과 동시에, 관련하는 전
문 분야에 대해 깊이 이해하고 이것을 존중하여 업무 수행에
있어 항상 협조의 정신으로 임한다.

－자료 8－
사단법인 화학공학회 윤리 규정

헤세이 13년도 통상총회(2002·03·28)에서 의결

전 문

화학공학회 회원은 자신의 행위가 진리의 탐구를 통해 과학기술의 혁신을 낳고 인류의 행복과 사회의 진보에 공헌하는 것을 자랑으로 한다.

회원은 사회에 대한 역할과 책임이 크다는 것을 깊이 인식하고, 성실, 명예 및 존엄을 인식하며 행동하고, 자신의 지식, 기능 및 인격을 닦음과 동시에 인류와 자연의 공생 사회의 실현을 위해 노력한다. 이 때문에 정직하고 치우치지 않도록 노력하여 법령을 준수하고 도덕감을 몸에 익혀 기술이 위험성을 야기하는 경우에는 안전 확보 제일에 철저를 기하고 정보 공개의 원칙 하에 사회적 안심감의 양성에 노력한다.

이러한 목표를 달성하기 위해 행동의 규범을 여기에서 정해 전문가로서의 위신과 사회적 신뢰감을 높이도록 정려 노력한다.

헌 장

1. 회원은 전문가로서 직무 수행에 있어서 대중의 안전, 건강 및 복지를 최우선한다.
2. 회원은 화학·화학기술의 사회 환경에 대한 역할의 중요성을 인식하고 전문 지식과 경험을 살려 기술의 사회적 신뢰를 유지·향상하도록 행동한다.
3. 회원은 항상 자신의 능력 향상을 위해 노력하는 것과 동시에 새롭

게 낳은 성과에 대해서 학회 등에서 공표해 기술의 발전에 기여한다.

4. 회원은 과학기술에 관련되는 문제에 대해 항상 중립적이고 객관적인 입장에서 자기의 행위에 책임을 진다.

5. 회원은 자기의 능력을 인식하고 그 범위를 초과하는 업무를 하는 경우 그 행위에 의해 사회에 중대한 해를 끼치지 않도록 업무를 수행한다.

6. 회원은 전문가로서 자신의 지식·경험을 살려 후진의 화학기술자·연구자의 지도 육성에 노력한다.

7. 회원은 전문 직무에 관해 고용자 또는 의뢰자의 대리인, 혹은 수탁자로서 계약을 준수하고 성실하게 행동한다. 이때 업무 수행 상 파악한 정보의 기밀 보관 유지의 책무를 가진다.

8. 회원은 인종, 종교, 성, 연령 등에 관계없이 개인의 자유와 인격을 존중한다. 또 공평·공정한 태도로 다른 사람의 지적 성과를 존중해 업무를 수행한다.

행동의 안내

헤세이 14년도 제5회 이사회(2002.10.11)에서 의결

본 윤리 규정에 있어서 행동의 안내는, 회원이 헌장의 정신을 존중하고 활동할 때에 그 판단 기준이 되는 구체적 내용을 나타낸 것입니다. 회원은 스스로 윤리관의 기본자세로서 이 안내를 행동에 반영시키는 것이 중요합니다.

헌장 1 회원은 전문가로서 직무 수행에 대해 대중의 안전, 건강 및 복지를 최우선한다.

1-1(화학 공학자[1]의 직무와 역할)

화학기술은 화학품의 제조, 에너지 생산, 식료 생산, 환경보전 등 매

우 다방면에서 이용되고 있습니다. 화학 공학자는 이러한 화학 기술을 이용하여 얻는 제품의 원료 생산에서 제조·물류·폐기·순환에 이르는 라이프 사이클을 총체로 볼 수 있는 시스템 사고를 몸에 익힌 전문가 이며, 그 현저한 전문성을 문제 해결의 모든 장소에서 살리는 것을 잊어서는 안 됩니다. 회원의 전문 분야는 다양하겠지만, 항상 이 입장을 잊지 않고 행동하기 바랍니다.

1-2(안전의 확보)

회원은 여러 가지 화학 기술이 대중의 안전, 건강 및 복지를 저해할 가능성 있다는 것을 잘 이해하고, 항상 라이프 사이클 전체를 전망하여, 전문가로서 이를 지키는 것에 최대한 노력하지 않으면 안 됩니다.

* 1: 화학 기술자·연구자를 총칭하여 화학공학자라고 부른다.

헌장 2 회원은 화학·화학기술의 사회 환경에 대한 역할의 중요성을 인식하고 전문 지식과 경험을 살려 기술의 사회적 신뢰를 유지·향상하도록 행동한다.

2-1(전문 지식·기술의 습득)

회원은 화학품 제조를 시작해 화학기술 이용 산업에 관련하는 사업, 연구, 모든 업무에 대해 법령·규칙을 준수하는 것은 물론 항상 스스로의 전문지식·기술의 습득과 향상에 노력해 얻은 경험을 바탕으로 화학공학의 넓은 시야를 가지고 행동한다. 이로써 사회적 신뢰를 얻을 수 있도록 노력하지 않으면 안 됩니다.

2-2(환경보전과 안전·안심 확보의 노력)

회원이 법령·규칙·사회규범을 준수하는 것은 당연한 일이며 환경보전과 공중의 안전·안심의 확보를 제일 우선으로 해야 합니다. 경제성을 환경보전과 대중의 안전·안심보다 우선시해서는 안 됩니다.

2-3(정보 공개)

1) 환경보전과 대중의 안전·안심에 관한 정보는 적극적으로 공개

합니다. 정보의 의도적 은폐는 사회와의 양호한 관계를 파괴하고 경우에 따라 조직의 존속 자체가 사회로부터 부정될 수 있습니다.

2) 회원은 환경보전과 대중의 안전·안심을 위협하는 행위에 용기를 가지고 대응하여 더 이상 사태가 개선되지 않을 경우에는 정보를 공개해야 합니다.

3) 회원의 이러한 행동에 대해여 조직은 비밀을 지킬 의무를 위반한 책임을 물어서는 안 됩니다. 또한 학회는 이 회원의 행위를 백업하지 않으면 안 됩니다.

2-4(설명 책임)

회원은 전문가로서 전문성의 발휘에 노력하고 그 목적과 방법을 다른 사람에게 알기 쉽게 설명할 책임이 있습니다.

헌장 3 회원은 항상 자신의 능력 향상에 노력하는 것과 동시에 새롭게 낳은 성과에 대해서는 학회 등에서 공표해 기술의 발전에 기여한다.

3-1(능력 향상)

회원은 자신의 전문 분야에 한정되지 않고 관련된 다른 분야의 학문·기술도 포함해, 항상 자기 연찬에 힘써 자기를 닦는 것으로 사회에 공헌할 수 있도록 노력하는 것이 바람직합니다. 그로 인해 자신의 기술적 능력의 레벨을 파악함과 동시에 인재육성 센터나 지부 등이 주최하는 강좌나 심포지엄 등에 참가하거나 지부, 부회 활동에 적극적으로 참가하는 등 자신의 기술력을 높이는 일이 중요합니다. 또 기술에 관한 자격을 따는 일도 사회에 공헌할 수 있는 기회를 늘리기 위해서 효과적인 일입니다.

3-2(성과의 공표)

회원은 도전 정신을 가지고 새로운 연구나 기술개발에 임해 거기에서 얻은 성과를 학회나 심포지엄 등에서 공표해 많은 사람들에게 알려

학문, 기술의 발전에 기여해야 합니다. 이것은 지적 재산의 권리를 방해하는 것이 아닙니다.

헌장 4 회원은 과학기술과 관련되는 문제에 대해 항상 중립적, 객관적인 입장으로 대응하여 자신의 행위에 책임을 진다.

4-1(중립적, 객관적인 입장에서의 대응)

회원은 과학기술과 관련되는 문제에 대해 과학적 사실을 존중하고 실수를 고치는 성실한 대응이 요구됩니다. 또 데이터를 개찬하거나 사실을 왜곡하는 일 등 과학적 사실을 자의적으로 취급하는 행위는 특히 조심하지 않으면 안 됩니다. 과학기술과 관련되는 문제에 대해 중립적, 객관적인 입장에서 대응하는 것은 화학 공학자가 사회적인 신용을 얻어 사회적 지위를 높이는 것과 연결됩니다. 혼자라도 비중립적, 비 객관적인 대응을 하는 사람이 있으면 화학 공학자 전체의 신용을 잃는 것과 동시에 사회적으로 규탄된다는 것을 가슴 속 깊이 새기는 것이 중요합니다.

헌장 5 회원은 자신의 능력을 인식하고 그 범위를 넘은 업무를 하는 경우, 그 행위로 인해 사회에 중대한 피해를 끼치지 않도록 업무를 수행한다.

5-1(자기의 능력 파악)

회원은 항상 과학기술의 진보를 주시하고 자신의 능력을 시대에 적응할 수 있도록 유지·향상하도록 요구되고 있지만, 수행하려는 하는 업무에 대해 자기 능력으로 처리할 수 있을지 그 분야의 전문가 등에게 이견을 구해야 합니다.

5-2(능력 범위를 넘은 업무)

수행하려는 업무가 자신의 능력 밖이라고 생각되는 경우, 그 업무를 맡기에는 신중한 대응이 필요합니다. 자신의 능력 밖인 업무에 도전하는 것은 능력 향상으로 연결됩니다만, 자기의 능력을 넘은 것인지 어떤지 충분히 검토해 판단할 필요가 있습니다. 자기의 능력밖의 넘는 업무를 수행하는 경우에는, 필요 충분한 능력을 가진 지도자의 지도나 협력을 얻어 실시하고 사회에 중대한 피해를 끼치지 않도록 해야 합니다.

5-3(실패의 교훈)

회원은 자신의 능력으로 해결되지 않고 실패했을 경우에도 수치스러움 없이 이것을 공개하는 한편, 어려운 반성을 통해 교훈을 배워 이것을 조직에 환원하는 것을 자기의 임무로 여겨야 합니다. 또 리더는 실패를 꾸짖는 것만으로 일관하지 않고, 그 교훈을 업무 체계에 다시 편성하는 일을 게을리 해서는 안 됩니다.

헌장 6 회원은 전문가로서의 지식·경험을 살려, 후진의 화학기술자·연구자의 지도 육성에 노력한다.

6-1(후진의 지도 육성)

회원은 전문가로서 스스로가 연찬에 힘쓸 뿐만 아니라 주위 사람 특히 스스로의 감독 하에 있는 사람의 전문 능력 향상에도 노력하고 그를 위한 기회를 주도록 노력하지 않으면 안 됩니다.

6-2(환경의 개선)

회원은 소속된 조직에서 자기 자신이나 주위 사람이 전문 능력 향상에 있어서 어려운 환경에 처했다고 깨달았을 경우, 신속하게 그 환경의 개선에 노력해야 합니다.

헌장 7 회원은 전문 직무에 관해서, 고용자 또는 의뢰자의 대리인, 혹은 수탁자로서 계약을 준수하고 성실하게 행동한다. 이때 업무 수행 상 파악한 정보의 기밀 보관 및 유지의 책무를 가진다.

7-1(기술자의 업무 형태)

회원은 고용자와의 관계에서는 피고용자이며, 의뢰자와의 관계에서는 수탁자로 있다는 것을 정확하게 인식할 필요가 있습니다.

7-2(성실한 행동)

회원은 전문 직무에 관해서, 고용자 또는 의뢰자 각각의 위해 성실한 대리인, 혹은 수탁자로서 행동하는 한편 이해관계의 상반 또는 이해관계 상반의 발생을 회피하도록 노력할 필요가 있습니다. 따라서 잠재적인 이해관계의 상반이 존재하는 상황이라면, 고용자 또는 의뢰자에 대해서 모두 사전에 그것을 알리는 것이 중요합니다.

7-3(기밀 보관 유지)

회원은 고용자 또는 의뢰자의 성실한 대리인, 혹은 수탁자로서 행동하고, 계약후에 파악한 직무상의 정보에 대해 비밀을 지킬 의무가 있습니다. 이 의무의 준수는, 3-2(성과의 공표) 5-3(실패의 교훈) 등에 우선하는 것입니다만, 대중의 안전·안심, 건강 및 복지를 위해서 필요한 정보는 그 중요성을 인식하여 계약자 사이에 정보 공개의 이해를 얻을 수 있도록 노력할 필요가 있습니다.

헌장 8 회원은 인종, 종교, 성, 연령 등에 관계없이 개인의 자유와 인격을 존중한다. 또 공평·공정한 태도로 다른 사람의 지적 성과를 존중하며 업무를 수행한다.

8-1(공정·공평)

회원은 소속된 조직의 구성원 상호 간은 물론 그것을 둘러싸는 여러 가지 사회나 대중에 대해, 항상 공정하고 공평한 태도를 취하려고 노력해야 합니다.

8-2(인격의 존중)

회원은 그 지위나 학력, 상대와의 힘 관계 등의 차이를 이용해 부당한 요구나 오만한 태도로 대응하는 것을 특히 조심하지 않으면 안 됩니다. 이것은 국제적인 활동에 대해 특히 유의하여 나라나 종교, 문화, 문명이 다른 국가의 사람들을 경멸하거나 깔보는 태도나 생각에 주의를 기울여야 합니다.

8-3(타인의 권리를 존중)

회원은 성추행은 어떤 경우에도 용서될 수 없다는 것을 강하게 인식하고 자신의 행동은 물론 그 부하, 그 외의 자기 감독 지도하에 있는 사람의 행동에 주의하며, 그 혐의가 있을 때는 최고의 고려를 가지고 대처하고 이것이 간과되거나 묵인되는 일이 없도록 노력하지 않으면 안 됩니다.

8-4(지적 성과의 존중)

회원은 사회적 지위나 학력, 성별이나 상대와의 힘 관계의 차이를 이용하여 다른 사람의 지적 성과를 업신여기거나 부당한 수정을 요구하지 않도록 조심하고, 그 성과를 존중하는 일에 노력해야 합니다.

-자료 9-
일본기술사회 기술사 윤리 요강

1961년(쇼와 36년) 3월 14 이사회 제정
2000년(헤세이 11년) 3월 9 이사회 개정

　기술사는 대중의 안전, 건강 및 복리의 최우선을 염두에 두고 그 사명, 사회적 지위 및 직책을 자각하고, 평소부터 전문 기술의 연찬에 힘써, 항상 중립·공정에 유의해 선택된 전문 기술자로서의 자부심을 가지고 본 요강의 실천에 노력하여 행동한다.
　(품위의 보관 유지)

1. 기술사는 항상 품위의 보관 유지에 노력하고 강한 책임감을 가지고 직무 완수를 기한다(전문 기술의 권위).
2. 기술사는 항상 전문 기술의 향상에 노력하고 기술적 양심에 근거해 행동한다. 또 자신의 전문 외의 업무 혹은 확신이 없는 업무에는 종사하지 않는다(중립 공정의 견지).
3. 기술사는 그 업무를 하면서 중립 공정을 견지한다(업무의 보수).
4. 기술사는 그 업무에 대한 보수 외에, 이해관계가 있는 제삼자로부터 부당한 수수료, 증여, 그 외 유사한 것을 받지 않는다(명확한 계약).
5. 기술사는 업무를 위탁받을 때에 사전에 상대방에게 자기의 입장, 업무의 범위 등을 명확하게 표명해 계약을 체결하고 해당 업무 수행상 양자 사이에 분쟁이 생기지 않도록 노력한다(비밀의 보관 유지).

6. 기술사는 항상 그 업무와 관계하여 정당한 이익을 옹호하는 입장을 견지하고 업무상 파악한 비밀을 유출하거나 도용하지 않는다(공정, 자유로운 경쟁).
7. 기술사는 공정하고 자유로운 경쟁의 유지에 노력한다(상호의 신뢰).
8. 기술사는 서로 신뢰하고 상대의 입장을 존중하며 적어도 다른 기술사의 명예를 손상시키거나 업무를 방해하는 일은 하지 않는다(광고의 제한).
9. 기술사는 자기의 전문 범위 이외의 사항을 표시하거나 과대한 광고는 하지 않는다(다른 전문가 등과의 협력).
10. 기술사는 그 업무에 도움이 될 때는 진척한 다른 전문가 혹은 특수기술자와 협력하는 것에 노력한다.

─자료 10─

National Society of Professional Engineers(NSPE) Code of Ethics for Engineers

Preamble

Engineering is an important and learned profession. As members of this profession, engineers are expected to exhibit the highest standards of honesty and integrity. Engineering has a direct and vital impact on the quality of life for all people. Accordingly, the services provided by engineers require honesty. impartiality, fairness and equity. and must be dedicated to the protection of the public health, safety and welfare. Engineers must perform under a standard of professional behavior which requires adherence to the highest principles ofethical conduct.

I. Fundamental Canons

Engineers, in the fulfillment of their professional duties. shall:

1. Hold paramount the safety, health and welfare of the public.

2. Perform services only in areas of their competence.

3. Issue public statements only in an objective and truthful manner.

4. Act for each employer or client as faithful agents or trustees.

5. Avoid deceptive acts.

6. Conduct themselves honorably, responsibly, ethically and lawfully so as to enhance the honor. reputation and usefulness of the profession.

II. Rules of Practice

1. Engineers shall hold paramount the safety, health and welfare of the public.

   a. If engineers' judgment is overruled under circumstances that endanger life or property. they shall notify their employer or client and such other authority as may be appropriate.

   b. Engineers shall approve only those engineering documents which are in conformity with applicable standards.

   c. Engineers shall not reveal facts. data or information without the prior consent of the client or employer except as authorized or required by law or this Code.

   d. Engineers shall not permit the use of their name or associate in business ventures with any person or firm which they believe are engaged fired in fraudulent or dishonest enterprise.

   e. Engineers having knowledge of any alleged violation of this Code shall report thereon to appropriate professional bodies and, when relevant also to public authorities. and cooperate with the proper authorities in furnishing such information or assistance as may be required.

2. Engineers shall perform services only in the areas of their competence.

   a. Engineers shall undertake assignments only when qualified by education or experience in the specific technical fields involved.

   b. Engineers shall not affix their signatures to any plans or documents dealing with subject matter in which they lack competence, nor to any plan or document not prepared under their direction and control.

    c. Engineers may accept assignments and assume responsibility for coordination of an entire project and sign and seal the engineering documents for the entire project provided that each technical segment is signed and sealed only by the Qualified engineers who prepared the segment.

3. Engineers shall issue public statements only in an objective and truthful manner.

    a. Engineers shall be objective and truthful in professional reports. statements or testimony. They shall include all relevant and pertinent information in such reports, statements or testimony, which should bear the date indicating when it was current.

    b. Engineers may express publicly technical opinions that are founded upon knowledge of the facts and competence in the subject matter.

    c. Engineers shall issue no statements, criticisms or arguments on technical matters which are inspired or paid for by interested parties. unless they have prefaced their comments by explicitly identifying the interested parties on whose behalf they are speaking, and by revealing the existence of any interest the engineers may have in the matters.

4. Engineers shall act for each employer or client as faithful agents or trustees.

    a. Engineers shall disclose all known or potential conflicts of interest which could influence or appear to influence their judgment or the quality of their services.

    b. Engineers shall not accept compensation. financial or otherwise.

from more than one party for services on the same project or for services pertaining to the same project unless the circumstances are fully disclosed and agreed to by all interested parties.

c. Engineers shall not solicit or accept financial or other valuable consideration, directly or indirectly. from outside agents in connection with the work for which they are responsible.

d. Engineers in public service as members. advisors or employees of a governmental or quasi-governmental body or department shall not participate in decisions with respect to services solicited or provided by them or their organizations in private or public engineering practice.

e. Engineers shall not solicit or accept a contract from a governmental body on which a principal or officer of their organization serves as a member.

5. Engineers shall avoid deceptive acts.

a. Engineers shall not falsify their Qualifications or permit misrepresentation of their, or their associates' Qualifications. They shall not misrepresent or exaggerate their responsibility in or for the subject matter of prior assignments. Brochures or other presentations incident to the solicitation of employment shall not misrepresent pertinent facts concerning employers. employees. associates. joint venturers or oast accomplishments.

b. Engineers shall not offer. give, solicit or receive, either directly or indirectly, any contribution to influence the award of a contract by public authority, or which may be reasonably construed by the public as having the effect of intent to influencing the awarding of a contract They shall not offer any rift, or other valuable consideration in order to secure work. They shall not pay a commission. percentage or brokerage fee in order to secure work. except to a bona fide employee or bona fide established commercial or marketing agencies retained by them.

III. Professional Obligations

1. Engineers shall be guided in all their relations by the highest standards of honesty and integrity.

    a. Engineers shall acknowledge their errors and shall not distort or alter the facts.

    b. Engineers shall advise their clients or employers when they believe a project will not be successful.

    c. Engineers shall not accent outside employment to the detriment of their regular work or interest. Before accepting any outside engineering employment they will notify their employers.

    d. Engineers shall not attempt to attract an engineer from another employer by false or misleading pretenses.

    e. Engineers shall not actively participate in strikes, picket lines, or other collective coercive action.

    f. Engineers shall not promote their own interest at the expense of the dignity and integrity of the profession.

2. Engineers shall at all times strive to serve the public interest.

    a. Engineers shall seek opportunities to participate in civic affairs: career guidance for youths; and work for the advancement of the safety, health and well-being of their community.

b. Engineers shall not complete, sign or seal plans and / or specifi-
cations that are not in conformity with applicable engineering
standards. If the client or employer insists on such unprofessional
conduct they shall notify the proper authorities and withdraw
from further service on the project.

c. Engineers shall endeavor to extend public knowledge and appre-
ciation of engineering and its achievements.

3. Engineers shall avoid all conduct or practice which deceives the
public.

a. Engineers shall avoid the use of statements containing a material
misrepresentation of fact or omitting a material fact

b. Consistent with the foregoing, Engineers may advertise for
recruitment of personnel.

c. Consistent with the foregoing, Engineers may prepare articles
for the lay or technical press? but such articles shall not imply
credit to the author for work performed by others.

4. Engineers shall not disclose. without consent. confidential information
concerning the business affairs or technical processes of any present
or former client or employer. or public body on which they serve.

a. Engineers shall not without the consent of all interested parties,
promote or arrange for new employment or practice in connection
with a specific project for which the Engineer has gained
particular and specialized knowledge.

b. Engineers shall not without the consent of all interested parties,
participate in or represent an adversary interest in connection
with a specific project or proceeding in which the Engineer
has gained particular specialized knowledge on behalf of a

former client or employer.

5. Engineers shall not be influenced in their professional duties by conflicting interests.

   a. Engineers shall not accept financial or other considerations, including free engineering designs, from material or equipment suppliers for specifying their product.

   b. Engineers shall not accent commissions or allowances. directly or indirectly, from contractors or other parties dealing with clients or employers of the Engineer in connection with work for which the Engineer is responsible.

6. Engineers shall not attempt to obtain employment or advancement or professional engagements by untruthfully criticizing other engineers, or by other improper or Questionable methods.

   a. Engineers shall not request. propose, or accept a commission on a contingent basis under circumstances in which their judgment may be compromised.

   b. Engineers in salaried positions shall accent Dart-time engineering work only to the extent consistent with policies of the employer and in accordance with ethical considerations.

   c. Engineers shall not without consent use equipment supplies, laboratory, or office facilities of an employer to carry on outside private practice.

7. Engineers shall not attempt to injure, maliciously or falsely, directly or indirectly, the professional reputation, prospects. practice or employment of other engineers. Engineers who believe others are guilty of unethical or illegal practice shall present such information to the proper authority for action.

   a. Engineers in private practice shall not review the work of another engineer for the same client, except with the knowledge of such engineer. or unless the connection of such engineer with the work has been terminated.

   b. Engineers in governmental, industrial or educational employ are entitled to review and evaluate the work of other engineers when so required by their employment duties.

   c. Engineers in sales or industrial employ are entitled to make engineering comparisons of represented products with products of other suppliers.

8. Engineers shall accept personal responsibility for their professional activities provided, however, that Engineers may seek indemnification for services arising out of their practice for other than gross negligence, where the Engineers interests cannot otherwise be protected.

   a. Engineers shall conform with state registration laws in the practice of engineering.

   b. Engineers shall not use association with a nonengineer, a corporation. or partnership as a "cloak" for unethical acts.

9. Engineers shall give credit for engineering work to those to whom credit is due, and will recognize the proprietary interests of others.

   a. Engineers shall whenever possible, name the person or persons who may be individually responsible for designs, inventions, writings, or other accomplishments.

   b. Engineers using designs supplied by a client recognize that the designs remain the property of the client and may not be duplicated by the Engineer for others without express permission.

   c. Engineers, before undertaking work for others in connection with which the Engineer may make improvements, plans. designs. inventions. or other records that may justify copyrights or patents, should enter into a positive agreement regarding ownership.

d. Engineers' designs, data, records, and notes referring exclusively to an employer's work are the employer's property. Employer should indemnify the Engineer for use of the information for any purpose other than the original purpose.

As Revised July 1996

"By order of the United States District Court for the District of Columbia, former Section ll(c) of the NSPE Code of Ethics prohibiting competitive bidding, and all policy statements. opinions, rulings or other guidelines interpreting its scope, have been rescinded as unlawfully interfering with the legal right of engineers, protected under the antitrust laws, to provide price information to prospective clients: accordingly, nothing contained in the NSPE Code of Ethics, policy statements, opinions, rulings or other guidelines prohibits the submission of price Quotations or competitive bids for engineering services at any time or in any amount."

Statement by NSPE Executive Committee

In order to correct misunderstandings which have been indicated in some instances since the issuance of the Supreme Court decision and the entry of the Final Judgment, it is noted that in its decision of April 25, 1978. the Supreme Court of the United States declared: "The Sherman Act does not require competitive bidding."

It is further noted that as made clear in the Supreme Court decision:

1. Engineers and firms may individually refuse to bid for engineering services.

2. Clients are not required to seek bids for engineering services.

3. Federal, state, and local laws governing procedures to procure engineering services are not affected. and remain in full force and effect.

4. State societies and local chapters are free to actively and aggressively seek legislation for professional selection and negotiation procedures by public agencies.

5. State registration board rules of professional conduct, including rules prohibiting competitive bidding for engineering services, are not affected and remain in full force and effect. State registration boards with authority to adopt rules of professional conduct may adopt rules governing procedures to obtain engineering services.

6. As noted by the Supreme Court, "nothing in the judgment prevents NSPE and its members from attempting to influence governmental action., NOTE: In regard to the question of application of the Code to corporations vis-a-vis real persons, business form or type should not negate nor influence conformance of individuals to the Code. The Code deals with professional services. which services must be performed by real persons. Real persons in turn establish and implement policies within business structures. The Code is clearly written to apply to the Engineer and items incumbent on members of NSPE to endeavor to live up to its provisions. This applies to all pertinent sections of the Code.

-자료 11-
과학자 헌장

일본학술회의(1980년 4월 24일)

과학은 합리와 실증을 중점으로서 진리를 탐구하고, 또 그 성과를 응용함으로써 인간의 생활을 풍부하게 한다. 과학에서 진리의 탐구와 그 성과의 응용은 인간의 가장 고도로 발달한 지적 활동에 속하며, 이것에 종사하는 과학자는 진실을 존중하고 독단을 배제하여 진리에 대해 순수하며 엄정한 정신을 견지하도록 노력하지 않으면 안 된다.

과학의 건전한 발달을 꾀해 유익한 응용을 추진하는 것은 사회의 요청인 동시에 과학자가 완수해야 할 임무이다. 과학자는 그 임무를 수행하기 위해 다음의 5항목을 준수한다.

(1) 자신의 연구 의의와 목적을 자각하고, 인류의 복지와 세계의 평화에 공헌한다.
(2) 학문의 자유를 양호하고, 연구에 있어서의 창의를 존중한다.
(3) 모든 과학의 조화 있는 발전을 존중하고 과학의 정신과 지식의 보급을 꾀한다.
(4) 과학의 무시와 난용을 경계하고 그 위험을 배제하도록 노력한다.
(5) 과학의 국제성을 존중하고 세계의 과학자와의 교류에 노력한다.

-Widespread use of stone tools

분담집필자소개(分担執筆者紹介)

新田孝彦 2

1951年 形縣に生まれる
1974年 北海道大學文學部卒業
1977年 北海道大學文學部助手
1984年 愛知縣立大學文學部講師
1987年 北海道大學文學部助教授
1995年 北海道大學文學部教授
現在 北海道大學大學院文學研究科倫理學講座教授
專攻 カント倫理學・科學技術倫理
主な著書『カントと自由の問題』(北海道大學図書刊行會)
『入門講義 倫理學の視座』(世界思想杜)

飯野弘之 7, 8

1933年 石川縣に生まれる

1956年 東京大學工學部応用化學科化學工學専修コース卒業

1958年 東京大學化學系大學院修士課程修了

1958年 帝國人造絹糸株式會社(現帝人)に入社

1963年 帝人在籍のままマサチューセッツェ科大學に3年間留學

1967年 Ph.D.取得

1995年 帝人定年退職

現在 金澤工業大學教授

専攻 化學工學, 技術者教育

主な著書『新・技術者になるということ Ver.3』(雄松堂出版)

『技術者の能力開發』(共著, 丸善)

『技術倫理1』(共譯, みすず書房)

安藤恭子 9, 10, 12

1973年 神奈川縣に生まれる
1996年 多摩大學卒業
1998年 慶應義塾大學大學院政策・メディア研究科修了
現在 金澤工業大學科學技術応用倫理研究所研究員
専攻 技術倫理・原子力社會論

Heinz C. Luegenbiehl 13, 14

1971年 テキサス・クリスチャン大學卒業
1976年 パデュー大學大學院哲學研究科博士課程修了(Ph.D.)
現在 ローズ・ハルマンエ科大學人文科學科長・教授
専攻 哲學, 科學技術倫理
主な著書『Ethical Issues in Engineering』(共著. Prentice Hall)
ほか論文多數

編著者紹介 ··

札野 順 1-3·5·6·9-12·15

1956年 大阪府に生まれる

1980年 國際基督教大學教養學部理學科卒業

1982年 國際基督教大學大學院教育學研究科博lr前期課程修了

1990年 オクラホマ大學大學院科學史研究科博Iこ課程修了(Ph.D.)

現在 金澤工業大學教授, 放送大學客員教授

専攻 科學技術倫理, 科學史, 科學技術論

『上木技術者の倫理』(共著, 上木學會)

『科學史の世界』(共著, 丸善)

『技術倫理1』(共譯, みすず書房)

『工學倫理入門』(共譯, 丸善)

『神と自然』(共譯, みすず書房)

譯者紹介 ···

金 永 鍾

서울산업대학교 기계공학과 졸업
동경학예대학 대학원 교육학연구과(기술교육전공) 교육학석사
충남대학교 대학원 공업교육학과(기술교육전공) 교육학박사
현재 일본 가나자와공업대학 과학기술응용윤리연구소 객원연구원

AN ENGINEER ETHICS

기술자윤리

- 초판 인쇄   2007년 11월 25일
- 초판 발행   2007년 11월 25일

- 옮 긴 이   김영종
- 펴 낸 이   채종준
- 펴 낸 곳   한국학술정보㈜
             경기도 파주시 교하읍 문발리 513-5
             파주출판문화정보산업단지
             전화   031) 940-3181(대표) · 팩스   031) 908-3189
             홈페이지 http://www.kstudy.com
             e-mail(출판사업팀사업부)   publish@kstudy.com
- 등   록   제일산-115호(2000. 6. 19)
- 가   격   25,000원

ISBN   978-89-534-6585-5 93350 (Paper Book)
           978-89-534-6586-2 98350 (e-Book)